All analytical
models

本質を捉えた
データ分析
のための

分析
モデル 入門

統計モデル、
深層学習、
強化学習等

用途・特徴から原理まで一気通貫!

杉山聡

ソシム

はじめに

　本書は、データ分析に用いられる手法を「分析モデル」と総称し、データサイエンスの全領域の分析モデルを、用途・特徴からその原理まで一気通貫に解説する挑戦的な教科書です。

　今日、あらゆる場面でデータが収集・活用され、AIの利用も日常に浸透してきました。この大きな時代の流れの中で、さらなるデータ利活用のため、数値データのみならず、画像データやテキストデータをはじめとした多種多様なデータが収集され、活用を待っています。これらのデータは可能性の宝庫であり、生み出せるであろう未来の価値に心が躍ります。一方、いざ実践の場に立ってみると、次のような悩みを抱くのではないでしょうか。

・データの種類が多すぎて活用しきれない
・とりあえず分析モデルを動かして何とか形にしたが、本当にそれで良いのかわからない
・分析モデルの原理を学ぼうとしても、数式が難しくて挫折する

　本書では、これらの悩みに立ち向かう皆さんを応援すべく、対象とするデータの種類や目的に応じて、数理統計、多変量解析、機械学習、深層学習、強化学習のあらゆる分析モデルを網羅的に解説しました。

　近年、データ分析に関する資料が急速に充実しており、実践者にとってかなり良い時代になりました。ツールの使い方の解説資料を元に、まずは手を動かして何かを形にしたり、分野の概観を紹介する資料を元に、利用すべき分析モデルにあたりをつけたりなど、様々なことが次々と可能になってきています。
　一方、氾濫し続ける情報の中からの最適な分析モデルの選択や、精度がなかなか向上しない場面での試行錯誤には、分析モデルに対する深い理解が不可欠です。しかし、その深い理解を与えてくれる専門的な書籍や論文は難解な数式で説明されており、現代の分析者にとっての高いハードルとして君臨し続けています。

　そこで本書では、多様な分析モデルを網羅的に解説するのみならず、それらの分析モデルの本質に対する深い理解も目指しました。分析モデルの背後には数式があり、難解なものもたくさんあります。しかし、どんなに難解な数式であっても、それを作り出したのは人間です。人間が考え出している以上、その背後には設計の意図があります。本書では、その「設計の意図」に焦点を当てて解説する

第2部　非定型データの扱い

第3部　強化学習

分析モデルを学ぶための準備

●

分析モデルの世界へようこそ！
データは21世紀の石油という言葉に偽りはないよう
で、ここ数年で分析技術はめざましく発展し、身の回
りには様々な応用があふれるようになりました。序章
では、現在のデータ分析を取り巻く環境と分析者に求
められる姿勢を整理した後、基礎的な数式を復習し、
本書を読み進める上での準備を行います。

0.1　多様なデータと分析モデル

■ 身の回りにあふれるデータの可能性

　スマートフォンが普及し、ITやインターネットのサービスが身の回りの隅々までカバーするようになったことで、私たちは大量のデータに囲まれながら生活するようになりました。常にあらゆる方法で多様なデータが大量に生み出され、それを活用するサービスや研究も増えてきています。写真を投稿すれば自動的に人物が判定され、どんなサイトでも自分の好みのコンテンツが推薦され、新薬の発見をAIが担い、囲碁界も将棋界もAIを用いた研究が行われるなど、多種多様な領域においてデータサイエンスが活用されています。

　さらに、検索、翻訳、SNS、保険、工場、クーポン発行、小売など、古くからデータが活用されている領域でもAIによる大幅な改善と変革が続いています。この傾向はとどまることを知らず、これから先も、全ての領域においてより多様なデータがより大量に生み出され、それに伴って新たな活用方法が出現し続けることでしょう。

■ 多様なデータを扱う時代

　本書を手に取っている人の多くは、このデータ活用の一大ムーブメントに加担したいと思っているのではないでしょうか。実際に分析を行おうとしてみると、多様なデータに囲まれることも珍しくありません。

　実際、動画視聴サイトを例に取ると、動画、サムネイル、タイトル、説明文のデータに加え、ユーザーの行動ログ、視聴履歴、ユーザーと動画の視聴・被視聴関係のデータがあります。これだけでも、動画、画像、テキスト、ログ、ネットワークのデータがあることになります。もっとシンプルなアンケートデータでも、回答者の属性や回答情報とともに、住所などの地理データやフリーコメントのテキストデータがある場合もあります。

　これに対応して、分析に用いられる手法も、対象のデータや背後に用いられる理論によって様々な種類が存在します。本書ではこれらを**「分析モデル」**と総称し、実践的に用いられている手法を広く紹介していきます。様々な分析モデルの中から取捨選択し、試行錯誤を重ねる中で、データの持つポテンシャルを存分に発揮させることができれば、大きな価値を生み出すことができるでしょう。

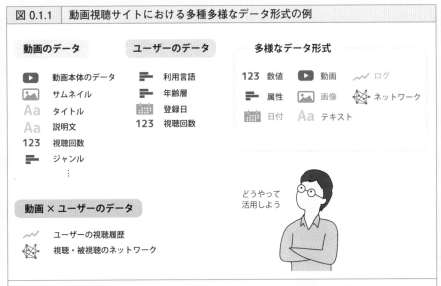

| 図 0.1.1 | 動画視聴サイトにおける多種多様なデータ形式の例 |

実世界のデータは多種多様です。扱ったことがないデータに囲まれ、困惑することも珍しくありません。

■ 分析モデルの越境

　近年、特定の領域で利用されていた分析モデルが、別の領域でも活用される事例が増えています。例えば、Vision Transformer (ViT) という手法は、もともと自然言語処理の手法であったTransformerという分析モデルを画像認識に応用して成果を上げたものです。他にも、例えば「AI創薬」という単語で表される領域においては、候補物質の探索やタンパク質の立体構造解析など、深層学習をはじめとした技術の本格的な応用が始まっています。これは単なるバズワードの流入の域を超えて、すでに本質的な応用のレベルに至っています。

以上の例からわかるように、分析モデル自身を研究している専門家のみならず、分析モデルを手段として利用している研究者やデータサイエンティストにとっても、広い領域の手法を知っておくことが強みとなる時代になりました。

■ 分析者に数学は必要なのか？

最後に、この話題に触れてみます。分析者に数学の理解は必要かという議論を時々見かけますが、答えははっきりしているでしょう。「理解しないよりは理解していた方が良い」「必要な程度は、あなたのなりたい姿次第」の2点に尽きるのではないでしょうか。

これは、「自動車の運転にエンジンの知識は必要か？」という問いを考えるとわかりやすいと思います。

自動車の黎明期、まだエンジンの信頼性が低く、頻繁に故障していた時代。この頃は、安定して自動車を運転するためには、技術者以上にエンジンに関する知識が必要だったことでしょう。そこから技術開発が進んだ現代、オートマチックトランスミッション車[1]の運転においては、アクセルを踏めば前に進むことだけわかっていればよく、エンジンの知識はほぼ不要です。ただし、商用で運転する第二種免許や大型免許の取得のためには、アクセルとエンジンの応答の関係を理解し、安全・快適な運転を習得する必要があります。

一方、さらに時代が進み、完全自動運転車が当たり前となった世界を考えてみてください。おそらくその時代では、車に乗り込み声で行き先を指定するだけで、後は勝手に目的地に着くようになるでしょう。もはや普通の人にとって、エンジンの知識は不要なはずです。ただし、そういう時代であっても、自動車の開発をしたい人やF1レースのチームを組んで世界の頂点に立ちたい人には、エンジンの詳細な知識は必須でしょう。

この話は、データ分析、データサイエンスでも全く同じことが言えるのではないでしょうか。分析モデルによっては、まだ黎明期のものからすでに完全自動運転車に近いものまであります。分野やあなたのなりたい姿に応じて、数学と向き合うのがおすすめです。

---

1) ギアの変更が自動で行われる自動車のこと。

　本書は以降、分析の世界を幅広く眺めてみたい初心者から、数式も含めて理解したい上級者までを対象に、数式も理解しやすい説明を心がけました。

　数式というと難解なイメージがあるのは事実でしょう。ですが、実はかなり多くの分析で共通するアイデアが用いられています。そのいくつかのイメージを捉えるだけで、多様な分析モデルを見通しよく理解することができるのです。

　まずは、分析モデルの詳しい内容に入る前に、この共通アイデアを厳選して紹介します。これから初めて取り組む人にも、今まで何度も挫折してきた人にも、新しい視点を提供できれば幸いです。

0.2 ベクトルの内積

■ 内積と多次元空間の幾何

データ分析では、幾何学的（図形的）な考え方が役に立つことが多々あります。ここでは、データ分析においての最も重要な道具の1つである、ベクトルの内積について紹介します。本書では、特に断りがなければ、n次元ベクトルは縦ベクトル

$$v = \begin{pmatrix} v_1 \\ v_2 \\ \vdots \\ v_n \end{pmatrix} = {}^t(v_1\, v_2 \cdots v_n) \in \mathbb{R}^n$$

として考えることとします。ここで、この$\mathbb{R}^n$はn次元ベクトル全体の集合で、$\mathbb{R}^n = \{ {}^t(x_1, x_2, \ldots, x_n) \,|\, x_i \in \mathbb{R} \}$で定義されます。

また、横ベクトルの前の「^{t}」は、ベクトル、行列の**転値 (transpose)** を表す記号で、行列の縦と横を入れ替える操作を表します。

2つのベクトル$v, w \in \mathbb{R}^n$に対して、その内積$v \cdot w \in \mathbb{R}$を、

$$v \cdot w = \sum_i v_i w_i$$

で定義し[2]、ベクトルの長さ$\|v\| \in \mathbb{R}$を

$$\|v\| = \sqrt{v \cdot v} = \left(\sum_i v_i^2 \right)^{\frac{1}{2}}$$

で定義しましょう。ベクトルの内積は転置と行列の積を用いて、$v \cdot w = {}^t vw$と書くこともできます。この時、2つのベクトルのなす角をθとすると、

---

[2] Σは和を表す記号で、$\sum_{i=1}^n a_i = a_1 + a_2 + \cdots + a_n$で定義されます。$\Sigma$の上下に範囲を書くのは面倒なので、$\Sigma$の下に$1 \le i \le n$と書いたり、あまり範囲が重要でない場面では、今回のように単にiだけをΣの下に書いたりもします。著者や文脈によって記法がコロコロ変わるので、その場の空気を読んで解釈するのがおすすめです。

$$v \cdot w = \|v\| \|w\| \cos\theta \qquad (式\,0.3.1)$$

という関係式が成立します。

　この内積の公式を証明する必要はありませんが、「内積は類似度である」という感覚を理解している必要があります。

　例えば、$v_1 = \begin{pmatrix} 1 \\ -2 \\ 3 \end{pmatrix}$ と $v_2 = \begin{pmatrix} 2 \\ -3 \\ 4 \end{pmatrix}$ の組、$w_1 = \begin{pmatrix} 2 \\ 2 \\ 2 \end{pmatrix}$ と $w_2 = \begin{pmatrix} 3 \\ -1 \\ -4 \end{pmatrix}$ の組が与えられた時、

どちらのベクトルの組の方が似ていると感じるでしょうか？（図 0.2.1）

図 0.2.1	ベクトルの類似度

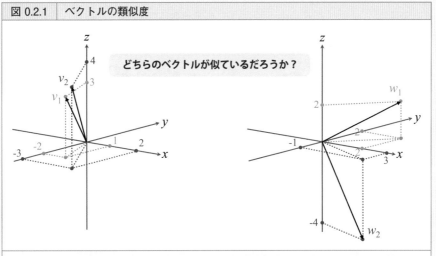

ベクトルの成分の符号や大小が同じである左のベクトルの組の方が、似ていると感じる人が多いでしょう。このようなベクトルは向いている方向が近くなるため、似たベクトル同士の内積は大きくなります。

　多くの人は、v_1 と v_2 の組の方が似ていると感じるでしょう。私たちが2つのベクトルを見て似ていると感じるのは、ベクトルの成分の値が似た法則で決まっているように見える時でしょう。つまり、ベクトルの成分の大小が一致していて、似た所がプラス、似た所がマイナスで、同じようなところの成分が大きい時です。これはまさに、ベクトルの向きが近いということに他なりません。

そして、ベクトルの向きが近いということは、ベクトルのなす角 θ が小さい、つまり、$\cos\theta$ が大きいということになります。$\cos\theta$ が大きいということはすなわち、内積の値が大きいということなので、「内積は類似度である」と考えることができるのです。実際、それぞれの内積を計算すると、$v_1 \cdot v_2 = 20$, $w_1 \cdot w_2 = -4$ となり、v_1 と v_2 の内積の方が大きいことがわかります。

　この「内積は類似度である」という発想は、数理統計から深層学習まで、非常に幅広い分野で利用されています[3]。

内積の公式

$$v \cdot w = \sum_i v_i w_i = \| v \| \| w \| \cos\theta$$

　内積は 2 つのベクトルの「類似度」を表す数値である、と考えることができる。

---

3)　画像向け深層学習で多用される Convolution や、最近話題の Transformer の Multi-Head Attention は内積のこの感覚がフルに利用されています。

0.3 ベイズの基礎

■ ベイズの定理

　ベイズの定理 (Bayes' theorem) は、データ分析において最も重要な定理の1つです[4]。

　ベイズの定理とは、確率変数 x、y について成立する

$$P(x = k \mid y = l) = \frac{P(y = l \mid x = k)P(x = k)}{P(y = l)}$$

という公式のことです[5]。この $P(x = k \mid y = l)$ は、「『$y = l$ である』という条件のもとでの $x = k$ である確率」を表す記号で、この確率は条件付き確率と呼ばれます[6]。"$=●$" の部分がごちゃごちゃしているので、これを省略して書くと次のようになります。

ベイズの定理

　確率変数 x、y について、

$$P(x \mid y) = \frac{P(y \mid x)P(x)}{P(y)}$$

が成立する。

　ベイズの定理の本質は、時間の向きを反転させること、つまり、結果から原因を推定することにあります。このことを、この先の説明で見ていきましょう[7]。

---

4) ここでは全て、離散確率変数の場合で説明しますが、連続の場合でも同様の議論が可能です。これらの言葉に馴染みがなければ、今は深く考えずに先に進んでいただいて構いません。

5) 分母がゼロのときなど、数学的には修正が必要ですが、データ分析の文脈において重要になることはほとんどないので、おおらかな気持ちで無視して先に進みましょう。

6) 数学では「条件を右、結果を左」「入力を右、出力を左」のように、時系列が右から左に流れるように記号を設定することが多々あります。本書でも今後何度か目にするでしょう。

7) 次の動画でも解説しています。【ベイズ統計その①】条件付き確率と Bayes の定理【時間の流れを意識せよ！】#VRアカデミア #014 - YouTube https://www.youtube.com/watch?v=mX_NpDD7wwg&list=PLhDAH9aTfnxIU4Hd1G1UdIVzHpgKfyEnw

■ 箱から玉を取り出すいつもの例

中高生の頃に何度も解かされたであろう、次の問題を考えてみてください。

　目の前に箱Aと箱Bがあります。箱Aの中には赤玉が3個、白玉が5個入っており、箱Bの中には赤玉が1個、白玉が3個入っています。あなたは無作為に箱A,Bのうちの一方を選び、その箱の中からランダムに1つ玉を取り出します。

　この時、次の問題を解いてください。

（1）箱Aを選ぶ確率はいくらか？

（2）赤玉を取り出す確率はいくらか？

（3）箱Aを選び、かつ、赤玉を取り出す確率はいくつか？

（4）赤玉を取り出した時、実は選んだ箱が箱Aであった確率はいくつか？

　まず、x, yをそれぞれ選んだ箱、玉の色に対応する確率変数としましょう。すると、この問題文では、

$$P(x = A) = P(x = B) = \frac{1}{2}$$

$$P(y = 赤 \,|\, x = A) = \frac{3}{8}, \quad P(y = 白 \,|\, x = A) = \frac{5}{8}$$

$$P(y = 赤 \,|\, x = B) = \frac{1}{4}, \quad P(y = 白 \,|\, x = B) = \frac{3}{4}$$

であると宣言されています。

　これを用いると、

（1）　$P(x = A) = \dfrac{1}{2}$

（2）　$P(y = 赤) = P(y = 赤 \,|\, x = A)P(x = A) + P(y = 赤 \,|\, x = B)P(x = B) = \dfrac{5}{16}$

（3）　$P(y = 赤, x = A) = P(y = 赤 \,|\, x = A)P(x = A) = \dfrac{3}{16}$

とすぐに計算することができます。しかし、（4）で計算する$P(x=A\,|\,y=赤)$は、与えられた確率の組み合わせに登場しません。このような時に利用するのが、ベイズの定理です。実際、$P(x=A\,|\,y=赤)$を求められるようにベイズの定理を用いると、

$$P(x=A\,|\,y=赤)=\frac{P(y=赤\,|\,x=A)P(x=A)}{P(y=赤)}$$

が得られます。この右辺に登場する確率はすでに計算済みで、

$$P(x=A\,|\,y=赤)=\frac{3/16}{5/16}=\frac{3}{5}$$

のように、$P(x=A\,|\,y=赤)$も計算することができます。

■ 時間順行と時間逆行の条件付き確率

ところで、この計算の何がすごいのでしょうか？

ベイズの定理の何がありがたいのでしょうか？

これらを明らかにするため、そもそもなぜ（4）だけ異質な難しさを放っていたかを考えてみましょう。（1）から（3）は、非常に素直に計算することができました。それは、この3つの条件付き確率は全て時間の流れと整合的な事象の確率を考えているからです。また、問題文に与えられている確率は全て「どの箱を選ぶか」「箱を選んだあとどの玉を取り出すか」のように、時間の流れと整合的なものばかりです。

一方（4）では、「赤玉を取り出した時、実は選んだ箱が箱Aであった」とあります。玉の色から箱を推論しており、考える方向と時間の流れが逆向きです。ここにベイズの定理の本質があるのです。

時間の流れに順行的な場合、原因→結果の自然な方向で考えれば良く、素直に考えれば確率を計算できます。一方、時間の流れに逆行する場合は、結果から原因を考えなければなりません。これは一般に困難な問題です。

この状況において、ベイズの定理は、本来は計算が非常に難しい時間逆行の条

件付き確率を、計算が簡単な時間順行の条件付き確率のみで表してくれる式なのです。また、基本的にデータ分析は結果から原因を推定する時間逆行の思考をするため、ベイズの定理やベイズ統計の考え方が多用されるのです。

図 0.3.1　時間逆行の条件付き確率

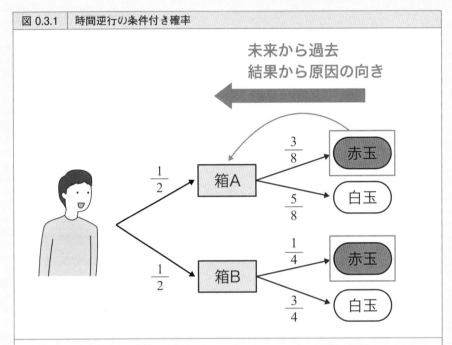

時間の流れは左から右に進みますが、玉の色からどちらの箱かを推定することは、時間の流れと逆向きの思考となります。ベイズの定理は、このような時間逆行の条件付き確率の計算に利用されます。

\point! /

- ベイズの定理は、時間逆行的な条件付き確率を、時間順行的な条件付き確率のみで表すことができる。
- データ分析では、結果から原因を推定する時間逆行的な設定を考えるので、ベイズの定理が活躍する場面が多い。

第 1 部

定型データの扱い

定型データはExcelやデータベースに格納されている典型的なデータであり、最も分析頻度が高いデータです。回帰分析などの基礎的な分析モデルから、勾配ブースティング決定木などの実践的に用いられる機械学習の分析モデルまでを見ていくことを通して、分析モデルの基本的な内容を網羅的に確認します。

これらは、続く第2部以降の理解の基礎となります。第1部の内容を押さえることで、幅広いデータ分析課題に対応できるようになるでしょう。

回帰分析
1次式を用いた数値予測と関係性の理解

●

この章からいよいよ分析モデルの紹介が始まります。
回帰分析は全ての分析モデルの基礎です。シンプルな
分析モデルなので幅広い分析課題に適用でき、深い解
釈を得ることができます。そのため、実務で最も利用
される分析モデルの1つです。
第1章では回帰分析の基礎を紹介し、分析モデルを理
解するとはどういうことかに触れた後、続く第2章で
実践的な利用法を紹介します。基礎のみならず多様な
発展にも触れるため、一部では若干数式が多めになっ
ていますが、ここを乗り越えて豊かな分析モデルの世
界に飛び込んでください。

1.1 データ分析の目的

■ 理解志向と応用志向

　回帰分析の話に入る前に、まずデータ分析の目的の多様性についておさらいしておきましょう。一口にデータ分析と言ってもその目的は様々であり、別の文脈で活躍した手法が自身の分析においては役に立たないこともありますし、その逆もよくあります。

　データ分析の目的は、理解志向と応用志向に大別できます[1]。

　理解志向のデータ分析では、分析対象がどのような仕組みに基づいて動いているかなど、背景にある原理の理解が目的です。例えば、数多の物体の落下運動からその共通の原理を見出し、万有引力の法則や運動方程式を見出す活動が理解志向の分析に当たります。

　一方、**応用志向のデータ分析**は、分析によって得られた知見を実世界で応用することで、何らかの利益を得ることが目的です。例えば、ゴミ箱まで歩いていくのが面倒な時に、手元のゴミをどのような初速度で投げればゴミ箱に入れることができるのかを研究することなどは、応用志向の活動の例になるでしょう。

図 1.1.1　理解志向と応用志向

理解志向

放物線...?
加速度一定...?
$f = -mg$...?

応用志向

$d \fallingdotseq kv_h v_v$ だ！

あとは練習！

　この2つの活動は目的が異なるため、手段も結論も大きく異なります。まずは、

物体落下の法則の発見を目指す理解志向の分析の場合を考えてみましょう。

あなたは、データを眺めた結果、「初速度0で落下させた物体は、その落下距離が落下時間の2乗に比例する」ことを発見しました。その先は、この比例関係がどの程度厳密に成り立つのかを検証するため、非常に精密な実験を行い、その物理学的意味を考察することになるでしょう。

一方、応用志向の場合は、数多の試行の中で、ゴミが飛んでいく距離が初速度の水平方向と垂直方向の積に大まかに比例することを見出すでしょう。そこまでわかったら、あとはたくさん試すのみです。物体の空気抵抗や質量によっては手前で落ちてしまうので、捨てたい物体の特性に応じて、力加減を練習することになります。

この実験や練習では、理解志向の場合は空気抵抗を無視できる理想的な実験環境を用意することに心血を注ぐ一方、応用志向の場合には、むしろ空気抵抗がある現実的な環境を用意して、実践練習が繰り返されることになります。

このように、分析の目的に応じて取るべき手段が大きく異なることがわかるでしょう。

▼ 理解志向と応用志向

	理解志向	応用志向
目的	対象の背後にある仕組みの理解	知見を応用して、何かをうまくやる
分析で重視すること	・実験の環境を整えること ・うまく解釈できること	・現実世界に近いデータを用いること ・精度が高いこと
結果得られるもの	現実世界の背景に潜む法則	やりたいことをうまくやる方法、経験

■ 分野によっても異なる目的と正義

分析を行う分野によっても、分析のやり方は大きく変わります。例えば、あなたが研究者としてデータ分析を行う場合、業界標準の分析モデルをしっかりと理解し、正しくモデルを適用した上で、妥当な結果を読み解くことが求められます。結果に新規性や独創性があるとともに、その手法に正当性や正確さが求められます。

あるいは、あなたはビジネス文脈のデータサイエンティストだとしましょう。ビジネス文脈での主要な目的の1つは、分析の結果を意思決定に用いてバリューを出すことです。この場合、精密な分析にこだわらず、ある程度の「ザックリ感」を持った素早い意思決定も重要です。一方、あなたの仕事が医療関係であれば、アカデミアのレベルかそれ以上の精密さが求められることでしょう。

　データ分析コンペティションに参加している時は、ともかく精度を上げることが重要です。多少計算コストがかかる分析であっても、精度が良いことが重要視されます。これは、「結果が同じなら、分析手法はシンプルな方が良い」と考えるビジネスの文脈とは対照的です。

　このように、分野や状況によって文化や価値観が大きく異なるため、それに応じた適切な分析モデルの選択が重要です。そのためにも、幅広い分析モデルへの深い理解があると良いでしょう。

1.2　回帰分析にまつわる誤解

■ 回帰分析は実戦向きではない？

　回帰分析は、単回帰分析や重回帰分析などを示す総称です。最も基礎的な分析モデルの1つなので、最初に勉強した方も少なくないでしょう。そのため、「難しい」という印象を抱かれることがあります。逆に、基礎的な分析モデルなので「あまり実用的ではない」とか「初心者向きのモデルである」という印象を抱かれることもあります。まずは、この誤解を解くことから始めましょう。

　実は、回帰分析は最も重宝する分析モデルの1つであり、回帰分析をマスターするだけで、かなり幅広い課題に対応することができます。実際に、回帰分析は以下の理由でとても有力な分析モデルです。これらのうちのいくつかは、今後本書で見ていくこととなります。

回帰分析が役立つ理由

・計算が非常に高速で、PDCAを回しやすい。
・解釈が容易で、深い解釈が可能である。
・多くの派生モデルを持ち、解釈可能でありながら複雑な現象に対応可能である。
・深く理解することを通して、分析モデルの理解とはなにかを体得できる。

■ 回帰分析は難しいのか

　前述の通り、回帰分析は「難しい」と言われることが多い分析であり、あなたもそう感じているかもしれません。まずは、回帰分析の難しかった点を丁寧に分解し、「難しさ」への理解を深めることで、回帰分析の理解に挑戦しましょう。多くの人が回帰分析を難しいと感じるポイントは、以下のように分類できます。

（1）分析の考え方に慣れていない時期に学んだため難しかった

　回帰分析は、分析モデルを初めて学ぶ時期に出会うモデルです。そのため、「説明変数」「最小二乗法」などの大量の専門用語を初めて目にしながら学ぶことになります。この困難は慣れれば解決しますので、慣れるまで頑張りましょう。

（2）実務での実行が難しかった

　実際にデータ分析を実行する場合、分析作業の主要部ではなく、その前工程と後工程に困難がある場合があります。例えば前工程には、分析課題の設定、データ収集、他部署への協力要請、法律的・倫理的ハードルのクリア、データ分析基盤構築などがあり、後工程には、分析結果の解釈、全関係者への説明、実務への実装、その後の評価・改善活動などがあります。これは分析とはまた別の能力で、別の人が専門で担当する場合もあります。

（3）実務での解釈が難しかった・心が折れた

　回帰分析の解釈には魔物が潜みます。回帰分析は解釈が容易で、専門家でなくても意味を理解することができます。そのため、分析結果と直感が合わない場合などに、ドメイン知識を多く持っている方から非常に厳しいツッコミを受けることがあります。何より、一番厳しいツッコミを投げ込んでくるのは、実は分析者自身でもあります。自分が持っている直感に反する結果が出た時に、仮説と分析結果の板挟みになり、非常に苦しむことがあります。

（4）数式に圧倒されて難しかった

　回帰分析は、実行してみなくても数式を使うだけでかなり深く解析できる分析です。そのため、大量の数式が乱舞する解説も多いです（本書の理論解析もそうです）。ここで心が折れることもありますが、回帰分析の実行においては、必ずしも数式の厳密な理解は必要ありません。ほどほどまで理解を深めたらあとは実践してみて、困ったらまた学びに来るくらいが丁度いいでしょう。

　どこが困難なのかを見極めてさえしまえば、後は対処の繰り返しでなんとでもなります。今後、分析の勉強や実行で困難に遭遇した際は、まず何が困難なのかを冷静に整理してみると良いでしょう。

1.3 回帰分析入門① － 単回帰分析

■ 単回帰分析とは

　単回帰分析は、2つの変数を比較して行う分析であり、変数間の関係性の「理解」や、変数の値の「予測」、因果関係の探求などに利用することができます。

　例えば、図1.3.1の散布図で表される、2つの変数からなるデータがあったとしましょう。この時、「理解」では、変数xが変化した時に変数yに影響はあるのか、あるとしたらそれはどの程度かを調べることを目指し、「予測」では、変数yが未知の時に、変数xの値から変数yの値を推測することを目指します。

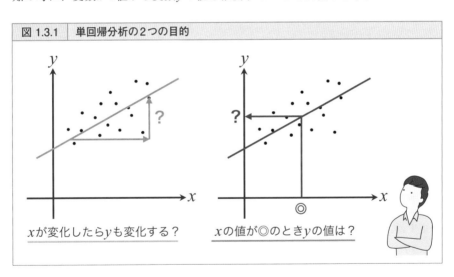

図 1.3.1　単回帰分析の2つの目的

xが変化したらyも変化する？

xの値が◎のときyの値は？

■ 単回帰分析の手順

　単回帰分析では、次の4ステップで分析を行います。

（1）変数に主従をつける

　単回帰分析とは、「xが変化したらyも変化するか？」「xからyを予測できるか？」という考え方で分析をする手法です。そのため、このような「xが主でyが従」と

いう関係性を仮定することになります。主の変数のことを、**説明変数** (explanatory variable)、**独立変数** (independent variable)、**外生変数** (exogenous variable) などと言い、従の変数のことを**被説明変数** (explained variable)、**従属変数** (dependent variable)、**内生変数** (endogenous variable) などと言います。

　例えば、身長と体重の関係性を分析することを考えてみてください。通常、身長が伸びると体重が重くなりますが、体重を重くしても身長は伸びません。身長は体重に影響を与えますが、体重は身長に影響を与えないので、身長が主、体重が従という関係を仮定するのが良いでしょう。このように、主従の関係性は、分析の目的や分析対象に対するドメイン知識をもとに、人間が設定する必要があります。

（2）$y = ax + b + \varepsilon$ という線形の関係性を仮定する

　単回帰分析は、次の考え方をする分析です。

回帰分析の考え方

　説明変数 x と被説明変数 y の間に、定数 a、b と、誤差を表す確率変数 ε を用いた

$$y = ax + b + \varepsilon$$

という式が成り立つと仮定した場合、a、b の値はいくつと考えるのが良いだろうか？

　まずは、この考え方を見ていきましょう。

　2つの変数 x、y の間の関係性のうち、最も基本的なものは「x が増えると y が増える」「x が増えると y が減る」という関係です。これを最もシンプルに表現する数式が 1 次関数で、$y = ax + b$ という数式で表現できます。この数式を**回帰方程式** (regression equation) と言い、このグラフを**回帰直線** (regression line) と言います。

　とはいえ、現実のデータで厳密な等式が成立することはあり得ません。そのため、回帰方程式からの誤差を表す変数 ε を用意し、数式 $y = ax + b + \varepsilon$ を用いて分析を行います。この変数 ε は、平均 0 分散 σ^2 の正規分布に従う確率変数であると考えることが一般的です（正規分布は 3.1 節の理論解析で深く扱います）。

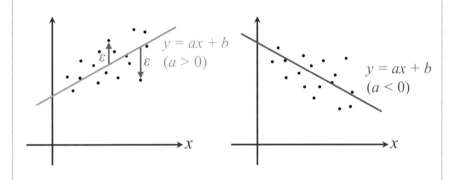

| 図 1.3.2 | 直線的な関係性を1次関数で表す |

直線的な関係性を持つデータには、グラフが直線となる1次関数の相性が良いです。実際のデータは直線から外れるので、そのズレをεという変数で表現します。

（3）良いaとbを見つける

回帰分析の考え方の「a、bの値はいくつと考えるのが良いだろうか？」に注目してみましょう。実際に、a、bに様々な値を代入してみると、回帰直線の位置が大きく変わります（図 1.3.3）。このように、分析モデルの振る舞いを規定する数値のことを、**パラメーター(parameter)** と呼びます。特に、aを**回帰係数(regression coefficient)**、bを**定数項(constant term)**、**バイアス項(bias term)** などと呼びます。

図 1.3.3を見ると、データとの親和性が高い直線と、データとは無関係に見える直線があることがわかります。無数にあり得るパラメーターの組み合わせの中から最適と思われる数値を選ぶことを、統計学では**推定(estimation)** と言い、機械学習では**学習(learning)**、**訓練(training)** と言います。この作業が、分析作業の中心の1つです。この時に用いられるデータを**教師データ**や**訓練データ (training data)** と言います。具体的な数値の選び方には、最小二乗法、最尤法、Ridge回帰、LASSOなど様々な方法があります。これらの各種推定法は、基本的なものを第1章で、発展的なものは最後の第5部で扱います。

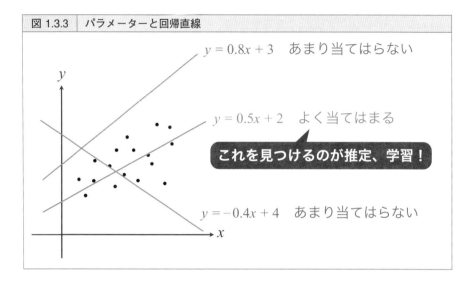

図 1.3.3　パラメーターと回帰直線

$y = 0.8x + 3$　あまり当てはらない

$y = 0.5x + 2$　よく当てはまる

これを見つけるのが推定、学習！

$y = -0.4x + 4$　あまり当てはらない

（4）結果を解釈する

推定の結果、$a = 0.5$、$b = 2$という数値が選ばれたとしましょう。この時、2つの変数x、yの間には、$y = 0.5x + 2 + \varepsilon$という関係があると考えられることを示しています。具体的には、xが1増えるとyが0.5増える傾向にあることや、$x = 3$の時には$y = 3.5$程度であろうことがわかります。これで、最初に掲げていた2つの目標である、理解と予測が達成できます。回帰分析の解釈については、2.2節でより詳細に説明します。

■ 最小二乗法

ここで、パラメーターa、bの推定方法を詳しく見てみましょう。一般に、回帰分析では予測値とデータの誤差を基準とし、誤差が小さいパラメーターを選択します。

今手元に持っているx、yの組のデータを、$(x_1, y_1), (x_2, y_2), \cdots, (x_n, y_n)$と書くこととします。すると、データ$(x_i, y_i)$に対応する誤差は$\varepsilon_i = y_i - (ax_i + b)$で表すことができます。そこで、誤差を2乗してプラスマイナスを打ち消し、その和である

$$E = \frac{1}{2} \sum_{1 \le i \le n} \left(\varepsilon_i \right)^2 = \frac{1}{2} \sum_{1 \le i \le n} \left(y_i - \left(ax_i + b \right) \right)^2$$

を最小にするパラメーターa、bを選択する**最小二乗法**がよく用いられます[2]。計算機を用いれば、Eを最小にするa、bを簡単に計算することができます。

理論解析：a、bの見つけ方

　最小二乗法でa、bを求めてみましょう。最小二乗法では、データから得られる数値x_i, y_iは定数と考えます。すると、Eはaとbの関数となります。このように、最小二乗法では、誤差Eをパラメーターa、bに関する2次関数とみなして、その最小値を探すことでパラメーターを推定します。

　実は、この誤差Eは、aとbでの偏微分係数が0になる時に最小になることが知られています[3]。ですので、Eの偏微分を計算し、「$=0$」を付け加えて得られるaとbの方程式

$$\frac{\partial E}{\partial a} = -\sum_{1 \le i \le n} x_i \left(y_i - \left(ax_i + b \right) \right) = 0 \tag{1.3.1}$$

$$\frac{\partial E}{\partial b} = -\sum_{1 \le i \le n} \left(y_i - \left(ax_i + b \right) \right) = 0 \tag{1.3.2}$$

を解くことになります。データxの平均値を、$\bar{x}$のように文字の上にバーを付けて表すことにすると、この2式は

$$\overline{xy} - a\overline{x^2} - b\bar{x} = 0 \tag{1.3.3}$$

$$\bar{y} - a\bar{x} - b = 0 \tag{1.3.4}$$

と変形できます。式(1.3.4)を式(1.3.3)に代入してbを消去すると、

$$\left(\overline{xy} - \bar{x}\,\bar{y} \right) - a\left(\overline{x^2} - \bar{x}^2 \right) = 0$$

が得られます[4]。これから

$$cov(x, y) - aV[x] = 0$$

がわかり[5]、最後にaを求めると

---

2) なぜ2乗するのかという疑問については、後の理論解析で紹介しています。
3) Eはaとbについての下に凸な関数になっていることから証明できます。
4) $\overline{xy}$はxとyの積xyの平均値であり、$\bar{x}\bar{y}$はxの平均値とyの平均値の積で、この両者は別物です。
5) $cov(x,y) = \overline{xy} - \bar{x}\bar{y}$、$V(x) = \overline{x^2} - \bar{x}^2$ という性質を利用しました。

$$a = \frac{cov(x, y)}{V[x]}$$

が得られます。ここで、$V[x]$ は x の分散、$cov(x, y)$ は x と y の共分散です。これを式（1.3.4）に代入すると、$b = \bar{y} - a\bar{x}$ も得られます。

最小二乗法の推定公式

単回帰分析において最小二乗法で推定したパラメーターは

$$a = \frac{cov(x, y)}{V[x]} \tag{1.3.5}$$

$$b = \bar{y} - a\bar{x} \tag{1.3.6}$$

で計算できる。

　以上が最小二乗法の計算です。大量の数式を浴びたと思います。お疲れさまでした。

　さて、これは「難しい」のでしょうか？　私の考えは「難しい側面と簡単な側面の両方がある」です。確かに、定数と変数を見分け、偏微分し、$\bar{x}$ という記号を用い、分散・共分散の公式を用いて、連立方程式を解くという一連の流れは、難解であることに間違いありません。

　ここで視点を変えて、実際に最小二乗法による単回帰分析の実装を考えてみましょう。途中の式計算はよくわからずとも、公式として式（1.3.5）と式（1.3.6）を用いれば、簡単に実装することができます。一方、機械学習の場合は、このような公式は存在しないケースがほとんどです。そのため、誤差最小のパラメーターを近似計算する複雑なプログラムを書く必要があります。また、うまく細部を調整しないとまともな解を計算できない場合もあります。

　単回帰分析の場合は、この公式のおかげで、機械学習よりも圧倒的に簡単に推定（学習）を終えることができるメリットがあるのです。

　ここで少し、「理解」について考えてみましょう。例えば「回帰方程式は1次式だから簡単」「途中式は難しい」「式（1.3.5）と式（1.3.6）はよくわからない」「でも実装はやればできる」「おかげで推定（学習）が簡単」のように、「難しい」と「簡単」が入り混じった理解が普通だと思います。「なんか難し

かった」と思うだけで止めず、理解に対する解像度を高めると、恐怖心が薄れ、勉強や実践がやりやすくなります。

理論解析：なぜ最小二乗法なのか

どの教科書を見ても、なぜか最小二乗法が重宝されています。一方、符号を正に揃えるという目的であれば、絶対値や4乗でもいいはずです。この中で特に2乗が重宝される背景には、次の4つの利点があります。

（1）計算が簡単である

誤差の絶対値の和を最小にする**最小絶対値法（Least Absolute Value Method）**や、誤差の4乗の和を最小にする最小四乗法は、パラメーターの推定が困難です。最小絶対値法の場合、絶対値を与える関数 $y = f(x) = |x|$ が微分不可能であるため、解の公式を得ることができません[6]。また、最小四乗法の場合、次の連立方程式を解くことになるのですが、

$$\frac{\partial E}{\partial a} = -\sum_{1 \le i \le n} x_i \left(y_i - \left(ax_i + b \right) \right)^3 = 0$$

$$\frac{\partial E}{\partial b} = -\sum_{1 \le i \le n} \left(y_i - \left(ax_i + b \right) \right)^3 = 0$$

この a、bについての連立3次方程式を解くことが困難な上、この方程式を満たす解は複数あるので、その中からベストなものを選ぶ必要があります。平均や分散、共分散を計算しておけば、パラメーターを推定できる最小二乗法とは大きな違いです。

（2）最良線形不偏推定量（BLUE）である

最小二乗法によって推定されたパラメーターは、**最良線形不偏推定量(Best Linear Unbiased Estimator)**というものになります。これは、線形推定量と呼ばれるジャンルにおいて、最も誤差が小さく（最良）、偏りがない（不偏）という意味です。要するに線形推定量と呼ばれるジャンルの中でいちば

6)　シンプレックス法など、比較的高速に誤差最小のパラメーターを見つける方法が知られています。そのため、最小絶対値法は実際に利用されることもあります。

ん良いということです[7]。

（3）最尤推定、正規分布と相性が良い

良いパラメーターを探す方法には、誤差最小化以外にも尤度と呼ばれる関数を最大化する最尤法という手法があります（3.1節）。実は、最小二乗法は最尤法を用いても定式化することができ、その際に正規分布が登場します。正規分布は非常に性質の良い確率分布なので、より精密な解析から深い洞察を得ることができます。詳細は3.1節の理論解析で扱います。

（4）幾何学的な解釈が存在する

近年、情報幾何学という分野が注目を集めています[8]。情報幾何学とは、統計学や情報理論を幾何学的な視点から解釈・分析する研究分野で、グラフィカルモデルやEM法の幾何学的定式化を与えることや、機械学習技法の統計力学的・幾何学的な解釈などで注目を集めています。最小二乗法は、その情報幾何学の最も簡単な場合として見ることができます。

理論解析★：最小二乗法と情報幾何学（の入り口）

ここでは簡単に、最小二乗法と情報幾何学の関連をお伝えします。

最小二乗法は、n個のデータ $(x_1, y_1), (x_2, y_2), \dots, (x_n, y_n)$ から計算される

$$E = \frac{1}{2} \sum_{1 \le i \le n} \left(\varepsilon_i \right)^2 = \frac{1}{2} \sum_{1 \le i \le n} \left(y_i - \left(ax_i + b \right) \right)^2$$

を最小にする方法でした。ここで、

$$x = \begin{pmatrix} x_1 \\ x_2 \\ \vdots \\ x_n \end{pmatrix}, \; y = \begin{pmatrix} y_1 \\ y_2 \\ \vdots \\ y_n \end{pmatrix}, \; \varepsilon = \begin{pmatrix} \varepsilon_1 \\ \varepsilon_2 \\ \vdots \\ \varepsilon_n \end{pmatrix}, \; \mathbf{1} = \begin{pmatrix} 1 \\ 1 \\ \vdots \\ 1 \end{pmatrix}$$

というn次元のベクトルを定めると、

$$\varepsilon = y - ax - b\mathbf{1}$$

---

7) 詳細は『統計学入門（基礎統計学Ⅰ）』（東京大学教養学部統計学教室、東京大学出版会）で読むことができます。

8) 『岩波講座 応用数学［対象12］ 情報幾何の方法』（甘利俊一、岩波書店）やN. Ay, J. Jost, H. V. Lê and L. Schwachhoefer, Information Geometry, Springer, 2017. などの書籍が参考になります。また、YouTube で「情報幾何学」「統計多様体」と検索すると、専門家による解説動画をいくつか見ることができます。

と書くことができます。$\sum_{1 \le i \le n} (\varepsilon_i)^2$ はベクトル$\boldsymbol{\varepsilon}$の長さの2乗なので、最小二乗法で計算されるパラメーターa、bは、$\boldsymbol{\varepsilon} = \boldsymbol{y} - a\boldsymbol{x} - b\boldsymbol{1}$ が最も短いパラメーターであるとわかります。これは、$\boldsymbol{y}$と$a\boldsymbol{x} + b\boldsymbol{1}$が最も近くなるパラメーターだと言い換えることができます。なので、最小二乗法は、ベクトル$\boldsymbol{x}$と$\boldsymbol{1}$が張る平面πの点の中で、$\boldsymbol{y}$と最も近い点を探すことに他なりません。

ところで、平面π内で$\boldsymbol{y}$に最も近い点は、$\boldsymbol{y}$から平面πに下ろした垂線の足と一致します。つまり、最小二乗法とは、平面に垂線を下ろすことなのです。この「最小化 = 垂線」という発想は、情報幾何の中核を支えるアイデアの1つです。

図 1.3.4	最小二乗法の幾何

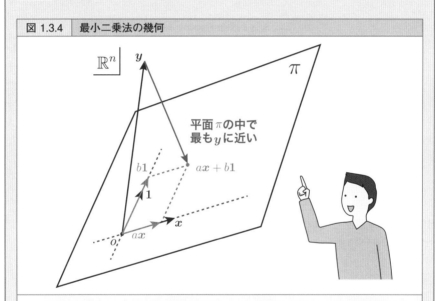

$\mathbb{R}^n$ の中でベクトル$\boldsymbol{x}$と$\boldsymbol{1}$の張る平面が平面πです。最小二乗法は、平面πの中でベクトル$\boldsymbol{y}$から最も近い点を探すことであるため、推定結果のパラメーターは$\boldsymbol{y}$から平面πにおろした垂線の足と対応します。図の赤矢印の逆向きが、誤差ベクトル$\boldsymbol{\varepsilon}$です。

1.4 回帰分析入門② – 重回帰分析

■ 重回帰分析とは

　重回帰分析は単回帰分析の発展形で、説明変数が複数ある場合を扱う分析モデルです。被説明変数をy、説明変数を$x_1, x_2, \ldots, x_m$とした場合、重回帰分析は次の考え方で行う分析となります。

重回帰分析の考え方

　説明変数$x_1, x_2, \ldots, x_m$と被説明変数yの間に、定数$a_1, a_2, \ldots, a_m, b$と、誤差を表す確率変数εを用いた

$$y = a_1 x_1 + a_2 x_2 + \cdots + a_m x_m + b + \varepsilon \tag{1.4.1}$$

という式が成り立つと仮定した場合、$a_1, a_2, \ldots, a_m, b$の値はいくつと考えるのが良いだろうか？

　ここで単回帰分析でのx_jは「変数xのj番目のデータでの値」という意味でしたが、今は「m個ある変数のj番目」という意味で、用法が異なるので注意してください。j番目の変数x_jのi番目のデータでの値は、x_{ij}と書きます。

　このパラメーター$a_1, a_2, \ldots, a_m$も**回帰係数**と呼ばれます。重回帰分析であることを強調する場合、**偏回帰係数(partial regression coefficient)**と呼ばれます。

　偏回帰係数も最小二乗法で推定できます。これは、誤差の2乗和

$$E = \frac{1}{2} \sum_{1 \le i \le n} \left(y_i - \left(a_1 x_{i1} + a_2 x_{i2} + \cdots + a_m x_{im} + b \right) \right)^2$$

を最小にするパラメーター$a_1, a_2, \ldots, a_m, b$を採用する方法です。一見複雑に見えますが、これも$a_1, a_2, \ldots, a_m, b$に関する2次式であり、偏微分が0になる点を求めることで誤差をEにするパラメーターを決定することができます。

■ 偏回帰係数の意味

偏回帰係数の意味について考えてみましょう。説明変数のうち、x_iの値だけが1大きく、他の変数の値が変わらない場合、被説明変数yの値はちょうどa_iだけ大きい傾向にあることがわかります（式1.4.1）。このように、偏回帰係数a_iは、1つの変数の値だけが異なる場合にyの値がどの程度異なるかを表す量と考えられます。他の変数を全て固定していることが偏微分と似ていることから、偏回帰係数と呼ばれています。

現実の課題においては、説明変数の間に相関がある場合もあります。そのため、x_iを1増やしたことで他の変数の値も変化してしまい、yの値の変化とa_iが大きく異なる場合もあります。偏回帰係数の意味を解釈する際は、ドメイン知識も動員しながら、説明変数の間に強い相関関係や因果関係がないかどうかに注意することが必要です。

分析の目的上、相関関係や因果関係が無視できないほど大きい説明変数を用いることが必要な場合は、統計的因果推論など、別の統計的な処理でこの問題を回避するのが良いでしょう。

■ 重回帰分析と多重共線性

説明変数同士の相関が大きい場合、多重共線性という厄介な現象が発生するケースがあります。

多重共線性が起こると、分析結果のみならず、その解釈も全て誤ったものになる可能性があります。逆に、多重共線性の可能性を考慮しながら結果の解釈ができるようになると、重回帰分析1つでかなり深い分析ができるようになります。やや発展的内容を含むので、ここでは扱わず、他の発展的な内容とともに第20章で扱います。重回帰分析を行う際は、説明変数間の相関係数を必ず確認し、相関が大きい説明変数がある場合は、20章で紹介する方法で多重共線性への対処を実施しましょう。

重回帰分析においても、最小二乗法には幾何学的な解釈があります。

変数x_iの値を縦に並べたベクトルを

$$\boldsymbol{x}_i = \begin{pmatrix} x_{1i} \\ x_{2i} \\ \vdots \\ x_{ni} \end{pmatrix} \in \mathbb{R}^n$$

と書くことにしましょう。また、$\boldsymbol{x}_1, \boldsymbol{x}_2, \cdots, \boldsymbol{x}_m, \boldsymbol{1}$の張る$\mathbb{R}^n$の部分空間を$V$とし、$a_1, a_2, \cdots, a_m, b$を最小二乗法で推定されたパラメーターとすると、$a_1\boldsymbol{x}_1 + a_2\boldsymbol{x}_2 + \cdots + a_m\boldsymbol{x}_m + b\boldsymbol{1} \in \mathbb{R}^n$は、$\boldsymbol{y}$から$V$に下ろした垂線の足に一致します。これは、単回帰分析のときと全く同じ現象です。

図 1.4.1	重回帰分析と垂線

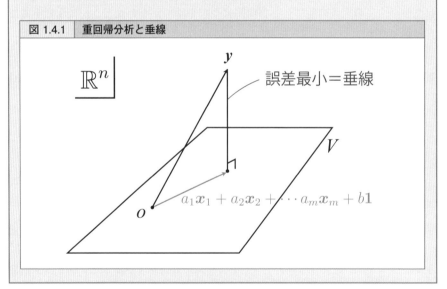

理論解析★：重回帰分析のパラメーター推定と幾何学的視点

重回帰分析のパラメーターは、次の式で計算できることが知られています。

$$\tilde{\boldsymbol{a}} = \left({}^t\tilde{X}\tilde{X}\right)^{-1}{}^t\tilde{X}\boldsymbol{y} \tag{1.4.2}$$

ここで、

$$\tilde{a} = \begin{pmatrix} a_1 \\ a_2 \\ \vdots \\ a_m \\ b \end{pmatrix}, \tilde{X} = \begin{pmatrix} x_{11} & \cdots & x_{1m} & 1 \\ \vdots & \ddots & \vdots & \vdots \\ x_{n1} & \cdots & x_{nm} & 1 \end{pmatrix}, y = \begin{pmatrix} y_1 \\ y_2 \\ \vdots \\ y_n \end{pmatrix}$$

です。$\tilde{a}$ は全てのパラメーターを縦に並べたベクトルで、$\tilde{X}$ はデータを並べた行列の右に1を並べたものです。この公式（1.4.2）は、誤差の2乗和 E を $\tilde{a}$ の2次関数として最小化することで導出できます。この方法は標準的な教科書にあるので、ここでは省略することにします[9]。

　ここでは、この公式を幾何的な観点から導出してみます。前の理論解析にあるように、$\varepsilon = y - \tilde{X}\tilde{a}$ は、$x_1, x_2, \cdots, x_m, 1$ の張る $\mathbb{R}^n$ の部分空間 V と直交するので、$x_i, 1$ と y との内積は

$$x_i \cdot y = x_i \cdot \left(\tilde{X}\tilde{a} + \varepsilon \right) = x_i \cdot \tilde{X}\tilde{a} = {}^t x_i \tilde{X}\tilde{a}$$

$$1 \cdot y = 1 \cdot \left(\tilde{X}\tilde{a} + \varepsilon \right) = 1 \cdot \tilde{X}\tilde{a} = {}^t 1 \tilde{X}\tilde{a}$$

となります。

　これを縦に並べてベクトルとして比較すると、

$$^t\tilde{X} y = {}^t\tilde{X}\tilde{X}\tilde{a}$$

が得られます。この両辺に左から $^t\tilde{X}\tilde{X}$ の逆行列をかけると、式(1.4.2)が得られます。

　これは、最小二乗法を用いた導出より遥かにシンプルです。幾何学的な発想を用いて、誤差項を表すベクトル ε が V と直交するという深い洞察を得ることで、y と各 x_i の内積は $\tilde{X}\tilde{a}$ と各 x_i の内積に一致することを見抜き、その等式を逆手に取ることによって $\tilde{a}$ を簡単に計算することができるのです。

---

9)　例えば、『パターン認識と機械学習』（C. M. ビショップ、丸善出版）などに載っています。

第1章のまとめ

- ・データ分析の目的には、大きく分けて理解志向と応用志向の2つがある。
- ・分野によっても適する手法が大きく異なるため、多様な分析モデルを知れば知るほど活用できる場面が増える。
- ・自身の理解に対する理解を深めると、難しそうなものを学ぶ時に非常に役立つ。
- ・回帰分析は、被説明変数を説明変数の1次式を用いて説明、予測する分析モデルである。
- ・最小二乗法は、二乗誤差の最小化を通してパラメーターを推定する方法である。
- ・重回帰分析を用いる際には、多重共線性（20章）に注意すべきである。

回帰分析の結果の評価と解釈

正しく深い解釈で分析結果に魂を吹き込む

●

分析モデルをデータに当てはめた後は、その結果を評
価し、解釈することになります。第2章では、分析モ
デルの評価の基本概念を紹介した後、回帰分析の解釈
について、因果関係の観点も含めて紹介します。
回帰分析の結果を正しく解釈できるようになれば、回
帰分析一つでかなり説得力のある分析ができるように
なるでしょう。しっかりと吸収していってください。

2.1 回帰分析の精度指標

■ 分析結果の評価

　分析結果の評価とは、分析の目的や仮説と分析結果を比較する中で、結果の良し悪しを判断することです。代表的な観点には、分析モデルとデータの適合度、結果の解釈の妥当性、ビジネスインパクトの大きさ、研究における仮説との比較や先行研究との一貫性、新規性などがあります。

　この節では、分析モデルとデータの適合度として、回帰分析の精度指標を紹介します。

■ RMSE

　RMSEは**Root Mean Squared Error**の略[1]で、大まかな誤差の大きさを表します。そのため、予測値の大きさや求められる精度と比較することで、分析結果の評価を行うことができます。

　RMSEの定義は「分析モデルの誤差の2乗の平均のルート」であり、数式では、

$$\text{RMSE} = \sqrt{\frac{1}{n}\sum_{1 \le i \le n}\varepsilon_i^2} = \sqrt{\frac{1}{n}\sum_{1 \le i \le n}\left(y_i - \left(a_1 x_{i1} + a_2 x_{i2} + \cdots + a_m x_{im} + b\right)\right)^2}$$

と表されます。難しそうに見えますが、数式の意図を捉えると理解が進みます。

　RMSEは、次の3ステップで計算されます。

・誤差を2乗して全てを0以上に
・その平均を取り、おおよその(誤差)^{2}の大きさを見積もる
・そのルートをとり、おおよその誤差の大きさの見積もりを得る

　実は、誤差εの平均は0で、標準偏差がRMSEとなります。この観点からも、

---

1) 日本語では「二乗平均平方根誤差」と言います。

RMSEは大まかな誤差の大きさを表すと解釈できます。

■ MAE

MAEは**Mean Absolute Error**の略で、こちらも大まかな誤差の大きさを表します。MAEは分析モデルの誤差の絶対値の平均で定義され、数式では

$$\mathrm{MAE} = \frac{1}{n}\sum_{1 \leq i \leq n}|\varepsilon_i| = \frac{1}{n}\sum_{1 \leq i \leq n}\left|y_i - \left(a_1 x_{i1} + a_2 x_{i2} + \ldots + a_m x_{im} + b\right)\right|$$

と表されます。MAEは、RMSEとほぼ同じ用法で用いられます。

■ R^2

決定係数 (coefficient of determination) R^2 は、被説明変数 y の値の大小を決める要因全体のうち、説明変数に含まれる要因の割合を表す指標です。

実は、y の分散には、

$$V\left[y\right] = V\left[a_1 x_1 + a_2 x_2 + \cdots + a_m x_m + b\right] + V\left[\varepsilon\right]$$

という公式が成立します[2]。ちょうど、y の値のばらつきを表す分散 $V[y]$ は、説明変数由来の分散 $V[a_1 x_1 + a_2 x_2 + \cdots + a_m x_m + b]$ とそれ以外の分散 $V[\varepsilon]$ の和になっています。この関係式を用いて、R^2 は

$$R^2 = \frac{V\left[a_1 x_1 + a_2 x_2 + \cdots + a_m x_m + b\right]}{V\left[y\right]} = 1 - \frac{V\left[\varepsilon\right]}{V\left[y\right]}$$

で定義・計算されます。分散はつねに0以上なので、$0 \leq R^2 \leq 1$ が成り立ちます。

R^2 の値が大きい場合、y の値の大小を決める要因の多くが説明変数に含まれていると考えられるため、良い分析モデルが得られていると考えられます。また、R^2 が大きいということは、$V[y]$ に比べて $V[\varepsilon] = \mathrm{RMSE}^2$ が小さいということなので、その意味でも良い分析モデルだと言えるでしょう。

---

2) 図1.3.4や図1.4.1を思い出してみると、これは三平方の定理に他なりません。

■ 精度指標の使い方

　これらの精度指標を計算するだけでは、分析モデルの良し悪しはわかりません。予め基準を用意しておき、それと比較することが重要です。例えば、1日のアイスクリームの販売数を予測するプロジェクトにおいて回帰分析を行い、RMSE = 100であったとしましょう。これが、1日の販売数が数十万程度ある全国展開したチェーン店についての予測であれば、非常に高精度のモデルであると言えます。一方、1日に数十程度の販売を行う個人商店での予測であれば、全く使い物にならないモデルでしょう。

　また、このプロジェクトの場合、予測の誤差によって仕入れや販売に損失が出ることが想像されます。この損失の削減目標などを元に、必要とされる精度が予め算出できれば、それとの比較で分析モデルを評価することもできます。

　決定係数R^2の場合も同様です。非常に高い再現性が求められる工学の場面においては、R^2の値は0.7以上、場合によっては0.99以上を求められることもある一方、曖昧で多様な関係に踏み込む心理学等の分野の場合、R^2が0.1程度でも学術的に意味のある結論を導ける場合もあります。分析の目的や分野の慣習をふまえ、それに応じて基準を設定して結果を解釈すると良いでしょう。

2.2 回帰分析の結果の解釈

■ 基本的な結果の解釈

　回帰分析の強みの1つは、その結果の解釈可能性です。ここでは、その結果の解釈について見ていきましょう。

　例えば、単回帰分析で推定を行った結果、$a = 0.5$, $b = 2$という数値が選ばれ、$y = 0.5x + 2 + \varepsilon$の関係があるとわかったとしましょう。この場合、一番基本的な解釈は、「xが大きいほどyが大きい傾向があり、xが平均より1大きければ、yは平均より0.5大きい傾向がある」です。

　一般に、各（偏）回帰係数は、対応する説明変数が1大きい場合、被説明変数yがどの程度大きい傾向にあるかを表し、バイアス項は、全ての説明変数の値が0の場合のおおまかなyの値を表します[3]。

　実務においては、さらに解像度を高めた、より踏み込んだ解釈が求められます。本節の残りで、多様な解釈の幅とその選択について見ていきましょう。

図 2.2.1	重回帰分析の解釈の一例

x_1　ネット広告費（万円）

x_2　TVCM費

x_3　電車広告費

y　サイト登録人数

重回帰分析

TVCM費が高い時は
1万円につき登録人数が0.5人多かった

$$y = 1.2x_1 + 0.5x_2 + 0.2x_3 + 10000 + \varepsilon$$

---

[3]　この数値にどの程度意味があるかはデータによります。例えば、xが身長、yが体重であった場合は、$x = 0$の場合のyの値の目安に意味はありません。

■ 強気な解釈と控えめな解釈

先ほどと同様、回帰分析の結果として、$y = 0.5x + 2 + \varepsilon$の関係が得られたとしましょう。この時、実際にはどのような解釈が妥当なのでしょうか？

例えば、「xを1増やすことで、yを0.5増やせる」というように、因果関係を含む解釈をするべきでしょうか。それとも「xが1大きい場合、yが0.5大きい傾向にある」というように、傾向にとどめた解釈をするべきでしょうか。

数ある解釈の中で最も強気な解釈が、因果関係を含めた解釈です。逆に、最も控えめな解釈は、「分析モデルに当てはめて最小二乗法で計算したら出てきた数字であって、特段何かの意味があるわけではない」というものです。

回帰分析の解釈では、その分析の状況に応じて、適切な強さの解釈を選ぶ必要があります。まさに分析者の腕の見せ所です。以下、どのような解釈の種類があり、どのような使い分けがあるかを見ていきましょう。

■ 数学的に正しい原理主義的な事実

どういう場合でも確実に正しい「事実」があります。それは、「xとyに$y = ax + b + \varepsilon$という線形の関係を仮定し、最小二乗法を用いて推定した結果、データにも最も適合した数値が$a = 0.5$, $b = 2$である」という事実です。この事実は、数学的に確実に正しいものです。（事実だから！）

逆に、これ以外の解釈には常に誤りの可能性があるということでもあります。なぜなら、これより強い解釈をするには、追加で仮定を置く、追加で分析をする、ドメイン知識を用いるなど、数学の外で人間による別の工夫が必要だからです。目にした分析結果がこれより強い解釈をしていた場合、この手の工夫がされていると認識しましょう。この時、その中の仮定などが誤っていて、その解釈が正しくない可能性を警戒する必要があります。

分析者としては、どこまでが確実に正しい事実なのか、どこからは不確実性がある解釈なのか、特定の解釈・主張を行うには背後にどのような仮定・事実が必要なのかを、常に意識することが大事です。まず、数学的に確実に正しい事実はこれであり、かつ、保証できるのはここまでであるということをしっかりと押さえておきましょう。

■ 線形の関係性という解釈

とはいえ、上記の「計算したらこうなった」という解釈では、何もわかったことになりませんし、現象の説明になっていません。一歩ずつ、より大胆な解釈を目指して進んでいきましょう。

前述の事実（解釈）では、「線形の関係を仮定した場合」という但し書きがついていました。もし線形の関係性があることがわかれば、「xとyに線形の関係があり、それは$y = 0.5x + 2 + \varepsilon$で記述される」という解釈に踏み込むことができます。

線形な関係性の判定で最も簡単な方法が、図 2.2.2 のように散布図を見ることです。散布図を見て、データ点が直線状の分布をしていれば、直線の関係があると言えるでしょう。統計的な手法には、回帰診断やモデル選択などがあります。

図 2.2.2　散布図で線形の関係の有無を確認

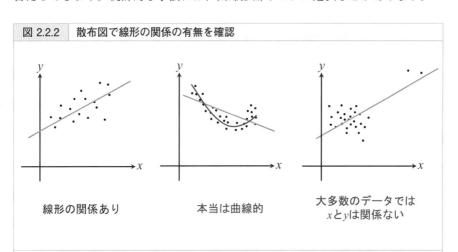

線形の関係あり　　　　本当は曲線的　　　　大多数のデータでは
　　　　　　　　　　　　　　　　　　　　　xとyは関係ない

左の散布図では、xとyの間に線形の関係があります。一方、中央の散布図では、直線的ではない関係が見えるため、単回帰分析の適用は不適当です。右の散布図の場合、大多数のデータではxとyに関係がないのですが、一部の外れ値によって、回帰分析の結果が「xの増加とともにyが増加する傾向」を示唆します。これも不適切な単回帰分析の例です。

■ 解釈に必要な姿勢と覚悟

「散布図を目で見て判断する」なんてそんな適当なことがあるのか。もっと統計的に厳密な方法はないのか。このように思われた方もいるのではないでしょうか？

確かに、統計的に詳しく調べる方法もあります。しかし、どんな分析を実行しようとも、分析モデルが何かを断言してくれることは決してありません[4]。せいぜい「○○である可能性が高い」「○○だと仮定しても、このデータとは矛盾しない」程度止まりでしょう。原理主義的な解釈以上のことを主張しようと思ったら、人間がデータを見て判断し、決断を下す必要があります。

データ分析を仕事にしていると、スピード感を持った試行錯誤の繰り返しが優先される局面もあります。その時は、分析結果がよくわからなくとも、その場にある情報を元に、最後は勘と経験と度胸で意思決定することもあります。

なお、「そんなテキトーなことあるか！データ分析は真実を明らかにするのではないのか！」などと感じる方もいるかもしれませんが、残念ながらそんなことはありません。分析モデルはあくまで道具に過ぎず、分析者のさじ加減でいくらでも結論は変わります。だからこそ分析者は様々な手法をしっかり理解して使う必要がありますし、倫理観が強く求められる役割でもあるのです。

■ 因果関係と解釈

回帰分析の結果、$y = 0.5x + 2 + \varepsilon$ が得られていて、何らかの方法で x と y の間に線形の関係があると判断したとしましょう。この場合、さらに踏み込んだ解釈が可能です。

因果関係を軸にして考えると、次の3パターンの解釈がありえます。

回帰分析の解釈のパターン

（1）この結果はたまたまである
（2）因果関係がある
（3）因果関係は不明だが、線形の相関関係がある

（1）この結果はたまたまである

データには誤差がつきまとうので、回帰係数もその影響を受けます。本来は x と y に関係がないのに、偶然に回帰係数が大きな値になることがあります。この場合、「ランダムノイズの影響で、偶然この結果が出ただけである」とか「ランダ

---

4) 例えば、統計的検定をするにしても、p値のしきい値を0.05にするのか0.01にするのかは人間が決める必要があります。

ムノイズの影響で、偶然この結果が出ただけであるという可能性を否定できない」などの解釈をすることになります。これは、検定（第21章）を用いて検証できます。たまたまの可能性を否定できない場合は、より多くのデータを集めるなどの判断をし、次の分析に備えましょう。偶然ではなかった場合、残り2つの解釈のいずれかが可能です。

（2）因果関係がある

　回帰分析の結果、xとyに因果関係があると解釈ができる場合があります。因果関係があるとわかった場合、xの値を変化させることによってyの値を操作することができるので、非常に便利です。

　具体的には、次の場合などに因果関係があると解釈できることがあります。

因果関係があるという解釈が可能な場合の例

・因果関係が明らかであり、あとはその因果関係の強さ（回帰係数の大きさ）のみに関心がある場合[5]
・先行研究などから、因果関係があると想定することが妥当な場合
・統計的因果推論などの方法で因果関係が見いだされた場合

（3）因果関係は不明だが、線形の相関関係がある

　回帰分析を行うと、ほとんどこの場合に行き着きます。因果関係を断定できない場合は、「xとyに因果関係があるかどうかはわからないが、xとyには線形の関係があり、xが1大きい場合、yは0.5大きい傾向がある」という状態になります。

　この場合は、以下4つの可能性を念頭に置きながら解釈をすることになります。

①本当はxからyに因果関係があるが、十分な証拠がないのでわからない
②本当はyからxに因果関係があるが、十分な証拠がないのでわからない
③本当はxからyとyからxに双方向の因果関係があるが、十分な証拠がないのでわからない
④本当はどちらの方向にも因果関係がない[6]

5）　例えば、エンジンに投下する燃料の量と、エンジンの出力の間の関係を考える場合など。
6）　因果関係がなくとも強い相関を持つ原因の1つに交絡因子というものがあり、統計的因果推論の文脈でよく調べられています。

もし、あなたが学術研究で分析モデルを用いているのであれば、当該分野の研究者との議論などを通して、次の分析企画や研究計画を練るのが良いでしょう。

あるいは、もしあなたがビジネスでデータ分析をするのであれば、分析の目的に応じて適切な解釈と意見形成を行いましょう。

例えば、図 2.2.1 の広告費とサービスの登録人数の分析の場合、次のような解釈と、それに伴う意思決定がありえます。

(A) おそらく、広告費を増やすと登録人数が増えるのだろう。ただ、時期の影響や、広告同士の相互作用もありそうなので、より詳細な調査をしよう。

(B) おそらく、広告費を増やすと登録人数が増えるのだろう。因果関係があるかは確証が持てないが、追加の広告予算があるので、最も効率が良いと思われる広告を強化して、実際に登録が増えるか検証しよう。

(C) サービスの登録者が増えるたびに収益が大きくなって、使える広告予算が大きくなってきた。実は、広告費は登録者の数に影響を与えず、登録者が増えたから広告費を増やせたという逆の因果なのかもしれない。だからといって、今さら広告費をなくすこともできない。広告費を増やすことはやめないが、登録人数がちゃんと増え続けるかどうかは今後もチェックし続けよう。

(D) サービスの拡大とともに広告費を増額し、その広告効果でさらにサービスが成長する好循環を続けてきたのだろう。今後も効率の良い広告投資を継続しよう。

(E) 実は、私たちはチョコの通販をやっている。今まではバレンタインデー周辺で広告費を大量投下してきた。そして、バレンタインデーの周辺では登録者が多かった。広告費と登録人数には非常に強い相関があるが、バレンタインデーという共通の要因があるだけで、因果関係は特にないのかもしれない。

　（A）と（B）はともに①の解釈をしていますが、ビジネスの状況によって下す決断が全く異なります。（C）〜（E）はそれぞれ②〜④に対応しています。もちろん、これ以外の解釈の可能性もあります。このように、回帰分析の結果の解釈は、状況に応じて非常に多様な可能性を持ちます。

　この例を見ると、データや数字だけに注目している限り、意味のある分析は明らかに不可能であることがわかるでしょう。データが示していることを正しく理解するのみならず、そのデータの背景で現実に起こっていることと結びつけ、人間が頭を使って考え、総合的に判断して洞察や結論を導き出す必要があります。これこそが、データ分析者の中心的な仕事の1つです。

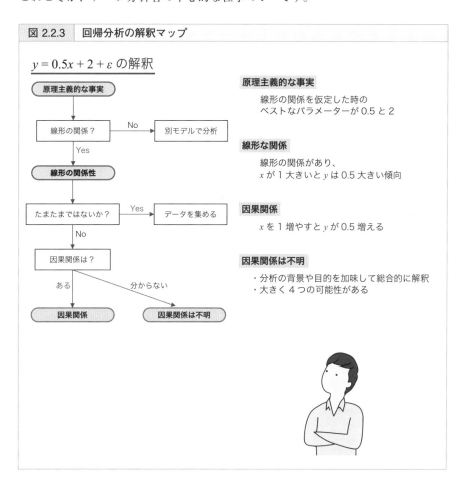

図 2.2.3　回帰分析の解釈マップ

$y = 0.5x + 2 + \varepsilon$ の解釈

原理主義的な事実
　線形の関係を仮定した時の
　ベストなパラメーターが 0.5 と 2

線形な関係
　線形の関係があり、
　x が 1 大きいと y は 0.5 大きい傾向

因果関係
　x を 1 増やすと y が 0.5 増える

因果関係は不明
　・分析の背景や目的を加味して総合的に解釈
　・大きく 4 つの可能性がある

59

第2章のまとめ

- 回帰分析の評価指標には、RMSE、MAE、R^2 などがある。
- 分析モデルが何かを断言することはない。意味ある解釈のためには人間が踏み込んで考える必要がある。
- 回帰分析の結果を解釈する前に、まずは線形な関係の有無の確認が重要である。
- 回帰分析の結果を解釈する上では、因果関係の有無に注意をはらい、誤解を与えない表現を利用することが重要である。
- 因果関係があるかどうかわからない場合でも、実用的な解釈や意思決定は可能である。

ロジスティック回帰分析

1次式で○か×かを分類する分析

●

数値を予測する回帰と並び、分類問題はデータ分析の主要なテーマです。ここでは、yesかnoかを判定する二値分類の問題を扱います。この二値分類の問題は、スパムメールの判定や病気の有無の判定など、実践的にも多く登場します。

この課題に対処する分析モデルとして、ロジスティック回帰分析とプロビット回帰分析を紹介するとともに、最小二乗法と並ぶ二大推定法の1つである最尤推定を紹介します。また、二値分類問題の多様な評価指標もまとめて紹介しました。こちらも実務で多用しますので、ぜひマスターしてください。

3.1 ロジスティック回帰分析とは

■ ロジスティック回帰分析の目的

　ロジスティック回帰分析は、目的変数であるyがyes/noや○/×などの2つの値のみを取る場合に用いられる分析モデルです。例えば、メールのスパム判定や、医療診断での病変の有無、ECサイトでの購入有無の予測などに用いられます。

　ここではもっと身近な例として、xを前日の就寝時間、yを翌朝寝坊したかどうかを表す変数とし、この2変数の関係を調べることを考えてみましょう。寝坊した場合を$y = 1$、寝坊しなかった場合を$y = 0$としてデータを取ると、図3.1.1のようになるでしょう。

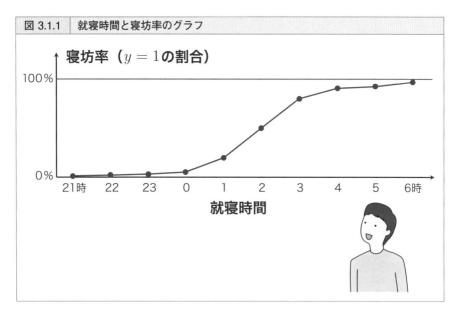

図 3.1.1　就寝時間と寝坊率のグラフ

　図を見ると、21時、22時など十分早く寝た場合は、ほとんど寝坊率は0ですが、1時くらいから増加を始め、4時を過ぎるとほとんど1に近づいていきます。このように、xと「yが1である割合」の関係は、1次関数で表される線形（直線状）の関係ではなく、非線形の関係となります。

■ シグモイド関数

xと「yが1である割合」の関係のうち最も単純なものは、図3.1.1のように、xが増えれば増えるほどyが1である割合が増加するものと、逆に減少するものでしょう。この時、グラフの縦軸が割合なので、値は0と1の間に存在します。図3.1.1のグラフの場合、ある一定の値以下のxでは、yが1である割合はほとんど0になり、ある一定の値以上のxでは、yが1である割合はほとんど1になります。このような曲線は、**シグモイド関数 (sigmoid function)** で表現できます。

シグモイド関数は次の式で定義されます[1]。

$$\sigma(x) = \frac{1}{1 + e^{-x}}$$

図3.1.2にこの関数のグラフがあります。確かに、xが小さいと$\sigma(x)$の値はほとんど0になり、xが大きいと$\sigma(x)$の値はほとんど1になっていることが確認できます。

図 3.1.2	シグモイド関数$p = \sigma(x)$のグラフ

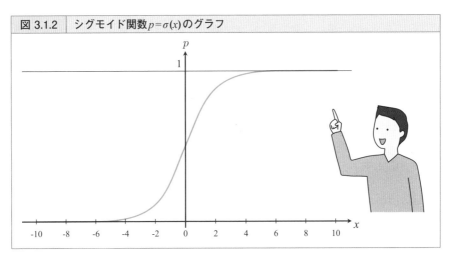

このシグモイド関数を用いて、様々なS字の曲線を表現できます。定数a、bを用いて、$p = \sigma(ax + b)$という関数を考えましょう。様々なa、bの組み合わせについてグラフを書いてみると、図3.1.3のようになります。

---

1) グラフの形状が「S字っぽい」ので、sigmoidと呼ばれています。

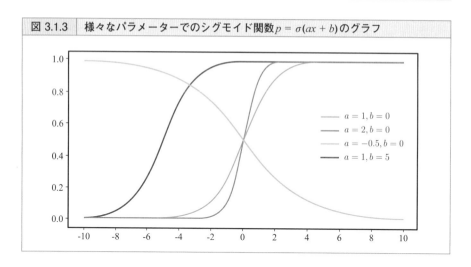

図 3.1.3　様々なパラメーターでのシグモイド関数 $p = \sigma(ax + b)$ のグラフ

凡例:
- $a = 1, b = 0$
- $a = 2, b = 0$
- $a = -0.5, b = 0$
- $a = 1, b = 5$

　パラメーターが $a = 1$、$b = 0$ の場合、通常のシグモイド関数 $\sigma(x)$ のグラフとなりです。$a = 2$, $b = 0$ の場合のグラフは、もとのシグモイド関数より傾きが急になっています。このように、a の値を変化させることで、p が変化するスピードを調整できます。

　$a = -0.5$, $b = 0$ の場合のグラフは、x が増加するほど p が減少します。このように、a の係数を負にすると、y が1である割合が減少する場合も表現できます。

　最後に、$a = 1$, $b = 5$ の場合のグラフは、$y = \sigma(x)$ のグラフを左に並行移動したグラフになっていることがわかります。このように、b の値を調整することで、どのくらいの x で p が変化するのかを調整することができます。

■ ロジスティック回帰分析の考え方

　実は、ロジスティック回帰分析では、重回帰分析のような $y = \sigma(ax + b) + \varepsilon$ という式を利用できません。なぜなら、ε が正規分布に従っていると考えられないためです（図 3.1.4）。

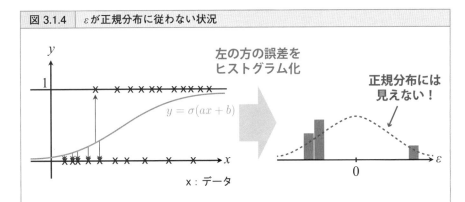

図 3.1.4　εが正規分布に従わない状況

左の方の誤差を
ヒストグラム化

正規分布には
見えない！

$y = \sigma(ax + b)$

x：データ

左の散布図のうち、例えば x が小さいところに注目すると、$\varepsilon = y - \sigma(ax + b)$ の値は、絶対値の小さい負の値を持つもの多数と、絶対値の大きい正の値を持つもの少数からなります。これは右のヒストグラムのような分布を持ち、正規分布とは大きく異なります。

そこで、ロジスティック回帰分析においては、まず $p(x) = \sigma(ax + b)$ という値を計算し、y は確率 $p(x)$ で1、確率 $1 - p(x)$ で0となる確率変数であると設定します。このように設定することによって、$p(x) = \sigma(ax + b)$ が小さいところでは、大多数の y は0になり、$p(x) = \sigma(ax + b)$ が大きいところでは、大多数の y が1になる現象を数学的に表現できます。この設定の下で、最もデータによく当てはまる a、b を見つけることがロジスティック回帰分析なのです。

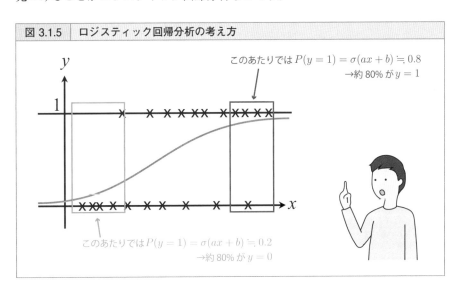

図 3.1.5　ロジスティック回帰分析の考え方

このあたりでは $P(y = 1) = \sigma(ax + b) \fallingdotseq 0.8$
→約 80% が $y = 1$

このあたりでは $P(y = 1) = \sigma(ax + b) \fallingdotseq 0.2$
→約 80% が $y = 0$

■ 最尤推定

次に、パラメーターの推定法を見てみましょう。ロジスティック回帰分析においては、最尤推定という方法が用いられます[2]。

例えば、手元に3つのデータ (x_1, y_1), (x_2, y_2), (x_3, y_3) があり、$y_1 = 1$, $y_2 = 1$, $y_3 = 0$ だったとしましょう。この時、$y_1 = 1$ である確率を算出すると、$P(y_1 = 1) = p(x_1) = \sigma(ax_1 + b)$ となります。同様に、$y_2 = 1$ となる確率は $p(x_2) = \sigma(ax_2 + b)$、$y_3 = 0$ となる確率は $1 - p(x_3) = 1 - \sigma(ax_3 + b)$ です。よって、手元のデータが得られる確率は、$p(x_1)\, p(x_2)\, (1 - p(x_3))$ とわかります。この確率を**尤度 (likelihood)** と言い、L で書きます。良い a、b ならば、$p(x_1)$ と $p(x_2)$ は大きく、$p(x_3)$ は小さくなるので、尤度は大きいはずです。

逆に、尤度が最大になる a、b が最良のパラメーターなのだと考え、a、b を選択することを、**最尤推定 (maximum likelihood estimation)** や**最尤法 (maximum likelihood method)** と言います。

ロジスティック回帰分析の場合は、尤度は

$$L = \prod_{1 \leq i \leq n} p(x_i)^{y_i} \left(1 - p(x_i)\right)^{1 - y_i}$$

となります[3]。見た目上 a、b が入っていませんが、$p(x_i) = \sigma(ax_i + b)$ なので、L は a、b の関数です。これが最大になる a、b を求めるのが最尤法なのです。

ロジスティック回帰分析の最尤推定の場合、重回帰分析の最小二乗法の時のように解の公式を導出することはできません。なので、数値計算によって a、b を求めることになります。実際の実装や計算においては、積の形をしている L そのものではなく、その対数をとった**対数尤度 (logarithmic likelihood)**

---

2) 最尤法の「尤」という漢字は「犬」にも見えますが、犬とは異なる漢字です。これは「尤もらしい」と書いて「もっともらしい」と読み、いかにもそのようであるとか、蓋然性が高いという意味で使います。最尤法は、「もっとももっともらしい」パラメーターを探す方法なのです。

3) $y_i = 1$ の時、の $\prod$ 中身は $p(x_i)^1 (1 - p(x_i))^0 = p(x_i)$ となり、$y_i = 0$ の時は $1 - p(x_i)$ となります。なので、この式が尤度を表していることがわかります。最小二乗法の時は、誤差を2乗して足す素直な式ですが、尤度の一般的な表式は $x^0 = 1$ というトリックを利用した技巧的なものになっています。

$$l = \log L = \sum_{1 \le i \le n} \Big(y_i \log p(x_i) + (1 - y_i) \log\big(1 - p(x_i)\big) \Big)$$

の最大化を目指すことが多いです[4]。

■ 多変数のロジスティック回帰分析

ロジスティック回帰分析は、重回帰分析のように説明変数を複数用いて分析することもできます。その場合、$P(y = 1) = p(x) = \sigma(a_1 x_1 + a_2 x_2 + \cdots + a_m x_m + b)$ で y が1になる確率を設定し、最尤法でパラメーター $a_1, a_2, \ldots, a_m, b$ を決定します。また、ロジスティック回帰分析でも多重共線性に注意する必要があります。

理論解析：重回帰分析の最小二乗法と最尤推定

この節の最後に、最小二乗法と最尤推定の関係について説明します。簡単のため単回帰分析の場合で説明します。

単回帰分析 $y = ax + b + \varepsilon$ の誤差項 ε は、平均0、分散 σ^2 の正規分布に従うと仮定していました。ここで、平均 μ、分散 σ^2 の正規分布は、次の確率密度関数 p_{μ,σ^2} で与えられる確率分布です。

$$p_{\mu,\sigma^2}(x) = \frac{1}{\sqrt{2\pi\sigma^2}} \exp\left(-\frac{(x - \mu)^2}{2\sigma^2} \right)$$

y は平均 $ax + b$、分散 σ^2 の正規分布に従うので、データ (x_i, y_i) が得られる確率密度は

$$\frac{1}{\sqrt{2\pi\sigma^2}} \exp\left(-\frac{\big(y_i - (ax_i + b)\big)^2}{2\sigma^2} \right)$$

となります。これを全てかけ合わせ[5]、対数をとると尤度と対数尤度

---

[4] 対数尤度の表式を見ると、前脚注のトリックがわかりやすくなります。$y_i = 1$ の時は $1 - y_i = 0$ となるので、Σ の中身は $\log p(x_i)$ のみが残り、$y_i = 0$ の場合は $\log(1 - p(x_i))$ のみが残ります。

[5] 掛け算で尤度が得られるのは、誤差項 ε_i が互いに独立だからです。実務上の分析ではこの仮定は破れる場合があるので、余裕がある人は、分析の際に注意しておくと良いでしょう。

$$L = \prod_{1 \leq i \leq n} \frac{1}{\sqrt{2\pi\sigma^2}} \exp\left(-\frac{\left(y_i - \left(ax_i + b\right)\right)^2}{2\sigma^2}\right)$$

$$l = -\frac{n}{2}\log\left(2\pi\sigma^2\right) - \sum_{1 \leq i \leq n} \frac{\left(y_i - \left(ax_i + b\right)\right)^2}{2\sigma^2}$$

が得られます。l が最大になる a、b を求めるのが最尤推定法でしたが、それは $\sum_i \left(y_i - \left(ax_i + b\right)\right)^2$ が最小になる時に他なりません。そのため、最尤法が最小二乗法と一致します。

　正規分布が誤差の2乗の指数関数なので最尤推定法と最小二乗法が一致するのです。

3.2 ロジスティック回帰分析の評価と解釈

■ 分類問題の評価

　分類問題では、分析の目的や分野の慣習によって、様々な評価指標が使い分けられています。尤度を最大化する最尤法を用いたので、最小二乗法における RMSE のように、平均尤度が評価指標の候補になりそうですが、現実には多く用いられません[6]。それは、分類問題での分析結果の利用法と関係があります。

　分類問題では、○である確率ではなく、○か×かの判定結果が用いられます。例えば迷惑メールフィルターでは、迷惑メールである確率を直接利用するのではなく、迷惑メールか否かを判断し、迷惑メールを別の場所に振り分けることに利用されます。そのため、分類問題の評価指標には、この分類の正解率が用いられます。

　ロジスティック回帰分析では、説明変数 x に対して、○である確率の予測値 $\sigma(ax+b)$ が出力されます。例えば、この値が0.5以上なら○、そうでなければ×と判定したとしましょう。この時、全てのデータは次の4通りのいずれかになります。

・判定結果が○で、実際に○である
・判定結果は○だが、実際には×である
・判定結果は×で、実際に×である
・判定結果は×だが、実際には○である

　この4つをそれぞれ、**真陽性 (True Positive)**、**偽陽性 (False Positive)**、**真陰性 (True Negative)**、**偽陰性 (False Negative)** と呼びます（以降、TP、FP、TN、FN と記します）。

　これらは、次の表にまとめることができます。

---

6)　自然言語処理では、平均尤度と本質的に同じである perplexity という指標が用いられることがあります。

▼ 分類結果と4種のデータ

		判定結果	
		○	×
実際	○	TP	FN
	×	FP	TN

この2×2のマス目に、実際のTP、FP、TN、FNの件数を記入した行列を、**混同行列 (confusion matrix)** と言います。例えば、全1000件のデータがあり、実際に○のものが100件、実際に×のものが900件で、分類はそれぞれ95%の割合で正解を言い当てたとします。この時、TPが95件、FNが5件、FPが45件、TNが855件となり、混同行列は以下の行列となります。

$$\begin{pmatrix} 95 & 5 \\ 45 & 855 \end{pmatrix}$$

データ分析の実務においては、この混同行列を見ながら作業をすることも多いですが、報告の際にはこれらをまとめた数値を用いることが一般的です。

以下に、各種の評価指標を紹介します。

(1) 精度・正確度 (accuracy)

精度は、全データのうち予測が的中したデータの割合であり、$\frac{TP+TN}{TP+FP+TN+FN}$ で定義されます。上の例では、$\frac{95+855}{95+45+855+5} = \frac{950}{1000} = 95\%$ です。最もわかりやすい評価指標なのでよく使われるものの、今回のように○と×の割合が偏っている場合は、「全て×」と答える雑な分類器でも精度が90%になってしまう問題があります。そのため、レアケースの発見を目指す分類問題には不向きです。

(2) 適合率 (precision)

適合率は、○であると予測したデータのうち、実際に○であったデータの割合で、$\frac{TP}{TP+FP}$ で定義されます。上の例では、$\frac{95}{95+45} \fallingdotseq 67.9\%$ です。レアケースを発見する分析の場合、大量の×のデータの影響で適合率が下がる傾向があります。また、不良品検知の分析など、○判定した件数に応じて損失が発生する場合、適合率が高いことが望ましいです。

（3）再現率（recall）

　再現率は、実際に○であるデータのうち、○と予測できたデータの割合であり、$\frac{TP}{TP+FN}$ で定義されます。上の例では、$\frac{95}{95+5}$ = 95%です。健康診断での疾病発見の分析など、○であるデータを見逃すことの損失が大きい場合、再現率が高いことが望ましいです。

（4）F値 (F-value)

　適合率や再現率は、しきい値を変更することで容易に値を操作できます。例えば、○判定のしきい値を0.5から0.95に変更すると、ほぼ確実に○であるデータしか○と判定されなくなるため、適合率を高めることができる一方、再現率は低下します。逆に、分析などせず全て○と答える分類器（もどき）を作れば、再現率は100%になりますが、適合率は低下します。

　このように、適合率と再現率にはトレード・オフの関係があります。しきい値設定による恣意性の排除や、良いしきい値の発見のために用いられるのがF値で、これは適合率と再現率の調和平均で定義されます。

$$F = \left(\frac{(precision)^{-1} + (recall)^{-1}}{2} \right)^{-1}$$

　F値は大きいほど精度が良いとされる指標で、適合率と再現率の両方がバランス良く大きい時にF値も大きな値を取ります。よって、F値が最大となるしきい値を選択することで、良い分類機が得られることが期待できます。また、分析の目的に応じて、適合率を優先したい場合はやや大きめ、再現率を優先したい場合はやや小さめのしきい値を選択するなど、しきい値の基準としても用いることができます。

（5）その他の指標

　他にも大量の指標が知られています。よく使われるものをまとめたものが、次の表です。

名前	定義	説明
精度・正確度（accuracy）	(TP+TN)/(TP+FP+TN+FN)	正しく判定できた割合
適合率（precision）	TP/(TP+FP)	○判定のうちの実際に○である割合
再現率（recall）	TP/(TP+FN)	実際に○であるうちの○判定の割合
感度（sensitivity）	TP/(TP+FN)	再現率と同じ
特異度（specificity）	TN/(FP+TN)	実際に×であるうちの×判定の割合
陽性適中率 (positive predictive value / PPV)	TP/(TP+FP)	適合率と同じ
陰性適中率 (negative predictive value / NPV)	TN/(TN+FN)	×判定のうちの実際に×である割合
真陽性率 (true positive rate / TPR)	TP/(TP+FN)	再現率、感度と同じ
偽陽性率 (false positive rate / FPR)	FP/(FP+TN)	実際に×であるうちの○判定の割合
真陰性率 (true negative rate / TNR)	TN/(FP+TN)	特異度と同じ
偽陰性率 (false negative rate / FNR)	FN/(TP+FN)	実際に○であるうちの×判定の割合

　他にも、TPRとFPRをしきい値別にプロットしたROC曲線や、その曲線の下側の面積であるAUCに加え、陽性尤度比やマシューズ相関係数など、多種多様な評価指標が知られています。

　これら精度指標の実践的な使い分けにおいては、①何が起こるとまずいのか、②どういうものが望ましいのか、の2段階で考えるとうまくいくことが多いです。例えば、疾病発見のための分析の場合、①患者の見逃しが一番まずいので、感度や特異度が高いことが望ましいでしょう。疾病の可能性が発見された場合、精密検査を受けてもらうことになるので、感度や特異度が高い検査のうち、②なるべく誤発見が少なく、適合率が良いものが更に望ましいと考えられます。

　この順で考えることで、絶対に避けなければならない事態を避けつつ、良い成果を狙うことができます。

■ ロジスティック回帰分析の解釈と対数オッズ

では、ロジスティック回帰分析のパラメーターの解釈を見ていきましょう。

回帰分析と同様、原理主義的には、パラメーターはただ数式に代入して尤度を最大化する数値として選ばれたものであって、それ以上でも以下でもありません。これ以上の解釈には、何か人間による判断や考えを注入する必要があります。

深い解釈を行うため、まず行うべき判断は、yが1である割合は、xの増加に伴って単調に増加、または減少するかどうかです。これは、回帰分析におけるxとyに線形の関係があるか否かの判断と同じ役割の判断です。この後の、この関係はたまたまなのか、因果の向きはどうなのかの判断と、分析の背景知識を用いた意味づけ等は、回帰分析の場合と同様です（2.2節）。

以下では、aの数値の数理的な意味を説明します。図3.1.3で見たように、$a > 0$であれば、xの増加に従ってyが1である割合は増加します。なので、xが大きければ大きいほど、yが1である可能性が高くなると解釈できます。逆に、$a < 0$の場合は、xが大きければ大きいほど、yが1である可能性が低くなると解釈できます。

では、例えば$a = 2$であることはどういう意味があるのでしょうか？　この解明のためには、シグモイド関数についてもう少し深く理解する必要があります。

シグモイド関数の値$\sigma(x) = \frac{1}{1+e^{-x}}$ は、「1とe^{-x}の2つがあるうちの1の割合」と考えられます[7]。ロジスティック回帰分析の場合、シグモイド関数の値は$y = 1$である確率を表すので、「1」が$y = 1$になる割合に対応し、「e^{-x}」が$y = 0$になる割合に対応します。ですので、$y = 1$の方が、$y = 0$に比べて$\frac{1}{e^{-x}} = e^x$倍起こりやすいということです。この比率e^xを**オッズ (odds)** と言い、その対数であるxを、**対数オッズ (logarithmic odds)** と言います。なので、$p(x) = \sigma(ax + b)$で$a = 2$の場合、xが1増えると、対数オッズが2増えるという意味を持つのです。

対数オッズの意味が明確になるのは、$ax + b << 0$の場合などです。この時、$y = 1$になる確率は$y = 0$になる確率の$e^{ax + b}(\fallingdotseq 0)$倍となります。この確率は非常

---

[7]　食塩1gを水e^{-x}gに溶かした時の食塩水の濃度が、ちょうど$\sigma(x)$となります。

に小さいので、$y = 0$になる確率がほとんど1で、$y = 1$になる確率$p(x)$は、$p(x) \fallingdotseq e^{ax+b}$となります。この状況では、$x$が1増えると$p(x)$は約$e^a$倍になります。

まとめると、$a = 2$であるということは、$ax + b << 0$のエリアにおいて、xが1増えると$y = 1$である確率が約e^2倍に増えるという意味を持ちます。逆に、$ax + b >> 0$の領域では、xが1増えると$y = 0$である確率が約e^{-2}倍に減るという意味になります。実際、図 3.2.1 を見ると、$x << 0$では$y = \sigma(x)$と$y = e^x$がほとんど一致しており、この近似が正しいことが見て取れます。

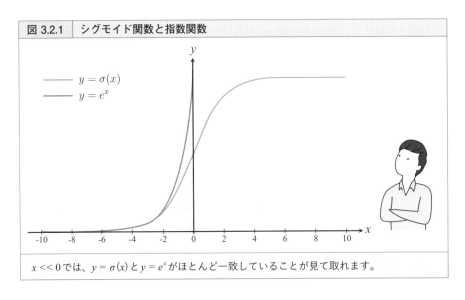

図 3.2.1　シグモイド関数と指数関数

$x << 0$では、$y = \sigma(x)$と$y = e^x$がほとんど一致していることが見て取れます。

これは、レアケース検知の分析ではわかりやすい解釈に繋がります。例えば、有病率の低い病気の有無について、体重(kg)を説明変数としたロジスティック回帰分析を行った結果、$a = 0.01$だったとしましょう。この場合、$p(x)$は小さいことが期待されるので、$ax + b << 0$の仮定を満たします。なので、$a = 0.01$であることは、体重が1kg増えるごとに、その病気にかかる確率が$e^{0.01} \fallingdotseq 1.01$倍に高まることを意味します。5kg増えれば、$e^{0.01 \times 5} \fallingdotseq 1.05$倍程度になると解釈できます。

3.3 プロビット回帰分析

■ プロビット回帰分析

2値変数のyの挙動を予測するため、ロジスティック回帰分析で新たに用意したものは、割合の変化を表す関数でした。この関数として、シグモイド関数以外にも、標準正規分布の累積度数関数である

$$\Phi(x) = \int_{-\infty}^{x} \frac{1}{\sqrt{2\pi}}\, e^{-\frac{1}{2}t^2}\, dt$$

を用いる場合があります。この関数をシグモイド関数の代わりに用いて分析する分析を、**プロビット回帰分析 (probit regression analysis)** と言います[8]。

| 図 3.3.1 | シグモイド関数とプロビット関数 |

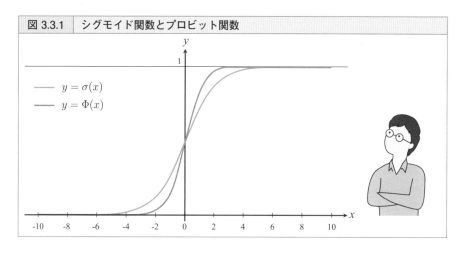

ロジスティック回帰分析とプロビット回帰分析は、似たような結果を返すことが多いです。どちらを用いるべきかは、分析モデルの相性や分野の慣習等によって決めるといいでしょう[9]。

---

8) このプロビットという単語は、英語では probit と書きます。これは、確率(probability)の単位(bit)が語源であると言われています。

9) 例えば、21.4節で紹介するトービットモデルやヘーキットモデルでは、プロビット回帰分析の相性が良いです。

第3章のまとめ

- ロジスティック回帰分析やプロビット回帰分析は、yesかnoかの2値分類を行う分析モデルである。
- 最尤推定は、データの「再現確率」が最も高くなるパラメーターを探す推定法である。
- 二値分類問題には、文脈に応じて多様な評価指標が用いられる（3.2節に一覧表）。
- ロジスティック回帰分析では、対数オッズという概念を用いるとパラメーターの意味が解釈できる。

機械学習を用いた回帰・分類

決定木、ランダムフォレスト、
勾配ブースティング決定木を中心に

最近では、実務や研究の様々な場面において、機械学習の分析モデルの利用はもはや普通のことになりました。機械学習の手法は、用途に応じて非常に多様な種類があります。第4章では、その中でも扱いやすい決定木や、高い精度が期待できるランダムフォレスト、勾配ブースティング決定木などの木系の分析モデルを中心に解説します。この3つを押さえておけば、かなり幅広い分析課題に対処できるようになるでしょう。これ以外の多様な手法については、第4部、第5部にて扱います。また、統計から機械学習に話題が移ると、解説の雰囲気が変わることにも注目してください。

4.1 機械学習を使うとはどういうことか

■ 機械学習と統計

　データ分析を学ぶと、「統計と機械学習の違いは何か？」という疑問が浮かびます。第1章で扱った回帰分析やその発展形のモデルは、多くの人が統計に分類する一方、第4章で扱うランダムフォレストや勾配ブースティング決定木は、多くの人が機械学習に分類するでしょう。

　本書では、統計、機械学習の定義やその線引きは行いません。ただ、多くの人が共有する感覚として、単純なものや説明可能なものを統計に分類し、複雑なものや説明困難なものは機械学習に分類する傾向があります。実際には、両者は明確に線を引けるものではなく、図4.1.1のように入り乱れています。

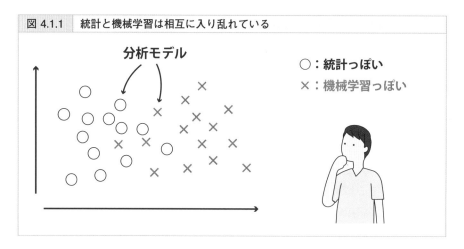

図 4.1.1　統計と機械学習は相互に入り乱れている

分析モデル

○：統計っぽい
×：機械学習っぽい

■ 機械学習を使うとはどういうことか

　明確な境界線を引けなくとも、それぞれの性質を論じることはできます。統計では、データの性質を調べるため、$y = ax + b + \varepsilon$や$P(y = 1) = \sigma(ax + b)$など、比較的シンプルで制御可能な関数をデータに当てはめて挙動を観察します。一方、機械学習では非常に大量の関数を用意した後、良い関数を探索する方法のみを指

定し、探索の大部分を機械に任せてしまう傾向があります。

　統計では人間の思考の範疇の関数が使われるため、解釈がしやすい利点があります。その反面、人間の想定外には対応できず、精度向上が限定的になる場合があります。一方、機械学習では、関数探索を機械に任せるために、全く解釈が及ばない結果になることがありますが、一般に精度が向上する傾向があります[1]。

　つまり、機械学習の利用は、分析モデルを完全な制御下に置くことを諦め、その代わりに自身の（人間の）想像以上の結果を狙うことと言えるでしょう。

図 4.1.2　統計と機械学習の違い

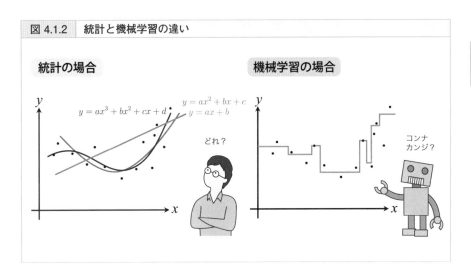

■ 機械学習を体得するには

　機械学習であっても統計であっても、学ぶ上で重要な点は変わりません。それは、手を動かすことと頭で考えることです。

　各分析モデルには、それを定義する数式があります。それが実装で実現されていて、その実装を動かすことで結果を見ることができます。これが手を動かすプロセスです。これと並んで重要なのが頭で考えるプロセスであり、数式の背景にある思想の読み取り、分析モデルの性質の把握、分析結果の解釈などがあります。機械学習はよく解釈が困難と言われますが、全てが解釈不能なわけではなく、思索が届く範囲に留まる部分もかなりあります。それを次節以降で見ていきましょう。

---

1)　もちろん、このような主張には大量の反例があります。統計「なのに」精度が高いとか、機械学習「なのに」解釈できるとかいうものもあります。ですが、学習は守破離が大事ですので、まずはこの理解を持つことが重要です。

4.2 決定木・ランダムフォレスト・勾配ブースティング決定木とは

■ 決定木

この節では、決定木、ランダムフォレスト、勾配ブースティング決定木の大まかなイメージを紹介し、続く節で徐々に詳細を掘り下げていきます[2]。ここで紹介する勾配ブースティング決定木は、LightGBM、XGBoost、CatBoostなどの実装が知られる非常に強力な機械学習手法です。

決定木(Decision Tree / DT) とは、2択や多択の連続で分類問題や回帰問題を解く分析モデルです[3]。これは、図4.2.1左にある「雑誌などでよく見る占い」をデータドリブンに生成し、それを元に推論をするモデルです。

図 4.2.1　よく見る占いと決定木

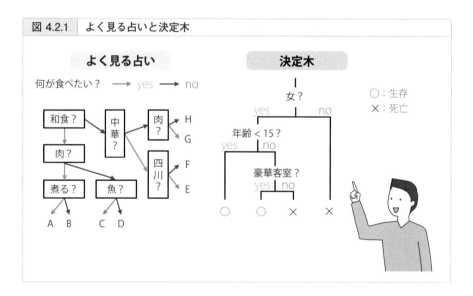

---

2) この節の内容は、次の動画でも簡単に解説しています。
【非 deep 最強機械学習】Gradient Boosted Trees の仕組み【勾配決定木とも言うよ】#VRアカデミア #035 - YouTube https://www.youtube.com/watch?v=u0IIqeNZOXY

3) 執筆時現在、scikit-learnでは2択を用いるCARTというアルゴリズムのみ実装されています。一方、Rでの実装にあるCHAIDという手法では、χ^2検定を使うことで多択の決定木を作成することができます。説明の単純化のため以降は全て2択で説明します。

　実際の例で見てみましょう。データサイエンティストがよく利用するデータセットの1つに、タイタニック号の乗客データがあります。これには、性別、年齢に加え、チケットのランクや同乗家族の有無などの様々なデータと、沈没事故での生死が記録されています。これを決定木にかけたとき、図4.2.1右の結果が得られたとしましょう[4]。

　この場合、男性→死亡、女の子→生存、豪華客室の女性→生存、一般客室の女性→死亡と予測する分析モデルが得られたことになります。このように、決定木は属性やパラメーターの大小を元に選択を繰り返し、結果を予測する分析モデルです。決定木という名称は、図4.2.1右を上下逆にすると木のように見えることに由来します。グラフ理論では、このようなグラフは**木 (tree)** と呼ばれています。また、最初の選択が現れる以前の部分を**根 (root)**、下の末端部分を**葉 (leaf)** と呼びます。

■ 決定木の学習と推論

　決定木の学習では、どの変数でどのように分割すると最もよく○と×を分離できるかという問題を考えます[5]。まず、全体のデータに対してこの問題を考えましょう。その結果、例えば、性別で2グループに分けるのが最適だったとします。すると、全体のデータは男性のデータと女性のデータに分割されます（図4.2.2）。

　次に、○×分離のための最適なデータ分割を、男性のデータ、女性のデータ双方で探します。それぞれのベストの分割を用意し、そのうちで最も良い分割を適用します。例えば、女性のデータを年齢で分割するのがベストだったとしましょう。すると、男性のデータ、女の子のデータ、大人の女性のデータの3つに分別されます。次は、この3つのデータで最適○×分離問題を考え、最良のものをまた適用します。これを繰り返し、十分に○×分離がうまくいったところで終了します。

---

[4]　この結果は説明のために作成したもので、実際の決定木分析の結果ではありません。
[5]　Gini不純度(Gini impurity)やエントロピー(entropy)という指標が最も小さくなる分割を探します。

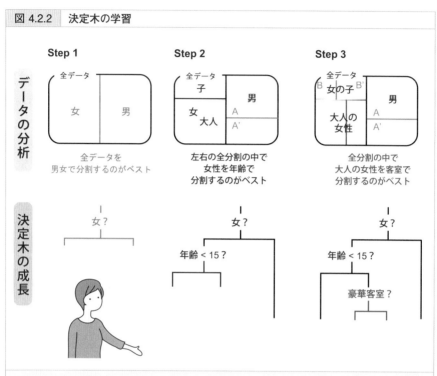

図 4.2.2　決定木の学習

決定木は、様々な分割を試し、その中のベストを選択するという方法で学習します。これを繰り返し、徐々に木を成長させていきます。

　決定木の推論はシンプルです。与えられたデータに対して、選択の連続を適用していくと、どこかの葉に至ります。これを学習時に利用したデータに適用し、あらかじめそれぞれの葉に振り分けておきましょう。推論の時は、与えられたデータと同じ葉に振り分けられた教師データの中で、○の比率が多ければ○と判定し、×の比率が多ければ×と判定します[6]。

■ ランダムフォレスト

　ランダムフォレスト (Random Forest / RF) は、決定木をたくさん作り、それらの多数決によって分類問題を解く分析モデルです。決定木も非常に有用な分

---

6)　この比率のしきい値は、ハイパーパラメーターとして調整できます。

析モデルですが、それでも弱点があります。例えば、図4.2.1の決定木モデルの場合、男性に対する分析が雑すぎるという問題があります。ランダムフォレストでは、多数の決定木を作成することで、1本の木ではカバーできない部分を補完し、全体として精度を高めることを目指します（図4.2.3）。このように、多数のモデルを統合して全体のモデルを作成することを、**アンサンブル学習 (ensemble learning)** と言います。

ランダムフォレストの学習では、データをランダムサンプリングしたり、使う説明変数をランダムに制限したりして決定木を作ります。これによって、毎回異なる決定木を作成するとともに、様々な変数に登場の機会を与え、より多面的に情報を活用できます。推論では、得られた決定木の多数決が用いられます。

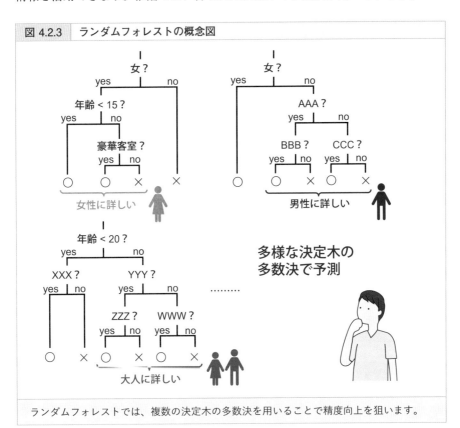

図 4.2.3　ランダムフォレストの概念図

ランダムフォレストでは、複数の決定木の多数決を用いることで精度向上を狙います。

■ 勾配ブースティング決定木

ランダムフォレストを更に改善した分析モデルが、**勾配ブースティング決定木 (Gradient Boosted Decision Trees/GBDT)** です。ランダムフォレストでは多数決が利用されるため、例えば図4.2.3のランダムフォレストでとある男性の生死を予測する際、男性に対する分析が雑な1本目の木と、男性について詳細に分析した2本目の木が同じ1票を持つことになります。しかし、本来であれば2本目の木の方が強い発言権を持つべきでしょう。

この問題を解消するため、勾配ブースティング決定木では多数決における発言権の強さを学習可能なパラメーターに加えます。具体的には、学習時に、それぞれの葉に「○の自信度」に対応する数値を割り振ります。推論時にそれらを合計することで、そのデータが○か否かを判定するのです[7]。自信度の値が大きくなるほど、多数決における発言権が強くなるという寸法です。

図 4.2.4	勾配ブースティング決定木の概念図

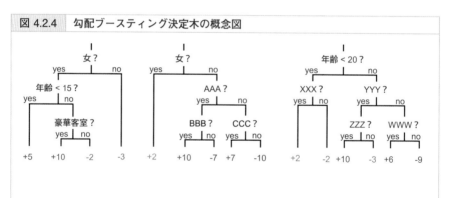

各葉に自信度に応じた
数値を対応させ
その合計で予測

予測／自信度	生存	死亡
高	+大	-大
低	+小	-小

勾配ブースティング決定木では、多数決を自信度の合計に変えることで精度向上を狙います。

---

7) 実際には、合計値をシグモイド関数などに通すことで、○である確率として解釈することが多いです。また、これを利用して最尤法でパラメーターを学習させることもできます。

■ 木系の分析モデルと多クラス分類問題、回帰問題

決定木、ランダムフォレスト、勾配ブースティング決定木をまとめて、木系の分析モデルと呼ぶことにしましょう。木系の分析モデルは、3つ以上のラベルに分類する多クラス分類の問題にも対応できます。決定木やランダムフォレストの場合、学習では各ラベルの出現頻度を元に分割を選択し、推論ではそれぞれの葉に対応するラベルの出現頻度や最頻値を推論結果とします。勾配ブースティング決定木の場合、「○である自信度」のみならず、各ラベルの自信度を対応させ、softmax関数[8]などを用いて、それぞれのラベルの確率に変換することで学習と推論を行います。

また、各葉に予測の数値を振ることで、回帰問題にも適用することができます。決定木やランダムフォレストの場合、その葉に対応するデータの被説明変数の平均などを予測値に用いればよく、勾配ブースティング決定木の場合は予測値も学習対象となります。

■ 木系の分析モデルの使い分け

一般に、分析モデルが複雑になるほど複雑な現象にも対応できるようになり、精度が向上していく一方、解釈が困難になると共に、学習に必要なデータ量が増える傾向があります。木系の分析モデルの場合、シンプルなものから順番に決定木、ランダムフォレスト、勾配ブースティング決定木と並ぶので、持っているデータ量に応じて最適な分析モデルを選択するといいでしょう[9]。

木系の分析モデルの使い分け

・複雑な分析モデルほど精度が高いが、要求されるデータ数が多い傾向がある。

・決定木 < ランダムフォレスト < 勾配ブースティング決定木の順番で分析モデルが複雑になる。

・手元にあるデータ数に応じて分析モデルを使い分けるのが基本。

---

8) softmax関数については5.3節で深く取り上げます。
9) 全てはデータによるのでこれという正解はないですが、大まかな目安として、データが数百件程度なら決定木、数万件程度ならランダムフォレスト、数百万件あれば勾配ブースティング決定木を選択すると良いでしょう。

これらの分析モデルの使い分けの一例をお伝えします。

決定木は解釈可能性を持つシンプルな分析モデルです。複雑な問題に対する対処能力は低いですが、データが数十件程度でも示唆のある分析結果を返すことができます。また、複雑な問題に対しても、まず決定木を適用することで、重要な変数の目安をつけることができます。

勾配ブースティング決定木は、この3者の中で最も高い柔軟性を持つ分析モデルです。高速化の実装のおかげで、数十億件規模のデータに対しても現実的な時間で動作し、高い精度を誇ります。人間の直感を活用した分析では太刀打ちできないような複雑な問題で、かつ、変数の数もデータの量も大量な場合に特に活躍するでしょう。一方、計算にかかるコストが重く、実行環境の構築が若干手間であるという欠点もあります[10]。

この両者の中間に位置するのがランダムフォレストです。scikit-learnなどに実装があり容易に実行できる上、勾配ブースティング決定木ほどではないにしてもかなり高い性能を誇ります。難しそうな分析に立ち向かう際、まずランダムフォレストを適用し、ベースラインのモデルを作るなどの利用もおすすめです。

■ 木系の分析モデルと特徴量エンジニアリング

ここで紹介した木系の分析モデルは、2つ以上の変数を合成した変数の利用が苦手です。例えば、図4.2.5のように、$x + y$の符号によって○と×が決まるデータがあったとしましょう。ロジスティック回帰分析を用いれば比較的簡単に境界線を引くことができますが、木系の分析モデルの場合は、何度もデータ分割を繰り返さなければ良い境界が得られません。また、一部の境界は$x + y = 0$から離れるため、新しいデータに対して判断を誤る可能性があります。

この問題は、説明変数に$x + y$を加えることで回避することができます。このように、既存の変数の組み合わせで新しい変数を作り、分析モデルの精度向上を狙

---

[10] 有名なPython実装では内部がC言語などで高速化されており、インフラの設定によってはうまく動かないことがあります。分析段階では問題にならなくても、システムへの組み込みの段階で問題になることもあるので注意しましょう。

う技法を、**特徴量エンジニアリング (feature engineering)** と言います。木系
の分析モデルでは非常に重要なテクニックです。

図 4.2.5   決定木の弱点

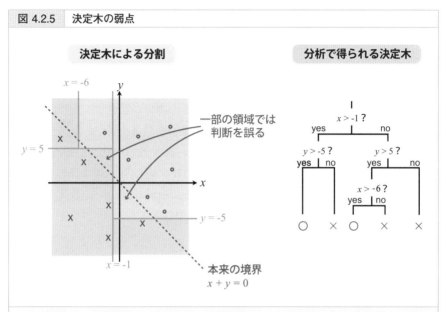

○と×を分ける境界（図では $x + y = 0$）が座標軸に平行でない場合、決定木の学習が困難
になります。この問題を回避するため、特徴量エンジニアリングが利用されます。

87

4.3　決定木の解釈とハイパーパラメーターチューニング

■ 決定木の解釈

　決定木は、データ分割の各ステップで、最もうまく○×を分離できる分割を行います。この事実を元に、決定木から豊かな解釈を導くことができます。例えば、図4.3.1の決定木の場合、「生死を分かつ最も重要な変数は性別である」「男性より女性の方が他の変数によって生死が変わりやすい」「女性の中で、生死を分かつ最も重要な変数は年齢である」「女の子は生き残りやすい」「大人の女性の生死を分かつのは客室のランクである」などの解釈を得ることができます[11]。決定木は機械学習アルゴリズムでは珍しく、高い解釈性を有するのです。

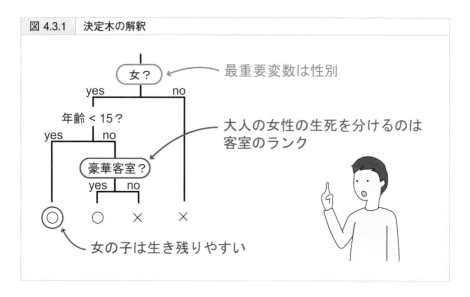

図 4.3.1　決定木の解釈

■ 決定木と過学習

　決定木の分析を行うと、**過学習（overfitting）**の問題に出くわします。過学

---

11) 先も触れたとおり、図4.2.1の決定木は説明用に単純化してあり、実際のタイタニックのデータとは異なります。真相が気になる方は、ぜひ自分で分析を実行してみてください。

習とは、いま手元にある教師データに過度に適合してしまうことによって、逆に課題に対する解決能力を欠いてしまう現象です。例えば、図3.1.4のデータに対して決定木を適用し、図4.3.2に示す分析結果が出たとしましょう。確かに教師データにはよく適合しているかもしれませんが、これでは、xが増えるごとにyが1である確率が上がるという基本的な情報すら理解できていません。また、過学習が起こっている場合、一般に新しいデータに対するモデルの推論結果の精度は低くなります。この「新しいデータに対するモデルの推論の精度」を**汎化性能(generalization performance)**と言います。汎化性能は機械学習の文脈で非常に重視される評価指標です。

図 4.3.2　決定木と過学習

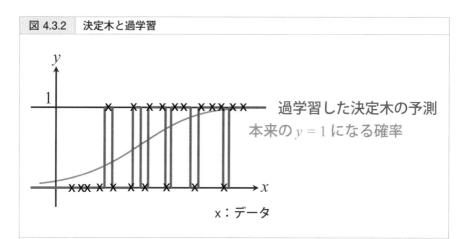

過学習した決定木の予測
本来の$y = 1$になる確率

x：データ

教師データに過度に適合した結果、xが増えるごとにyが1である確率が上がるということすら理解できなくなってしまいました。

■ 決定木におけるハイパーパラメーターチューニング

この問題に対処するため、例えば「データ分割は、各葉に最低10個以上のデータが入るようにする」という条件を加えて学習することがあります。すると、先ほどのような極端な現象を避けることができます。他にも「分岐の回数は各データに対して5回まで」「葉の枚数は16枚まで」など、様々な制限を課して学習させることができます。ここに登場する10、5、16など、モデルのメタな挙動を指定するパラメーターを、**ハイパーパラメーター(hyperparameter)**と言います。このハイパーパラメーターを調整し、最適なモデルを得る試みのことを、**ハイパー**

パラメーターチューニング (hyperparameter tuning) と言います。

■ ランダムフォレスト、勾配ブースティング決定木の場合

ランダムフォレストや勾配ブースティング決定木の場合、その内部に数百木以上の木を含むこともあり、決定木のような直接的な解釈はとても望めない場合があります。そのような場合は、各説明変数が分析結果にどの程度寄与するかの指標である **feature importance** や、各データに対する分析結果がなぜそうなったのかを説明する **LIME** や **SHAP** といった統計的な手法での解釈が行われています[12]。

次は過学習について考えましょう。ランダムフォレストや勾配ブースティング決定木は、決定木よりも複雑な分析であるため、データ量が少ない場合に過学習しやすい傾向があります。データ量が多い場合も、ハイパーパラメーターによって大きく精度が変わることがあるので、実験を通して最適なハイパーパラメーターを見つけるといいでしょう。

---

12) 前者のモデルの性質に対する説明を大域的説明、後者の個々のデータの推論結果に対する説明を局所的説明と言います。

4.4 木系の分析モデルはなぜ強いのか?

■ 木系の分析モデルの強さ

木系の分析モデルのうち、特にランダムフォレストと勾配ブースティング決定木は定型データに対して非常に高い性能を誇ります。その性能は凄まじく、数年前のkaggleコンペティションでは、テーブルデータコンペの上位入賞モデルのほとんどを勾配ブースティング決定木が占めていました[13]。

この節では、木系の分析モデルの強さの背景に迫ります。理論的な風味が少し強いので、理論に興味がない場合は飛ばしていただいても問題ありません。

■ 機械学習は関数近似論である

木系アルゴリズムの性能評価を始める前に、そもそもこれらは何なのかを明確にしましょう。統計や機械学習では、「データは確率論的な法則に支配されている」という仮定を置くことが一般的です。この場合、機械学習の理論は関数近似の理論であると言えます。

例えば多クラス分類の場合、与えられた説明変数 $x \in \mathbb{R}^n$ に対して、各クラスに所属する確率 $p = {}^t(p_1, p_2, \ldots, p_C)$ を得ることが目的となります[14]。この場合、私たちが究極的に手にしたいものは、この対応 $p = f(x)$ であり、それを表す関数 f であると言えるでしょう。また、回帰の場合も、説明変数が $x \in \mathbb{R}^n$ であった場合の被説明変数 y の値の条件付き確率密度関数 $p(y \mid x)$ を得ることが目的と言えます。しかし、これらの関数を直接知ることはできません。なので、統計や機械学習では、データを利用してなるべく近い関数を見つけようとしているのです。

このように、機械学習は数学的には関数近似論だと見なせます。なので、分析モデルの良し悪しを検討するには、関数近似手法としての良し悪しを検討すれば良いのです。

---

13) 最近（執筆時、2021年5月）では、テーブルデータコンペでも、特に時系列が絡むものを中心にTransformer系のアルゴリズムが良い成果を出し始めています。

14) これは、5.1節の冒頭で詳細に説明します。

なぜ、木系アルゴリズムは強いのか?

関数近似器の良し悪しを図る指標として、ここでは次の2つを考えてみましょう。

1つめは、その近似能力です。良い関数近似器であれば、近似したい関数がどのようなものであっても、一定の精度で近似できることが期待されます。これを数学的に厳密に表現したものを、**万能近似定理**や**普遍近似定理(universal approximation theorem)** と言います。勾配ブースティング決定木の場合、この万能近似定理が成立するので、近似能力が高い分析モデルであると言えます。

2つめは、その効率性です。勾配ブースティング決定木のアルゴリズムは、素直な実装では非常に計算コストが高く、現実的な時間で学習が完了しません。そのため、各種実装で徹底的な高速化が施されています。例えば、並列計算の利用や、メモリに乗らないデータの処理、データの縦横での分割など様々な工夫があります[15]。このような圧倒的な高速化が、勾配ブースティング決定木を近似効率の良い分析モデルにしているのです。

理論解析★：万能近似定理

実務上は意識しないことが多いですが、分析モデルにはそれぞれ利用可能な関数空間が定められています。そして、その関数空間の中で最適な関数を探すことが学習であると言えます。実際、回帰分析の場合、a、bの2つのパラメーターを調整し、$p(y|x) = \dfrac{1}{\sqrt{2\pi\sigma^2}}\exp\left(-\dfrac{\left(y-(ax+b)\right)^2}{2\sigma^2}\right)$ という形の関数の中から最適なものを選ぶ行いであり、決定木の場合、

$$f(x) = \begin{cases} 0 & (x\text{は男性}) \\ 1 & (x\text{は女の子}) \\ 1 & (x\text{は豪華客室の女性}) \\ 0 & (x\text{は一般客室の女性}) \end{cases}$$

のように、場合分けによって定義された関数の中から最適な関数を選ぶ行いです。

---

15) LightGBM、XGBoost、CatBoostそれぞれのドキュメントや論文中で詳細に記されています。

　この下で、とある分析モデルで万能近似定理が成立するとは、任意の関数が、その分析モデルが利用可能な関数を用いて、任意の精度で近似できることを言います[16]。要するに、現実のどんな問題であっても、うまくパラメーターを選べば十分な精度を出すことができるということです。

　例えば勾配ブースティング決定木の場合、この万能近似定理が（適切な設定のもとで）成立します。

　これについて見てみましょう。勾配ブースティング決定木において利用可能な関数 $f(x)$ は、 $f(x) = \sum_i f_i(x)$ の形の関数です。ここで、 $f_i(x)$ に利用できるのは、決定木のような場合分けで定義された関数で、値は0と1に限らず自由な実数値を取れるものです。特に、この $f_i(x)$ には、

$$f_i(\boldsymbol{x}) = \begin{cases} a_i & (l_{i1} \leq x_1 \leq u_{i1} \text{ and } l_{i2} \leq x_2 \leq u_{i2} \text{ and } \dots \text{ and } l_{im} \leq x_m \leq u_{im}) \\ 0 & (\text{otherwise}) \end{cases}$$

という形の関数を利用可能です。この関数を単関数と言い、良い関数はこの単関数の足し合わせを用いて任意精度で近似できることが知られています[17]。つまり、勾配ブースティング決定木は関数の単関数近似であり、それ故に万能近似定理が成立するのです[18]。

---

16) 考察対象の関数全体の集合を B、その中の関数たちの相違度を測る関数 d_B、分析モデルが利用可能な関数全体の集合を F として、 $\forall \varphi \in B, \forall \varepsilon > 0, \exists f \in F, s.t. d_B(\varphi, f) < \varepsilon$ と書けます。一般的に、 B は（有界 or "vanish at infinity" な）連続関数全体の空間やソボレフ空間、確率測度の全体の空間（の部分集合）など、 d_B にはそれら空間に自然に定義されるノルムやKullback-Leibler ダイバージェンスなどが利用されます。
17) このアイデアは、Lebesgue積分論で本質的な役割を果たします。
18) この議論の発想の背景には、関数解析という数学の分野があります。他にも、データ分析は多様な分野との関わりがあります。次の動画で紹介しているので、興味がある方はぜひご覧ください。
【分野横断】機械学習と統計的推論と微分幾何と関数解析と統計力学の関係性【VTuber によるよくばりセット】#VR アカデミア #037 - YouTube https://www.youtube.com/watch?v=P3QJdlGdscU

4.5 その他の機械学習手法

■ ノンパラメトリック手法

　最後に、その他の機械学習手法を紹介します。**k-Nearest Neighbors** という分析モデルは、説明変数 x に対して被説明変数 y を次の方法で予測します。まず、教師データ (x_1, y_1), (x_2, y_2), ... , (x_n, y_n) の中で、説明変数 x_i が x に近い方から順番に k 個選び、それらに対応する y_i の平均や多数決を予測値とします。要するに、近いデータを k 個集めて、その k 個のデータを見て決めてしまおうという方法です。

　この分析モデルの発展形に、**カーネル密度推定法 (kernel density estimation)** があります。これは、各データ点を中心とした確率分布を用意し、これらの平均をとることで確率分布を推定する方法です。この確率分布を元に、分類や回帰の問題を解きます。

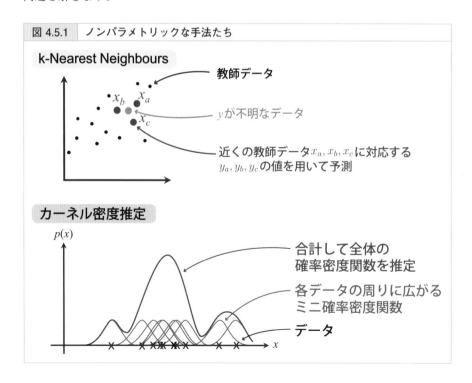

図 4.5.1　ノンパラメトリックな手法たち

k-Nearest Neighbours

教師データ

y が不明なデータ

近くの教師データ x_a, x_b, x_c に対応する y_a, y_b, y_c の値を用いて予測

カーネル密度推定

$p(x)$

合計して全体の確率密度関数を推定

各データの周りに広がるミニ確率密度関数

データ

x

　これら2つの分析モデルは、回帰分析や勾配ブースティング決定木のようなパラメーターを持たないため、**ノンパラメトリック (non-parametric)** な分析モデルと呼ばれます。シンプルに実装可能で、可視化に適しているために、分析初期にデータの様子を見ることに使われることが多い一方、推論のために全ての教師データを保持する必要があるため、大規模データの分析にはあまり用いられない傾向があります。

■ TabNet

　TabNetは深層学習を用いた分析モデルで、木系アルゴリズムの特徴を活かした定型データ向けのモデルです。Sparsemaxによるsparseなsoft attentionを用いた変数選択と、多層の表現学習を通して、木系アルゴリズムの利点を再現しています。また、線形写像を用いて説明変数を合成した変数を作成し、特徴量エンジニアリングの必要性を軽減しています。加えて、word2vecやBERTのようなMASK予測を用いた教師なし事前学習を利用した精度向上も行っています。誤差逆伝播を用いた学習を行っているので、画像やテキストに関する深層学習モデルと一体となって学習できるという利点もあります[19]。

---

19) 深層学習に詳しくない方は何が書いているかわからないと思いますが、本書第2部を読み終わった後に戻ってくると半分くらいはわかるようになっていると思います。残りの半分については、興味の順に調査してみてください。

第4章のまとめ

- 統計と機械学習に万人が同意する明確な区別はない。
- 統計は人間に制御・解釈可能な関数を使う傾向があり、機械学習は解釈不可能な関数も含め膨大な関数から最適な関数を探す傾向がある。
- 機械学習を用いることは、制御可能性や解釈可能性を手放すことで、人間の想像の範疇の外の関数を機械に選択させ、より高い精度を求める行いである。
- 決定木、ランダムフォレスト、勾配ブースティング決定木は、実務でよく使われる機械学習の分析モデルである。
- 決定木は、精度は必ずしも高くないが、豊かな解釈が可能な分析モデルである。
- ランダムフォレストと勾配ブースティング決定木は、高い精度が期待できる分析モデルである。

第1部のまとめ

第1部では、データ分析で頻出の定型データに対する分析モデルとして、回帰分析、ロジスティック回帰分析に加え、機械学習を用いた分析モデルも紹介しました。これらをマスターするだけでも、世の中の多くの分析課題に対峙することができます。

また分析モデルの用途用法に加え、数式の背景にある思想や意味を紹介しました。分析モデルの選択や、結果の解釈に役に立つことを期待します。

ポイントは？

- 回帰分析、ロジスティック回帰分析は、シンプルであるがゆえ、ほとんどどんな課題にも適用でき、深い解釈が可能な分析モデルである。
- 解釈に際しては、分析モデルが何かを断言することはなく、分野や文脈に応じて人間が総合的に判断する必要がある。
- 決定木は、機械学習でありながら、比較的解釈が可能な分析モデルである。
- ランダムフォレスト、勾配ブースティング決定木は、高い精度の期待できる機械学習の分析モデルである。

次の第2部では、非定型データのうち、分析実務で頻出である画像、自然言語に対する分析モデルを中心に扱います。

なお、別の進化の方向として、回帰分析の発展形については第5部で再び扱います。

第 2 部

非定型データの扱い

第2部では非定型データを扱います。本書では、画像、自然言語に加え、付加構造があるデータとしてグラフ、ネットワーク、地理空間データ、3次元データを扱っていきます。これらのデータに対しては、近年、深層学習が大きな成果を上げています。

まず第5章で深層学習の概論を紹介した後、深層学習の分析モデルを中心としつつ、古くから用いられ、現在もなお重要な分析モデルも合わせて紹介します。

深層学習入門
深層学習は良い関数を見つけて使うこと

●

深層学習はここ数年で急速な発展を見せ、数年前には不可能だった情報処理を次々に可能にし続けている驚異的な技術です。特に、画像データとテキストデータに対する応用は凄まじく、高精度の画像分類、機械翻訳、本物と区別できない画像データ、テキストデータの生成など、応用の範囲が急激に広がっています。

第5章では、その深層学習の基礎について解説します。

5.1 | 深層学習は関数近似論である

■ 深層学習を正しく理解しよう

深層学習は、画像認識、機械翻訳、検索、レコメンド、自動運転など、多様なAIを次々に実現し、社会に提供している素晴らしい技術の一種です。それだけに、世間から大きな注目を集め、様々な方法で語られています。

深層学習の分析モデルを作る側・運用する側に回る私たちは、深層学習について様々な観点から立体的に理解すると良いでしょう。本書では、深層学習の分析モデルとしての側面に注目して理解を深めていくことにします。この第5章で皆さんにお伝えすることを要約すると、深層学習は、数学的な枠組みはシンプルだが、工学的にはとんでもなくすごい技術であるということです。

■ どんなAIもただの関数

まず、「どんなAIも数学的にはただの関数である」という考え方を見ていきましょう。例えば、画像分類器を例に考えてみます。画像分類器は、与えられた画像が何の画像かを判別する仕組みです。画像分類器も計算機が処理しているわけですから、全てのデータは0と1で表現されています。なので、画像データといえども結局は0と1の数値の集まりですし、分類結果の「犬である」「猫である」という出力も0と1の数値の集まりです。

つまり、画像分類器は数値を数値に変換する仕組みだと言えます。そして、数値を数値に変換する仕組みとは、中学校以来利用してきた関数に他なりません。結局、どんなにすごいAIであっても、中身はただの関数なのです。

もう少し精密に見てみましょう。例えば、ここに100×100ピクセルのカラー画像があったとします。画像データは各ピクセルでの色を指定することで表現することができるため、100×100＝10000個の色を指定すれば画像を表現できます。色を表現するためには、光の3原色であるRGB（赤緑青）の光の強さを指定することが一般的です。この場合、1色あたり3つの数値のデータで表現できるわけで

す。まとめると、100×100の画像データは、$100 \times 100 \times 3 = 30000$個の数値の集まり、つまり30000次元のベクトルで表現できるのです。

一方、分類結果の方はどうでしょうか。今回は、「犬」「猫」「車」「テーブル」など、1000通りのラベルへの分類を考えてみましょう。多くの画像分類器は、まず与えられた画像がそれぞれのラベルに属する確率$p_1, p_2,..., p_{1000}$を計算し、その確率が最大のものを出力しています。よって、計算すべきは1000次元のベクトル$p = {}^t(p_1, p_2,..., p_{1000})$だと考えることができます。

以上をまとめると、画像分類器は、30000次元のベクトルxを1000次元のベクトルpに変換する関数$p = f(x)$に他なりません。

これは他のAIでも同様です。例えば、自動車の自動運転も各種センサーデータ（数値）を、ハンドルの角度やアクセル・ブレーキの踏み具合（数値）へ変換する関数と捉えることができます。このように、AIといえど所詮は関数なのです。

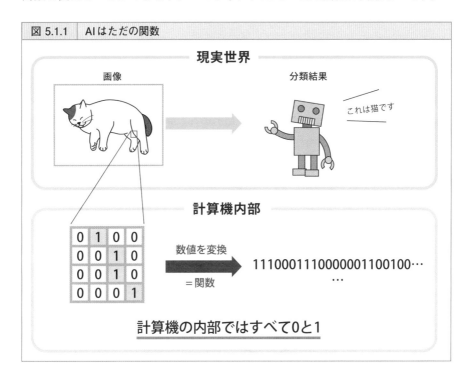

図 5.1.1　AIはただの関数

現実世界

画像

分類結果

これは猫です

計算機内部

0 1 0 0
0 0 1 0
0 0 1 0
0 0 0 1

数値を変換
＝関数

11100011100000011001 00…
…

計算機の内部ではすべて0と1

さて、画像分類器を担う関数 f が得られたとしましょう。この時、手元にある画像データに何が写っているのかを画像分類器を用いて判断することを、**推論 (inference)** と言います。「AIが画像に何が写っているかを判断している！」と言うとカッコいいですが、実は、やっていることはデータ x を $p = f(x)$ に代入して p を計算しているだけです。

■ 深層学習は関数近似論である

今まで見てきたように、どんなすごいAIも関数であると考えられるのでした。実は、深層学習の枠組みが提供しているのは、この関数の探し方です。

では、深層学習ではどのような関数を探しているのでしょうか。画像分類器の場合で考えると、分類精度が高い関数は良い関数で、分類精度が低い関数は悪い関数であるなど、関数にも良し悪しがあることがわかります。なので、無数にある関数の候補の中から、良い関数を見つけ出すことが重要になります。この関数探索を、**学習 (learning)** や**訓練 (training)** と言います。

この関数探しは、次の3ステップで行われます。

（1）「良さ」を決める

良い関数を計算機に探してもらうためには、「良さ」を計算機に理解できる形で定義する必要があります。例えば画像分類の場合、分類精度の指標を計算機が計算できる形で定義し、この指標が高い関数を良い関数とするなどの方法があります。

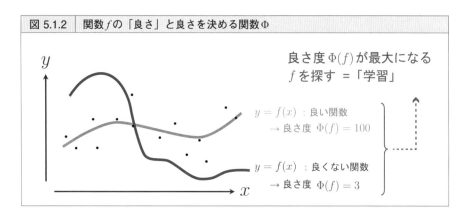

図 5.1.2 関数 f の「良さ」と良さを決める関数 Φ

良さ度 $\Phi(f)$ が最大になる f を探す ＝「学習」

$y = f(x)$ ：良い関数
→ 良さ度 $\Phi(f) = 100$

$y = f(x)$ ：良くない関数
→ 良さ度 $\Phi(f) = 3$

　数学的に表現すると、関数 f に対して、その良さの数値 $\Phi(f)$ を定義し、その $\Phi(f)$ が最大（または悪さ $\Psi(f)$ が最小）になる関数 f を探すことになります。

（2）使う関数を決める

　一口に「$\Phi(f)$ を最大にする関数 f を探す」と言っても、この世に存在する全ての関数の中から探すことは不可能です。よって、利用する関数群を具体的に指定し、その中から探すことを考えます。

　この関数の用意の仕方を決めることが、深層学習の分析モデルを設計することに対応します。深層学習の分析モデルを用いてデータを分析する際の、最も重要な作業の1つです。この詳細は、第2部で繰り返し見ていくことになります。

（3）良い関数を探す

　最後に、用意した関数群の中で最良の関数を探します。ここでは話をぐっと単純化して、2次関数 $y = f(x) = a_0 + a_1 x + a_2 x^2$ から探すことを考えてみましょう。この時、3つの数値 a_0, a_1, a_2 を変化させると、関数 f の挙動が変わります。このように、関数の挙動を決める数値のことを、**パラメーター(parameter)** と言います。

　パラメーター a_0, a_1, a_2 を決めると関数 f が定まるので、良さの値 $\Phi(f)$ も決まります。なので、良さはパラメーターの関数と見なすことができます。したがって、良さが最大の関数を探すことは、3変数関数の最大値を探すこととなります。実は、深層学習における学習とは、中高時代以来慣れ親しんだ最大値探索の問題なのです。

【 深層学習の枠組み 】

・どんな AI も結局はただの関数である。

・深層学習とは、良い関数を見つけて使うことである。

・「見つける」ことを学習と言う。

・学習は、良さが最大となるパラメーターを探す問題である。

・「使う」ことを推論と言う。

・推論は、得られた関数に値を代入して結果を計算することである。

5.2 深層学習のすごいところ

■ 深層学習は何が「すごい」のか

　深層学習が優れている点は、なんと言ってもそれが達成する精度にあります。今までは不可能だった様々なタスクを圧倒的精度で成し遂げる事例がここ数年間で相次いでいますし、これからも続くことでしょう。画像認識技術に限っても、クラウドにアップロードされた写真をカテゴリ別に分け、道で見かけた商品を写真で写すだけで検索できるなど、多様な応用をもたらしています。

　深層学習を用いた分析モデルが、どのようにしてその圧倒的な精度を達成しているのか、これから様々な観点で見ていくことにしましょう。

■ 関数の作り方がすごい

　深層学習の大きな特徴の1つが、利用する関数の作り方です。画像認識器では、先ほどの例の場合、30000次元のベクトルを1000次元のベクトルへ写す関数が求められます。画像に写っているものを識別するためには、とても複雑な関数が必要ですが、このような複雑な関数を直接構成することは一般に困難です。深層学習では、「複雑な関数を単純な関数の積み重ねで表現する」というアイデアでこの問題に挑みます。

　まず、$y = f(x) = 2x^2 - 1$ という関数を考えてみましょう。これは、xが-1から1の間を移動する間に、yが1と-1の間を1往復する、非常にシンプルな2次関数です（図 5.2.1）。次に、この関数を積み重ねることを考えます。$f_2(x) = f(f(x))$ という関数を考えると、この関数は、$f_2(x) = f(f(x)) = f(2x^2 - 1) = 2(2x^2 - 1)^2 - 1 = 8x^4 - 8x^2 + 1$ という4次関数で、xが-1から1の間を移動する間にyが1と-1の間を2往復する関数となります。fを3度適用すると、$f_3(x) = f(f(f(x))) = f(8x^4 - 8x^2 + 1) = 128x^8 + \cdots + 1$ という8次関数になり、今度はyが4往復する関数となります。

　このようにfの適用回数を増やしていくと、どんどん複雑な関数を作ることができます。例えば、fを10回適用した$f_{10}(x)$は1024次関数となり、yが512往復する複雑な関数となります。

　このアイデアを画像分類器に応用するとどうなるでしょうか。仮に、画像認識器に必要な関数が1024次関数で表現できるとしてみましょう。直接この関数を作ろうとすると、$f(x) = f(x_1, x_2,..., x_{30000}) = a_1 x_1^{1024} + a_2 x_1^{1023} x_2 + a_3 x_1^{1023} x_3 + \cdots$ に登場するパラメーター$a_1, a_2, a_3, ...$ を全て決定することになります。ですが、このパラメーターの個数は約10^{2000}個ほどもあり [1]、とても現代の計算機の手には負えません。その代わり、2次関数を10個用意し、それらを積み重ねて $f(x) = f^{(10)}\left(\cdots f^{(2)}\left(f^{(1)}(x)\right)\cdots\right)$ という形の関数を用いることにしましょう。30000変数の2次関数のパラメーター数は約4.5億個ですので、現実的に計算機で扱える範囲に収まります。

　このように、関数の積み重ねを用いることで、複雑な関数を圧倒的にパラメーター効率が良く用意することができます。

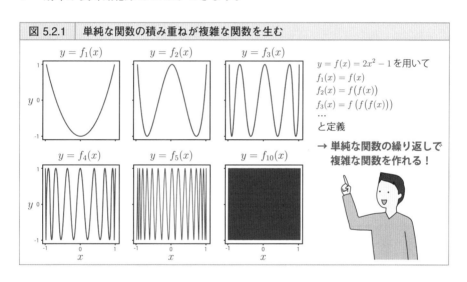

図 5.2.1　単純な関数の積み重ねが複雑な関数を生む

$y = f_1(x)$　$y = f_2(x)$　$y = f_3(x)$
$y = f_4(x)$　$y = f_5(x)$　$y = f_{10}(x)$

$y = f(x) = 2x^2 - 1$ を用いて
$f_1(x) = f(x)$
$f_2(x) = f(f(x))$
$f_3(x) = f\left(f(f(x))\right)$
$\cdots$
と定義

→ 単純な関数の繰り返しで複雑な関数を作れる！

　深層学習で使われる分析モデルでは、これよりも遥かにパラメーター効率が良いです。この後に紹介する多層パーセプトロンの例では、約10万程度のパラメーターで済みます。ちなみに、深層学習の「深層」という単語は、このように関数を何重にも積み重ねることを「深い(deep)」と表現することに由来します。

---

[1]　n変数のd次（以下）の関数には、パラメーターが${}_{n+d}C_d = \dfrac{(n+d)!}{n!d!}$個あります。$n! \approx n^n e^{-n}$という近似公式を用いると、大まかな桁数が計算できます。

5.3 深層学習の例 ― 多層パーセプトロン

■ 層（layer）とは何か

それでは早速、深層学習の分析モデルの中身を見ていきましょう。

ここでは、深層学習において最も基本的な分析モデルである多層パーセプトロンを題材に、深層学習の基本的な概念を見ていきます。

具体的な分析課題の例として、MNISTと呼ばれる手書き数字の分類問題を考えてみましょう。MNISTのデータセットには、28 × 28ピクセルの白黒手書き数字画像が大量に用意されています。このそれぞれの画像を入力とし、0〜9のどの画像であるかを分類する分類器を作成することを目指します（図5.3.1）。

図 5.3.1	MNISTの手書き数字分類タスク[3]

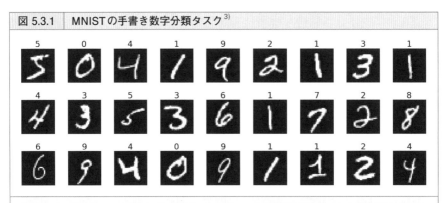

画像の上に振られている数字が正解データです。この正解を画像データから推測することを目指します。

MNISTのデータは白黒画像なので、各ピクセルにその明るさを表す数字1つが対応します。したがって、入力は28 × 28 = 784次元のベクトルです。これを0〜9の10通りに分類するので、その画像が0〜9である確率$p_0, p_1, ..., p_9$を出力することになります。

まとめると、入力画像を784次元のベクトルxで表し、出力を束ねたベクトルを

---

2) 図版は次のサイトにあるデータセットを加工したものです。

MNIST handwritten digit database, Yann LeCun, Corinna Cortes and Chris Burges http://yann.lecun.com/exdb/mnist/

$p = {}^t(p_0, p_1, ..., p_9)$ と書くと、我々の目的は手書き数字分類をうまくこなす関数 $p = f(x)$ を探すことだと言えるでしょう。

　先述したとおり、この関数を単純な関数の積み重ね $f^{(n)}(\ldots f^{(2)}(f^{(1)}(x))\ldots)$ で実現することを考えましょう。深層学習では、この積み重ねの関数一つ一つのことを、**層 (layer)** と言います。

　特に、一番始めにデータを受け取る層を**入力層 (input layer)**、最後に出力を行う層を**出力層 (output layer)**、それ以外の層を**中間層**や**隠れ層 (hidden layer)** と呼びます。

　関数 $f^{(i)}$ は、なるべくシンプルでありながら、かつ、積み重ねることによって複雑な関数を表現できる必要があります。最もシンプルな関数は1次関数ですが、1次関数は何層に積み上げても1次関数になるという性質があるため、層をいくら重ねても複雑な関数を表現することができません。深層学習においては、1次関数以外の関数が必要です。

　1次関数はグラフがまっすぐになるので**線形 (linear)** であると言い、それ以外の関数を**非線形 (non-linear)** であると言います。上を言い換えると、層を表す関数は非線形である必要があるということです。

　そこで、深層学習では、層として $f^{(i)}(z) = \varphi(a_1 z_1 + a_2 z_2 + \cdots + a_m z_m + b)$ という形の関数をよく考えます。ここで、z はその層の入力 $z = {}^t(z_1, z_2, ..., z_m)$ です。この φ は何らかの非線形関数で、**活性化関数 (activation function)** と呼ばれます。活性化関数については、本節の後半で詳細に説明します。

　実は、この何気ない関数が非常にパラメーター効率良く非線形性を導入しています。これを確認してみましょう。入力 $z = {}^t(z_1, z_2, \cdots, z_m)$ の非線形関数として、2次関数や3次関数を考えると、パラメーター数はそれぞれ約 $\frac{1}{2}m^2$、$\frac{1}{6}m^3$ となるため、m が大きくなるにつれて膨大になってしまいます。一方、非線形関数に z の1次関数を代入する $\varphi(a_1 z_1 + a_2 z_2 + \cdots + a_m z_m + b)$ の場合、非線形性は全て φ に頼ることで、パラメーター数を $m + 1$ 個に押さえることに成功しています。このように、パラメーターを用いて計算するのは1次関数のみにして、非線形性の導入は全て活性化関数に一任することで、パラメーター効率を高めているのです。

　この形の層は、入力の値の全てを利用しているので、**全結合層 (fully connected**

layer / dense layer) と呼ばれます。全結合層のみを積み上げて作る深層学習の分析モデルを総称して、**多層パーセプトロン (multi-layer perceptron)** と言います。多層パーセプトロンは最も単純な深層学習のモデルですが、これでも十分に強力な分析モデルであり、MNISTのタスクにおいて、95%程度の精度を簡単に達成できます（この方法は後で紹介します）。

■ 活性化関数いろいろ

実際の深層学習モデルでは、様々な種類の活性化関数が使われています。本書でも登場時に順次紹介していきますが、まず手始めに代表的な活性化関数を2つ紹介します。

(1) Rectified Linear Unit (ReLU)
最もよく使われている活性化関数がこのReLUで、実数xに対して

$$ReLU(x) = \max(0, x) = \begin{cases} x \ (x \geq 0) \\ 0 \ (x \leq 0) \end{cases}$$

で定義されます。ベクトルに対しては、各成分にReLUを適用して

$$ReLU\left(\begin{pmatrix} x_1 \\ \vdots \\ x_m \end{pmatrix}\right) = \begin{pmatrix} ReLU(x_1) \\ \vdots \\ ReLU(x_m) \end{pmatrix}$$

と定義します。「非線形関数」と言われると、何やら複雑なものが使われるのかと構えるかもしれないですが、実は実践で最も使われている関数はこんな単純な関数なのです[3]。

---

3) このReLUは、単純な定義ながら微分計算が簡単であり、勾配消失・爆発を起こしづらいという非常に優秀な性質があります。ReLUの発明は、深層学習において層を深くすることを可能にした技術革新の1つです。

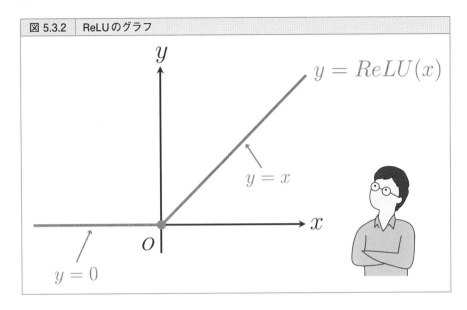

図 5.3.2 ReLUのグラフ

（2）softmax 関数

softmax 関数はベクトルを確率に変換する関数で、多くの分類問題において、出力層の活性化関数として用いられています[4]。このsoftmax は

$$softmax(x) = \frac{1}{Z}\begin{pmatrix} e^{x_1} \\ e^{x_2} \\ \vdots \\ e^{x_m} \end{pmatrix}$$

$$Z = \sum_{1 \le i \le m} e^{x_i}$$

で定義される関数です。この関数はシグモイド関数（3.1節）が進化したものであり、良い性質がたくさんあります。ここでは、そのいくつかを紹介しましょう。

まず、$y = softmax(x)$と書くと、$\sum y_i = 1$を満たします。これは、$\sum y_i = \sum \frac{1}{Z} e^{x_i} = \frac{\sum e^{x_i}}{Z} = 1$と簡単に証明できます。また、定義より$y_i > 0$となります。よって、$y_i$は$i$番目の事象が起こる確率$p_i$であるという解釈を与えることができます。

---

4) softmax 関数は、最大値(max)をソフトにしたものなので、この名前がついています。最大値の探索は、最大値の時に1、そうでない時に0を返す関数で実現できます。0と1のみの極端な出力にするのではなく、「入力が大きい時は出力も大きい」程度に緩めたものが"soft"max ということです。

これからは、yのことはpと書いて、確率と思うことにしましょう。指数関数は単調増加関数なので、$x_i < x_j$なら$p_i < p_j$となります。この性質を利用すると、x_iとして、i番目の事象が起こりそうな時は値が大きく、i番目の事象が起こりにくそうなときは値が小さくなるような、i番目の事象の「起こりやすさ度合い」の数値を計算できれば、最後にsoftmax関数を利用することで、いい塩梅で確率に変換することができるのです。

この「起こりやすさ度合い」と確率の関係を、もう少し見てみましょう。softmax関数の定義より、j番目の事象はi番目の事象の$e^{x_j-x_i}$倍の確率で起こります。なので、各x_iはシグモイド関数における対数オッズのような役割を持つ数値だとわかります。

最後に、$x = \begin{pmatrix} x_1 \\ \vdots \\ x_i \\ \vdots \\ x_m \end{pmatrix}$ と $x' = \begin{pmatrix} x'_1 \\ \vdots \\ x'_i \\ \vdots \\ x'_m \end{pmatrix} = \begin{pmatrix} x_1 \\ \vdots \\ x_i+0.01 \\ \vdots \\ x_m \end{pmatrix}$ のsoftmaxの出力を比べてみましょう。x_iのみが微増しただけなので、x_iがxたちの中で大きいものではない時、Zの値はほとんど変わりません。一方、$e^{x'_i} = e^{x_i+0.01} = e^{0.01}e^{x_i} \fallingdotseq 1.01e^{x_i}$なので、$x_i$のみ+0.01すると、$p'_i$は$p_i$の約1.01倍になり、他の$p'_i$はその増加分を補填するように微減することがわかります。

このように、softmax関数は「起こりやすさ度合い」を確率に変換する関数であり、シグモイド関数の時と同様の応答関係を持つことがわかります。

■ 多層パーセプトロン再び

MNISTの手書き数字分類問題に対して、実際に深層学習モデルを構築してみましょう[5]。今回用いる多層パーセプトロンは2層の深層学習モデル$p = f(x) = f^{(2)}(f^{(1)}(x))$で、

---

5) こちらの動画で紹介したモデルです：【深層学習】全結合層 - それはいちばん大事な部品のお話【ディープラーニングの世界 vol. 4】#055 #VRアカデミア #DeepLearning - YouTube https://www.youtube.com/watch?v=FYDJ439Va_Y&list=PLhDAH9aTfnxKXf__soUoAEOrbLAOnVHCP&index=4

$$z = f^{(1)}(x) = ReLU\left(A^{(1)}x + b^{(1)}\right)$$

$$p = f^{(2)}(z) = softmax\left(A^{(2)}z + b^{(2)}\right)$$

というモデルとしましょう。このモデルでは、まず活性化関数にReLUを用いた全結合層でxを128次元のベクトルzに変換し、次にこのzに活性化関数にsoftmaxを用いた全結合層を適用し、各種数字に対応する10次元の確率ベクトルpに変換して処理を終えます。パラメーターは、$A^{(1)}$に128 × 784、$b^{(1)}$に128、$A^{(2)}$に10 × 128、$b^{(2)}$に10個あり、合計で101,770個です。こんなシンプルなモデルであっても、約95%の精度を達成することができます。図 5.3.3に実際の推論結果を示します。深層学習、恐るべしです。

図 5.3.3   多層パーセプトロンの推論結果

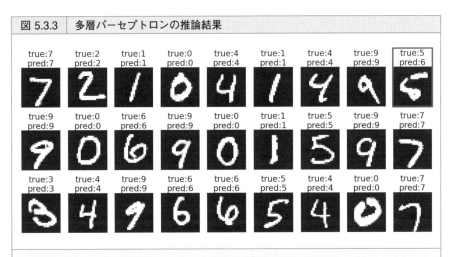

true が正解、pred が予測結果です。右上以外では全て正解していることがわかります。

第5章のまとめ

・深層学習とは、良い関数を見つけて使うことである。
・「見つける」とは、データによく合うパラメーターを探すことで、これを
　学習と言う。
・「使う」とは、得られた関数にデータを代入して計算することで、これを
　推論と言う。
・活性化関数とは、層に非線形性を与える関数であり、代表例に ReLU と
　softmax がある。
・深層学習は、層と呼ばれる関数を積み重ねて「深く」することで高い能力
　を得た。

画像の分類

CNNの基礎とResNetまでのモデル紹介

第6章では、画像処理の中心的な技術である畳み込み
ニューラルネットワーク(Convolutional Neural
Network / CNN)と、その代表的なモデルについて解
説します。畳み込みニューラルネットワークの長所を
数理的に解明した後、歴史に名を残すモデルが、どの
ような問題に対して、どのような仮説を持ち、どのよ
うなアイデアで解決したのかを見ていきます。
これらを通して、畳み込みニューラルネットワークに
対する深い理解を目指しましょう。

6.1 畳み込み層とは

■ 画像特化のニューラルネットワーク

　第5章で紹介した多層パーセプトロンは、簡単な構造で高精度を得られる分析モデルでしたが、まだまだ効率化の余地があります。多層パーセプトロンでは、入力である28×28の画像を、784次元のベクトルとして処理していました。しかし、この方法では画像が1ピクセルずれただけで大きく異なるベクトルに変化してしまいますし、ピクセル同士の隣接の情報をうまく扱えていません。本章では、これらの問題を解決すべく、画像データの特徴を活かして設計された**畳み込みニューラルネットワーク(Convolutional Neural Network、以降CNN)**について解説します。

■ 畳み込み層とは

　CNNの最大の特徴は**畳み込み層(Convolutional layer)**の利用です。これがCNNの性能を支えており、変化の激しい深層学習の世界において現代でも標準的に利用される基本的な部品の1つとなっています。ここでは、28×28の白黒画像への適用の例を考えながら、畳み込み層の説明を行います。第5章ではこの画像データを $x = {}^t(x_1, x_2, \ldots, x_{784}) \in \mathbb{R}^{784}$ と、784次元のベクトルと考えていましたが、ここでは画像らしく $x = \begin{pmatrix} x_{1,1} & x_{1,2} & \cdots & x_{1,28} \\ x_{2,1} & x_{2,2} & & x_{2,28} \\ & \vdots & \ddots & \vdots \\ x_{28,1} & x_{28,2} & \cdots & x_{28,28} \end{pmatrix} \in \mathbb{R}^{28\times28}$ と表現することにしましょう[1]。

この時、例えば3×3の畳み込み層は、パラメーターとして $\begin{pmatrix} a_{11} & a_{12} & a_{13} \\ a_{21} & a_{22} & a_{23} \\ a_{31} & a_{32} & a_{33} \end{pmatrix}$ と b を持ち、活性化関数を φ と書いて、

---

[1]　本来は、数学的には、$\mathbb{R}^{28\times28}$ は $\mathbb{R}^{28} \otimes \mathbb{R}^{28}$ と書くべきベクトル空間でしょう。この $\otimes$ はテンソル積と呼ばれ、数学の中でよく考察される対象です。ちなみに、テンソルはドイツ語読みで、英語では「テンサー」と発音します。

$$z_{ij} = \varphi\left(\sum_{1 \le k,l \le 3} a_{kl} x_{i-1+k, j-1+l} + b\right)$$

で定義されます。いくつかの i, j について式を書き下してみると、

$$z_{11} = \varphi(a_{11}x_{11} + a_{12}x_{12} + a_{13}x_{13} + a_{21}x_{21} + a_{22}x_{22} + a_{23}x_{23} + a_{31}x_{31} + a_{32}x_{32} + a_{33}x_{33} + b)$$
$$z_{12} = \varphi(a_{11}x_{12} + a_{12}x_{13} + a_{13}x_{14} + a_{21}x_{22} + a_{22}x_{23} + a_{23}x_{24} + a_{31}x_{32} + a_{32}x_{33} + a_{33}x_{34} + b)$$
$$z_{21} = \varphi(a_{11}x_{21} + a_{12}x_{22} + a_{13}x_{23} + a_{21}x_{31} + a_{22}x_{32} + a_{23}x_{33} + a_{31}x_{41} + a_{32}x_{42} + a_{33}x_{43} + b)$$

となります。これは、図 6.1.1（次ページ）のように表現するとわかりやすいでしょう。3×3の畳み込み層ではまず、画像左上の3×3の領域と、3×3のパラメーターと b を用いて、出力 z_{11} を計算します。次に、画像内の3×3の領域を1つ右にずらして同じ計算をし、出力 z_{12} を計算します。このように、3×3の領域をずらしながら、画像全域にわたって出力 z_{ij} を計算する層が畳み込み層です。畳み込み層は、出力も平面状に並ぶという特徴があります。

　畳み込み層の意味の紹介に入る前に、ここでいくつか用語を紹介します。

パラメーター $\begin{pmatrix} a_{11} & a_{12} & a_{13} \\ a_{21} & a_{22} & a_{23} \\ a_{31} & a_{32} & a_{33} \end{pmatrix}$ を**フィルター(filter)** や**カーネル (kernel)** と言い、

3×3をフィルターのサイズ、またはカーネルのサイズと言い、b はバイアス項と言います。3×3以外のサイズの畳み込み層も同様に定義されます。

　3×3の畳み込み層の出力の大きさは、28×28から縮んで26×26になります。これは、フィルターに大きさがある分、動ける範囲が減ることに由来します[2]。

　通常の畳み込み層では、フィルターを複数用意します。フィルターの数をチャンネル数と言います。チャンネル数を c と書くと出力は26×26×c となり、出力は立体的に数値が並んだものになります。この出力を、**特徴量マップ (feature map)** や、単に**特徴量 (feature)** などと呼びます。特徴量マップの値一つ一つを、特徴量と言うこともあります。特徴量マップに複数のチャンネルがあり、特徴量が $w \times h \times c$ の形で立体的に配置されている場合は、例えば3×3の畳み込み層のカーネルのサイズも3×3×c と立体的になります。この時も、同じ位置の数値を掛けて足すことで畳み込みが計算されます。

---

[2]　パディング (padding) という方法で出力サイズを保つ方法もありますが、本書では詳述しません。ストライド (stride) については、Max Pooling 層で説明します。

図 6.1.1　畳み込み層の定義

畳み込み層の定義

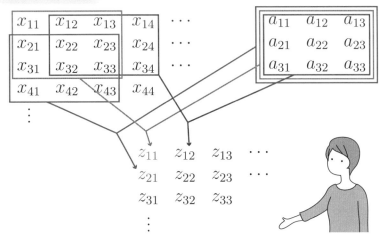

z_{12} の場合

$$
\begin{array}{ccc}
\textcircled{x_{12}} & \boxed{x_{13}} & \triangle x_{14} \\
x_{22} & x_{23} & x_{24} \\
x_{32} & x_{33} & \hexagon x_{34}
\end{array}
\qquad
\begin{array}{ccc}
\textcircled{a_{11}} & \boxed{a_{12}} & \triangle a_{13} \\
a_{21} & a_{22} & a_{23} \\
a_{31} & a_{32} & \hexagon a_{33}
\end{array}
$$

$$
z_{12} \;=\; \varphi \; \left(\; \textcircled{$a_{11}x_{12}$} \;+\; \boxed{a_{12}\,x_{13}} \;+\; \triangle a_{13}x_{14} \right.
$$
$$
a_{21}x_{22} \;+\; a_{22}x_{23} \;+\; a_{23}x_{24}
$$
$$
\left. a_{31}x_{32} \;+\; a_{32}x_{33} \;+\; \hexagon a_{33}x_{34} \;+\; b \; \right)
$$

同じ位置の数字をかけて足す $+\, b$

■ 畳み込みは内積である

さて、畳み込み層の定義はこれで完了しました。しかし、この畳み込み層は結局、何なのでしょうか？　なぜ、性能向上に役立つのでしょうか？

それは、「畳み込みは内積である」ということに注目すると理解できます。

畳み込みは、「同じ位置の数値をかけて足す」という操作が中心にあります。この「同じ位置の数値をかけて足す」という行為は、内積の計算に他なりません。内積は類似度なので、似たベクトル同士になる時に値が大きくなります。0.2節の議論によると、2つのベクトルが似ているのは、それらのベクトルで、どの成分で値が大きく、どの成分で値が小さいかが概ね一致している時でした。これを画像の言葉で言えば、似た位置の色が濃く、似た位置の色が薄いということです。つまり、フィルターを画像と見なした時に、画像の中でフィルターと似た部分を検出する関数が畳み込み層なのです（図6.1.2）。

図 6.1.2	畳み込み層と局所特徴検知

右上から左下への線

元データ
0	0	1
0	1	0
1	0	0

フィルター
-0.5	-0.5	1
-0.5	1	-0.5
1	-0.5	-0.5

バイアス 0 → 結果 3

左上から右下への線

元データ
1	0	0
0	1	0
0	0	1

フィルター
-0.5	-0.5	1
-0.5	1	-0.5
1	-0.5	-0.5

バイアス 0 → 結果 0

右上から左下への曲線

元データ
0.1	0.8	1
0.8	0.6	0
1	0	0

フィルター
-0.5	-0.5	1
-0.5	1	-0.5
1	-0.5	-0.5

バイアス 0 → 結果 1.75

右上から左下への対角で大きな値を持つカーネル

結果、右上から左下への線や曲線に反応

> **畳み込みとは**
>
> ・畳み込みは内積である。
> ・内積は類似度である。
> ・結果、畳み込みではフィルターと似た部分で出力が大きくなる。
> ・畳み込み層では、このフィルターを多数用いることで画像の特徴抽出を行っ
> ている。

■ 畳み込み層の他の強み

　畳み込み層は画像の特徴を抽出できるのみならず、多くの強みを持ちます。第
一の強みが、そのパラメーター効率です。3×3の畳み込み層では、フィルター9
つとバイアス項1つの10パラメーターしかありません。同じものを全結合層で再
現しようとすると、約50万パラメーター必要になります[3]。また、畳み込み層の
フィルターは画像の全領域を動いて使われるので、10個のパラメーターの学習の
ために画像全域の情報を利用することができます。このように、畳み込み層は圧
倒的にパラメーター効率が良く、学習を効率的に行うことができるのです。

　また、28×28の画像の左上の方の情報を用いて計算された情報は、出力である
26×26の特徴量マップの中でも左上の方に配置されます。つまり、各種特徴の相
対的位置関係を保った処理ができます。これによって、ピクセル同士の位置関係
の情報を損なうことなく、最大限に活用できるのです。

---

3) 28×28変数の1次関数を26×26個用意することになるので、パラメーター数は$(28 \times 28 + 1) \times (26 \times 26) =$
530,660個となります。)

6.2 プーリング層

■ プーリング層とは

CNNにおいて、畳み込み層の次に重要な構成要素が**プーリング層 (Pooling layer)** です。いくつかの種類のプーリング層がありますが、代表的なものに**Max Pooling層 (max pooling layer)** があります。例えば、フィルターサイズが2 × 2のものは次のように定義されます[4]。

$$z_{ij} = \max\left(x_{2i-1,2j-1}, x_{2i-1,2j}, x_{2i,2j-1}, x_{2i,2j} \right)$$

これを図で示したものが、図 6.2.1 です。要するに、2 × 2の各ブロックの最大値を集めましょうというのが、Max Pooling層です。この定義では、計算対象の枠が2マスずつ動いています。このように、枠を一度に動かす幅を、**ストライド (stride)** と言います[5]。

図 6.2.1　Max Pooling層の定義

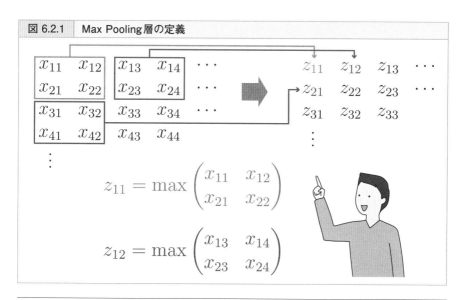

$$z_{11} = \max \begin{pmatrix} x_{11} & x_{12} \\ x_{21} & x_{22} \end{pmatrix}$$

$$z_{12} = \max \begin{pmatrix} x_{13} & x_{14} \\ x_{23} & x_{24} \end{pmatrix}$$

---

4) 本書では基本的にカタカナ表記を用いますが、「マックスプーリング」という表記はほとんど見ないので、例外的にMax Poolingと表記します。

5) 6.1節で紹介した畳み込み層も、ストライドの値を自由に設定することができます。

■ プーリング層の役割

　プーリング層には主に2つの役割があります。1つめの役割は、情報の圧縮で
す。画像の中のあるピクセルが、その画像の中にある斜めの線の一部であれば、
周囲のピクセルも斜めの線の構成要素である可能性が高いでしょう。このような
理由で、特徴量マップの中で近接する特徴量は相関が高くなります。

　相関が高い情報を全部保持すると無駄が生じ、効率が悪くなってしまいます。
ここに2×2のMax Pooling層を適用すると、4つの値の最大値を計算することで
相関の高い情報を1つにまとめ、特徴量マップの大きさを1/4にすることができま
す。この工夫で効率を更に高めることができるのです。

　2つめの役割が、平行移動に対する頑健性を与えることです。先ほど紹介した
Max Pooling層の場合、2×2のブロックの最大値を取るため、画像が1ピクセル
ずれても出力があまり変化しません。その結果、画像の位置が少々ずれても、安
定した推論結果を与えることができます。この現象は、次の節の例でより詳細に
見ていきます。

6.3 CNNの例

■ ○×判定器を作る

　画像に写っている図形が「○」か「×」かを判定する簡単なCNNを作ることで、畳み込み層とプーリング層の役割を見ていきましょう。

　○と×は大まかに言って、2種類の斜め線「／」「＼」によってできていると考えることができます。○の場合は、／が左上と右下、＼が右上と左下にあり、×の場合は／が右上と左下、＼が左上と右下にあります。そのため、これらの斜め線の位置を畳み込み層で抽出し、Max Poolingで大まかな位置を特定することで、○と×が分類できるでしょう。

　実際に分類器を作成して動かした様子が、図6.3.1にまとめてあります[6]。入力は今回も28×28の白黒画像で、色が黒い方が数値が大きいデータになっています（黒だと1、白だと0）。これに、まずは3×3の畳み込み層を適用します。チャンネル数は2で、フィルターは図6.1.2と同じものと、その左右を反転させたものを利用します。この2つのフィルターで、斜め線の位置を検出します。

　図6.3.1の(a)を見てみましょう。○画像を2つの畳み込みで処理すると、2つの特徴量マップが得られます。ここでは、正の値を赤、負の値を緑に着色しています。上部の特徴量マップは／の検出結果を表しているのですが、たしかに左上と右下に濃い赤の部分があることが確認できます。つまり、畳み込み層によって「／が左上と右下にある」ことが検知できたのです。同様に、「＼が右上と左下にある」ことも検知できています。また、(b)を見てみると、×の場合は「／が右上と左下にある」「＼が左上と右下にある」こともわかります。この特徴量マップに、13×13のMax Pooling層をストライド13で適用します。要するに、上下左右の4ブロックに分け、特徴量の最大値を取るということです。すると、○の場合は、／の左上と右下、＼の右上と左下の値が大きく、それ以外の場所の値は小さくな

---

[6]　この畳み込みニューラルネットワークはGoogle spreadsheetで実装されており、実際に動かして遊ぶことができます。
https://docs.google.com/spreadsheets/d/1zABw_IwKEOu_4OjEkJAy7jnhEt0ZYRf-ez0A7Mc1RrI/edit#gid=1275690067&range=A1

ります。前者をAエリア、後者をBエリアと名付けると、×の場合は、Bエリア
の値が大きく、Aエリアの値が小さくなります。

　最後に、全結合層として、「(Aエリアの総和) – (Bエリアの総和)」と「(Bエリ
アの総和) – (Aエリアの総和)」を計算し、softmax関数を適用することで○、×
である確率を計算しています。(a)と(b)の結果を見ると、このCNNは正しい予測
ができていることがわかります。

　次に、図の(c)と(d)を見てみましょう。(c)では、入力の○の位置が中心からズ
レているため、畳み込み層の出力の位置も中心からずれていますが、Max Pooling
の適用後を見てみると、○に特有の斜め線の位置分布を検出できていることがわ
かります。このように、Pooling層は平行移動に対する頑健性を与えてくれます。
一方、(d)のように全てが右上に収まってしまうほど位置がずれてしまうと、Max
Poolingの対応の限界を超え、正しい分類ができなくなっていることもわかります。

　以上で、CNNの基礎の紹介を終わります。このように、深層学習ではデータ構
造に寄り添った分析モデルを作成することが可能です。これが圧倒的な高精度の
理由の1つなのです。

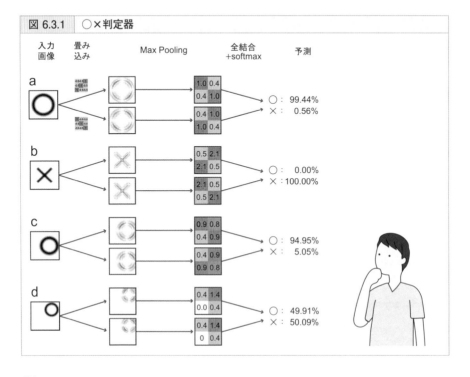

図 6.3.1　○×判定器

6.4 AlexNet

■ なぜ、過去の古いモデルを学ぶ必要があるのか

深層学習の世界は日進月歩で、3-4年も経てば技術が丸ごと入れ替わる程の変化があります。そんな深層学習の世界で、なぜわざわざ古いモデルを学ぶ必要があるのでしょうか。それは、現実に自分の手元にあるデータや入手可能な計算資源にはいつも限界があり、最新モデルは必ずしも適用可能ではないからです。最新論文のモデルは、学習に億単位の資金や、法外な量のデータが必要な場合もあります。なので、実務で価値ある仕事をするのであれば、過去の軽量なモデルも知った上で、最適な分析モデルを選択する必要があるのです。

また、深層学習の分析モデルの発展の裏には常に、データに対する深い洞察とクリエイティブな解決策がセットで付いています。これを学ぶことは楽しいのみならず、自分の実務において新しい発想を生み出す助けとなるでしょう。

■ AlexNetと第3次AIブーム

AlexNetは2012年に現れたCNNのモデルであり、第3次AIブームの火付け役の1つとなったモデルです。このモデルは、ILSVRC[7]という画像処理コンペに現れ、既存手法に対して圧倒的精度差で勝利したモデルです。ここでは、ILSVRCの画像分類コンペティションについて簡単に説明します（以降、本書でILSVRCと言った場合は、このコンペティションのことを表します）。

ILSVRCでは、256×256のカラー画像を1000通りに分類するタスクが与えられます。「家」や「車」のような、人間に簡単に識別できるようなラベルのみではなく、「ヒョウ」「ユキヒョウ」「チーター」「ジャガー」の分類を求めるなど、人間にとってもかなり高度な内容となっています。学習データは100万件以上あり、画像認識関連技術の性能を試す場として長らく機能していました。

---

[7] ImageNet Large Scale Visual Recognition Challenge の略で、様々な画像認識に関するコンペティションを開催していました。ImageNet https://www.image-net.org/challenges/LSVRC/

2011年までは、深層学習以外の古典的な画像処理手法で精度改善が続いており、top-5 error rateという誤り率[8]を数年かけて数%ずつ改善していました。2011年には26%だったそのtop-5 error rateは、2012年のAlexNetの登場で一気に16%まで改善され、大きな衝撃をもたらしました。2015年には人間の精度5.1%を超え、2017年の優勝モデルのtop-5 error rateは2.25%となります。

　深層学習の登場以前は、人間の認識精度を超えることは極めて難しい課題で、10年単位の努力で少しずつ精度を改善していました。そんな中、深層学習はILSVRCへの登場からわずか数年で桁違いの改善を導き、あっさり人間の精度も超えていったのです。いかに深層学習が強力か、そして業界に衝撃を与え続けてきたかがわかるでしょう。

■ AlexNetのモデル

　そんなAlexNetのモデルを見ていきます。AlexNetはシンプルなCNNで、畳み込み層とプーリング層の繰り返しでできた全8層のモデルです[9]。図6.4.1にある11 × 11 Conv. stride=4が、11 × 11のフィルターを持つストライドが4の畳み込み層を表し[10]、他の層も略記で表現されています。

　では、このAlexNetを詳細に見ていきましょう。まず、このモデルに入力されるのは224 × 224 × 3のデータです。これは224 × 224のカラー画像で、元の256 × 256の画像の一部分を切り抜いたものです[11]。その後、11 × 11の畳み込み層を経て、55 × 55の特徴量マップを96チャンネル分用意します。AlexNetでは2つのGPUでの並列計算が行われており、それぞれ48チャンネルずつ配分します。その後、畳み込みとMax Poolingを交互に実行します。最後に全結合層を3回適用し、仕上げに活性化関数softmaxを適用して予測確率を出力します。

　AlexNetは、畳み込み層とプーリング層の繰り返しで画像の各領域の特徴を抽出し、最後の全結合層で様々な位置の特徴の情報を統合して分類を行うモデルなのです[12]。

---

8) 予測結果を上位5位まで提出し、その中に正解が入っていれば正解とする条件での誤り率。
9) 深層学習の層の数え方はいくつかありますが、パラメーターを持つ層のみをカウントすることが一般的です。
10) 今後も様々な深層学習モデルを紹介していきますが、その際の層の表現は、各論文での表現を尊重し、書籍内では統一しません。
11) どの部分を切り抜くかによって、微妙にずれた画像データを大量生成しています。このように、1つのデータから多数のデータを生成することをデータ拡張(data augmentation)と言います。これは学習の効率化や汎化性能の向上において非常に重要なテクニックです。
12) ここに説明した以外にも、Local Response Normalizaion (LRN)というテクニックが利用されていますが、詳細は省略します。

図 6.4.1 AlexNetのモデル

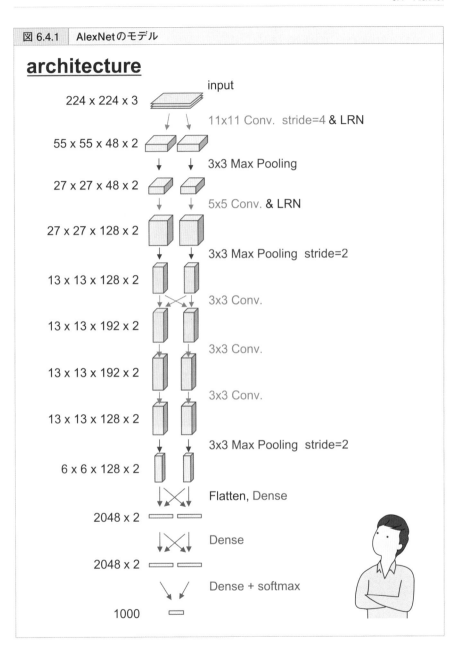

architecture

■ AlexNet による特徴抽出

AlexNetは、その第1層の畳み込み層の役割でも有名です。図 6.4.2は第1層の
パラメーターを可視化したものです。上3行と下3行で、それぞれのGPU向けに
配分された48個ずつの畳み込み層のパラメーターが可視化されています。

畳み込み層は、これと似たパターンを抽出するのでした。AlexNetでは、片方
のGPUで画像の境界や線分などの特徴を捉え、もう片方のGPUで画像の色合い
を捉えていると考えられます。このようなパターンがデータの学習から自発的に
出現するのは、非常に興味深い現象です。

図 6.4.2	AlexNetの第1層のパラメーター[13]

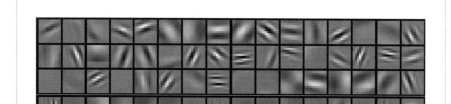

上3行と下3行が、それぞれのGPUに配置された第1層の畳み込みのパラメーターです。
上では境界線に関する特徴が、下では色に関する特徴が抽出されていることがわかります。

13) 原論文のFigure 3より引用。
　　Krizhevsky, Alex, Ilya Sutskever, and Geoffrey E. Hinton. "Imagenet classification with deep convolutional neural
　　networks." Advances in neural information processing systems 25 (2012): 1097-1105.

6.5 VGGNet

■ VGGNetのモデル

VGGNetは2014年にVisual Geometry GroupからILSVRCに投入された分析モデルで、top-5 error rate 6.8%を達成しました。AlexNetを発展させ更に大きく深くしたモデルで、図6.5.1に示すモデルは19層あります[14]。

VGGNetは非常にシンプルであるがゆえに、他のタスクにも転用しやすいという特徴があります。今までのモデルと同様、畳み込み層の前半部分は画像の一般的な特徴を抽出しており、後半になるに従ってILSVRCの1000分類向けにチューニングされていると考えることができます。この発想を用いて、VGGNetの前半部分を他のCNNにそのまま転用することで、学習の高速化や、少データ時の精度向上に利用されています。このような学習を、**転移学習 (transfer learning)** と言います[15]。

図 6.5.1　VGGNetのモデル

```
input : 224 x 224 x 3        conv3-512 x 4
      conv3-64               Max Pooling
      conv3-64               conv3-512 x 4
     Max Pooling             Max Pooling
     conv3-128               Dense-4096
     conv3-128               Dense-4096
     Max Pooling             Dense-1000
    conv3-256 x 4                 ↓
     Max Pooling                Output
```

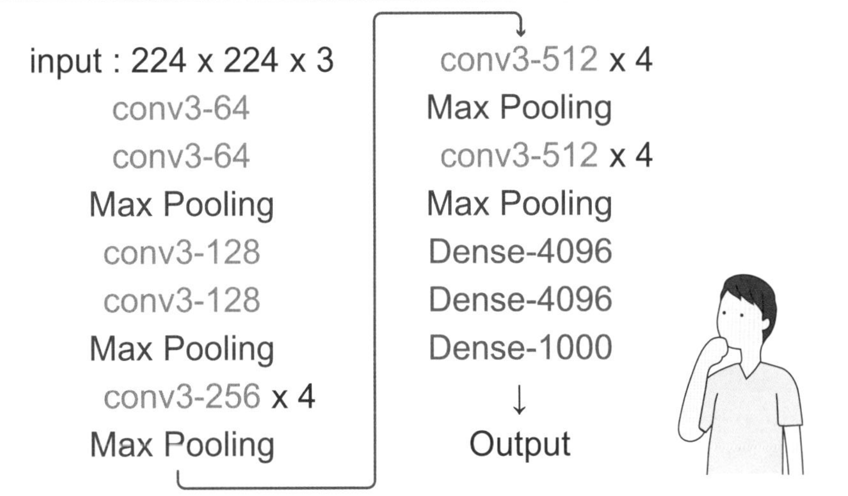

14) 「conv3-64」は3×3のチャンネル数が64の畳み込み層を表します。他も同様です。

15) 他にも、VGGNetは学習の工夫が優れているなど様々な長所があるのですが、本書は分析モデルにフォーカスするため、その詳細は省略します。

6.6　GoogLeNet

■ GoogLeNetとは

GoogLeNetは、2014年のILSVRCにて top-5 error rate 6.7%で優勝したモデルです。当時の潮流である「大きく、深く」という方針とは一線を画し、Inception moduleという構成要素を9回用いた計22層のモデルで最高精度を達成しました（図 6.6.1）。ここではInception module誕生の背景と、高精度の理由を説明します[16]。

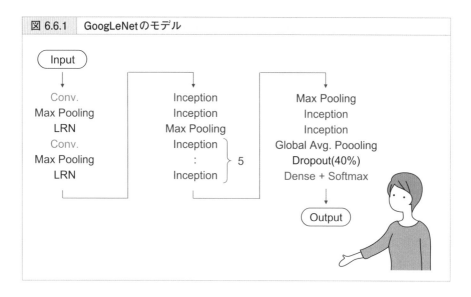

図 6.6.1　GoogLeNetのモデル

■ Inception module 誕生の背景

まずは、図 6.6.2のInception moduleを観察してみましょう。入力されたデータは、図にある4つの経路を通って処理されます。最後のconcatenateで、この4つ

16）このモデルの重要な構成要素のうち、いくつかは本書では説明しません。具体的には、Local Response Normalization (LRN)、Dropout、Global Average Pooling です。特にLRN はよく使われる正規化法で、Dropout は過学習の抑制に効果的です。興味に応じて調べてみてください。

の出力をチャンネル方向に積み上げて結合させます[17]。この中でもひときわ目を引くのが、1×1の畳み込み層の存在でしょう。畳み込み層といえば、そのフィルターによって画像の局所的特徴を抽出する道具でしたが、フィルターサイズが1×1ではその理解が通用しません。この1×1の畳み込み層は、どのような役割を果たすのでしょうか？

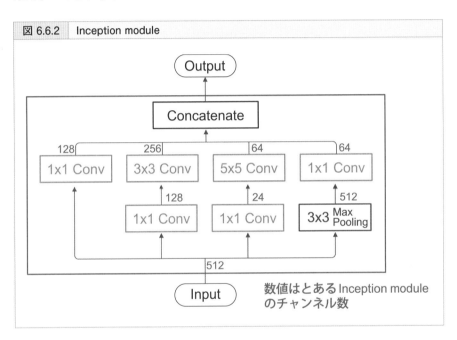

図 6.6.2   Inception module

まず、Inception moduleや1×1の畳み込み層が出てきた背景を紹介します。先のVGGNetの研究では、3×3の畳み込み層で精度向上をするには19層が限界で、これ以上深くするにはより多くのデータが必要という結論が出ています。当時のAlexNetからVGGNetまでの研究の主流の考え方の1つが、多くのデータと大きく深いモデルを使い、大量の計算資源で学習することで精度を上げる物量作戦でした。一方、この前後から、大きすぎるモデルには無駄が多く、学習も困難になることが指摘されていました。

---

17) 例えば、28×28×10の特徴量マップと28×28×20の特徴量マップをconcatenateすると、チャンネル方向に積み上げることで28×28×30の特徴量マップが得られます。このように、concatenateする場合は、特徴量マップの大きさが揃っている必要があるので、畳み込みにはパディング(padding)という工夫が用いられています。

これをイメージするため、次の例で考えてみましょう。

例えば、とある中間層の出力が、図 6.6.3 左のように、チャンネルごとに「人の輪郭」「人の口」「人の目」……「犬の鼻」がどこにあるかを表しているとしましょう。これらの情報を統合することで、次の特徴量マップでは「人の顔」「猫の顔」「犬の顔」を検出することができるでしょう。しかし、例えば「人の輪郭」と「猫の顔」や「猫の口」と「人の顔」には互いに関係がなく、影響度が0となる組が大量にあることがわかります。このような状態を、**疎 (sparse)** と言います。

疎である場合、パラメーターの多くが0となってしまい、効率が悪いという問題があります。モデルを必要以上に大きくすると、このような非効率を招く可能性があります。そこで図 6.6.3 右のように、似ている情報を統合した場合を考えます。この場合、係数が0になる部分が少なく、より効率的に顔検出を行うことができると考えられます。このような状態を、**密 (dense)** と言います。

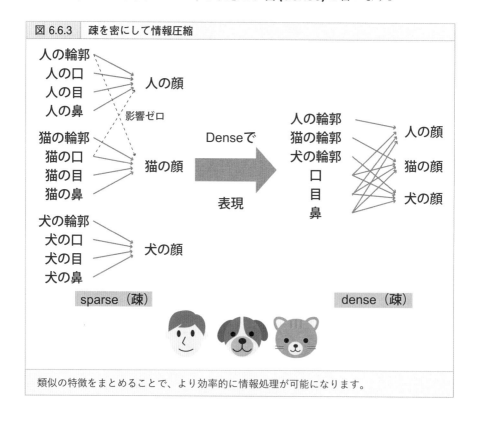

図 6.6.3　疎を密にして情報圧縮

類似の特徴をまとめることで、より効率的に情報処理が可能になります。

132

■Inception moduleの意味

　では、似た情報の統合について考えましょう。これは、既に紹介したプーリング層でも行われていました。プーリング層では、近隣の特徴量を1つにまとめることで情報の圧縮を行っています。この考え方を一歩進めると、同じ位置にある特徴量こそ似た情報を持っているのではないかという発想に至ります。同じ位置にある特徴量とは、横と縦の位置は同じだがチャンネルの位置は異なる特徴量のことです。実際、Inception moduleは入力を4つの経路で計算し、その結果を結合しているので、情報の重複が4回分はある可能性があります。この情報を圧縮して処理するのが、1×1の畳み込み層なのです[18]。

　図6.6.2は、とある部分のInception moduleで用いられているチャンネル数を緑の文字で表しています。4つの経路のうち中央の2つでは、1×1の畳み込み層で、流れる情報が大幅に圧縮されていることがわかるでしょう。

■Inception moduleのパラメーター効率性

　512チャンネルある特徴量マップに5×5の畳み込み層を適用し、64チャンネルの特徴量マップを生み出す場合、必要なパラメーター数は$(5 \times 5 \times 512 + 1) \times 64 = 819{,}264$となります。一方、1×1の畳み込み層を経由した場合は、$(1 \times 1 \times 512 + 1) \times 24 + (5 \times 5 \times 24 + 1) \times 64 = 50{,}776$です。この例では、1×1の畳み込みの導入でパラメーター数が約1/16になります。このパラメーター効率と密が、GoogLeNetの精度を生み出しているのです。

---

18) 入力のチャンネル数をcとすると、1×1の畳み込み層は、$1 \times 1 \times c$のフィルターを持つ畳み込みを、出力チャンネル数の個数だけ用意したものとなります。1つ1つの畳み込みでは、c個のパラメーター（とバイアス項合わせて$c+1$個）を用いて、同じ位置の情報を処理しています。

6.7 ResNet

■ ResNetとは

ResNetは、2015年のILSVRCにて top-5 error rate 3.57%で優勝したモデルで、ここで導入された**residual connection（skip connection, shortcut connectionとも言います）**は、現在も多用される非常に重要な機構です。ResNetは今までとは段違いの深さ152層を持つモデルで、深層学習の世界にブレイクスルーをもたらしました。この節では、なぜこのResNetが生まれたのか、なぜResNetは深いモデルを可能にし精度向上を達成したのかを見ていきましょう。

■ デグレーデーションとその原因

当時、深いモデルが強いという基本的な考え方がありました。しかし、実際にはモデルを深くしていくと精度が落ちていく現象が発見されました。これを、**デグレーデーション (degradation)** と言います。深すぎるモデルは訓練データに対する精度すら落ちており、デグレーデーションは過学習とはまた異なる問題を起こしていました。原論文では、実際に18層のモデルの方が34層のモデルよりも訓練データに対する精度が高い現象が報告されています。

直感的に考えれば、層が深い方が複雑な関数も表現でき、それによって精度が上がるはずです。しかし、現実にはデグレーデーションが起こっていました。その原因の1つが、最適化の困難さです。層が多くなれば、モデルが含むパラメーターの数が多くなります。数学的には、パラメーターの数がいくつになろうとも所詮は最大値を求める問題に変わりはないのですが、現実には、パラメーター数の増加に伴い最適化はどんどん困難になる場合があります[19]。

原因の2つ目が「層が深い方が、本当にモデルの表現力は高くなっているのか？」

---

19) この問題には学習の工夫で対処するのですが、本書では省略します。

という問題です。18層のモデルで表現できる関数が、34層のモデルでも表現できれば、34層のモデルの方が表現力が高いと言って良さそうですが、そもそもこれは正しいのでしょうか？

例として、18層のモデルを表す関数 $y = f_{18}(x) = f^{(18)}(\dots f^{(2)}(f^{(1)}(x)) \dots)$ を、34層の関数で表現することを考えてみましょう。この時、もし仮に残りの16層部分で、$f_{18 \to 34}(y) = f^{(34)}(\dots f^{(20)}(f^{(19)}(y)) \dots) = y$ となるような都合の良い関数 $f_{18 \to 34}$ が見つかれば、$f^{(34)}(\dots f^{(2)}(f^{(1)}(x)) \cdots) = f_{18 \to 34}(f_{18}(x)) = f_{18}(x)$ となるので、18層の関数を34層の関数で表現できることがわかります。また、この関数 $f_{18 \to 34}$ をもし簡単に見つけることができれば、学習上も問題がないはずです。$f_{18 \to 34}$ のように、入力と出力が一致する関数のことを、**恒等写像 (identity map)** と言います。

しかし実際には、恒等写像を畳み込み層の繰り返しで学習することは現実的には不可能な上、恒等写像に近い写像を学習することも非常に難しいのです。仮に18層で画像分類にちょうど良い関数を作り出せた場合、余計に16層追加してしまうことでその関数の再現は困難になり、逆に精度が下がってしまうのです。

■ 残差学習で恒等写像を直接学習する

ResNetでは、非常にシンプルな発想でこの問題を解決します。今までの深層学習では、各層の関数が $y = f(x)$ という形をしており、この関数 f をパラメーターの調整を通して学習していました。**残差学習 (residual learning)** では、f を直接学習せず、$y = f(x) = x + g(x)$ という式を用い、出力 y と入力 x の差 $g(x)$ を学習します。深層学習に用いられる関数の多くは、全てのパラメーターを0にすると、どんな入力に対しても0を出力する関数になります。その場合は、$y = f(x) = x + g(x) = x$ となるので、簡単に恒等写像を表現することができます。

これだけです。たったこれだけのことで、ResNetは層を深くすることに成功し、精度向上を果たすのです。いかに、デグレーデーションに対する仮説が本質を射抜いていたか、そしてその対策がシンプルかつ完璧であるかを物語っています。

■ 残差学習の実装 – residual connection

ここでは、残差学習の実現方法を紹介します。とある層の出力の特徴量マップをxとしましょう。これが、いくつかの層での処理を経て$g(x)$に変換されたとします。ここで、次の層に投入する特徴量マップを、$g(x)$ではなく$x + g(x)$に変えます。これを表しているのが図 6.7.1 です。

このように、いくつかの層の処理を飛ばして出力に接続される処理や、この図中の矢印のことを**residual connection**と言い、この全体のことを**residual block**と言います。原論文中の実験では、このresidual blockを積みあげた18層のモデルと34層のモデルを比較すると、34層のモデルが勝利します。このresidual connectionで、デグレーデーションを克服したのです。

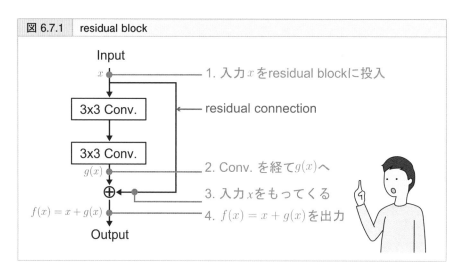

図 6.7.1	residual block

■ ResNet-152

最後に、ILSVRCで提出されたモデルResNet-152を紹介します。これは、residual connectionを活用した全152層のモデルです。モデルの概要は図 6.7.2 に記されて

います。まず、畳み込み層とプーリング層で画像の特徴を抽出しつつ、サイズを小さくします。その後、右に記されている residual block を合計50個適用します。AからDではそれぞれチャンネル数が異なり、それは図 6.7.2 右に記されています。この50個の residual block で150層、最初の畳み込み層と最後の全結合層を合わせて、全152層となります。

ResNet-152でも 1 × 1 の畳み込み層が活用されており、入力のチャンネル数を1/4に落としてから 3 × 3 の畳み込みが適用されています。このように、特徴量マップをあえて1度小さくすることで情報圧縮を狙う層を、**ボトルネック層 (bottleneck layer)** と呼びます。

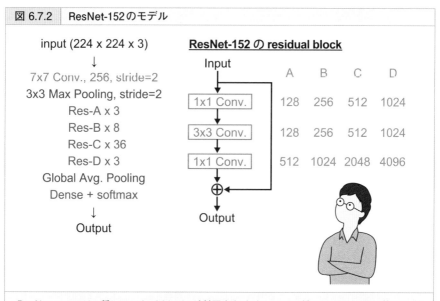

図 6.7.2　ResNet-152のモデル

ResNet-152では4種の residual block が利用されます。この4種ではチャンネル数のみが異なります（チャンネル数は右側に記してあります）。[20]

---

20) 実際には、これに加えていくつか Max Pooling 層があります。また、Max Pooling やチャンネル数の変更によって、x と $g(x)$ のサイズが変わり、$x + g(x)$ が直接計算できない場合の工夫などもあります。詳細はこちらの動画で解説しています。
【深層学習】CNN 紹介 "ResNet" 言わずとしれた CNN の標準技術が登場！【ディープラーニングの世界 vol. 17】#080 #VRアカデミア #DeepLearning - YouTube https://www.youtube.com/watch?v=WslQrSO94qE7

第6章のまとめ

- 画像の分析には、畳み込みニューラルネットワーク (CNN) が用いられる。
- 畳み込みは、内積を用いた類似パターン検出器である。
- プーリング層は、情報の圧縮を通して平行移動に対する頑健性を与える操作である。
- AlexNet は基本的な CNN のモデルで、ILSVRC2012 で画像分類にブレイクスルーをもたらした。
- VGGNet も CNN の基本形で、転移学習にも用いられる。
- GoogLeNet は情報圧縮による密化で精度向上をもたらした。
- ResNet で用いられている residual connection は、恒等写像の学習のために追加された機構で、現代の深層学習において不可欠な部品である。
- 深層学習の分析モデルでは、仮説に基づく関数設計が行われており、人間らしい仕事で性能向上が果たされてきた。

第 7 章

物体検出と
セマンティックセグメンテーション
R–CNN、YOLO、U–Netとその仕組みについて

第7章では、残る画像認識タスクのうち、物体検出と
セマンティックセグメンテーションに挑む分析モデル
を紹介します。これらは画像のどこに何が写っている
かを判別するタスクで、自動運転技術や映像解析技術
に応用されています。

画像認識には姿勢推定を始めとして、他にも多くの分
野・手法がありますが、この基礎を押さえることで様々
な分析モデルが理解しやすくなるでしょう。

7.1 物体検出

■ 物体検出タスク

　物体検出、物体検知(Object Detection) は、与えられた画像のどこに何が写っているのかを推論するタスクです。4章で扱った画像認識では、1枚の画像に対して1つのラベルを振ることが目的であったのに対し、物体検出タスクでは、1枚の画像に対して複数の領域とラベルを振ることを目的とします。図7.1.1にその推論結果の例を示しています。右の赤枠と「Horse: 0.28」という文字は、この赤枠の中にHorse（馬）が写っていて、推論の確信度が0.28（つまり28%）であることが記されています。この物体の検出位置を表す枠を**バウンディングボックス(bounding box)** と言い、よくbbやbboxと略記されます。本書では以降、bboxと記します。

　まとめると、物体検出器は、bboxの位置、その中に写っている物体のラベル、その信頼度の3つを出力します。物体検出タスクを提供するデータセットは、画像分類のILSVRCに加え、PASCAL VODやMS COCOなどが知られています。

図 7.1.1　物体検出とバウンディングボックス[1]

---

1)　画像はYOLOの原論文より引用し一部抜粋、改変。
　　Redmon, Joseph, et al. "You only look once: Unified, real-time object detection." Proceedings of the IEEE conference on computer vision and pattern recognition. 2016.）

■ 物体検出タスクの評価

　物体検出タスクの評価指標は、目的に応じて多数存在します。ここでは、その基礎となるIoUとmAPについて紹介します。IoUはIntersection over Unionの略で、bboxの位置を評価する指標です。正解データのbboxをbbox$_{\text{true}}$、推論結果のbboxをbbox$_{\text{pred}}$と書いた時に、IoUは

$$IoU = \frac{area\left(\text{bbox}_{\text{true}} \cap \text{bbox}_{\text{pred}}\right)}{area\left(\text{bbox}_{\text{true}} \cup \text{bbox}_{\text{pred}}\right)}$$

で定義されます。ここで、*area*は面積を表します。共通部分の面積が広く、合併の面積が狭い方がIoUのスコアが高く、良いbboxと評価されます。つまり、なるべくはみ出さず、欠けも少ないbboxが評価される指標がIoUなのです。

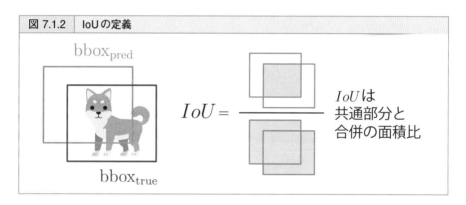

図 7.1.2　IoUの定義

　mAPは **mean Average Precision**の略で、直訳すると「平均平均精度」となることからもわかる通り、2度平均をとって計算される精度指標です。mAPには様々な定義のバージョンがあるので、ここではそれらに共通する考え方を紹介します。

　mAPでは、各カテゴリに対して検出の精度指標であるAPを計算し、その全カテゴリでの平均としてmAPを定義します[2]。APはしきい値ごとのprecision（詳細は3.2節）を平均した指標です。

---

2)　カテゴリcに対するAPをAP_cと書き、カテゴリ数をCとした時、$mAP = \frac{\sum AP_c}{C}$とする場合と、$mAP = \frac{1}{N}\sum N_c AP_c$とする場合があります。ここで、$N$は全検出対象数で、$N_c$はカテゴリ$c$の検出対象数です。前者は単純な$AP$の平均で、後者はカテゴリごとの検出対象数で重みを付けた平均です。単なる「平均」にすらこのバリエーションがあるので、「平均平均精度」たるmAPには相当の種類があることが想像できるでしょう。

例として、「人」というカテゴリのAPの計算方法を紹介します。物体検出器が用意した全てのbboxには、確信度が計算されています。このbboxを確信度で順位づけし、確信度が高いものから順に並べます。この中で、上位何番目までを「人が写っている」と判定するかの基準を変化させることを考えましょう。すると、かなり確信度の高いもののみ「人」と判定する厳しい検出器から、なんでも「人」と判定する検出器まで、幅広い検出器が得られます。そして、これらのprecisionの重み付き平均を取るのが、Average PrecisionことAPです[3]。Precisionは、判定基準のしきい値を厳しくすると高く、基準を緩くすると低くなる精度指標です。このprecisionを様々なしきい値で計算して平均したものがAPなので、しきい値設定の恣意性を排した精度指標となっています。

▼ APの計算方法

順位	ラベル	確信度	正解	precision
1	人	98	○	1 （=1/1）
2	人	97	○	1 （=2/2）
3	人	93	×	0.667 （=2/3）
4	人	88	○	0.75 （=3/4）
5	人	74	×	0.6 （=3/5）
⋮	⋮	⋮	⋮	⋮

※各順位より上位の正解率（precision）を計算し、その重み付き平均を計算するのがAPです。

　上記のAPの計算の中で、正しく「人」を検出できているかの判定は、先ほど紹介したIoUに基づいて行われます。主流なのは、IoUが0.5以上の場合に検出成功、それ未満の場合は検出失敗と判定する方法です。

　他にも、IoUのしきい値を0.75にするmAP_{75}や、IoUのしきい値を0.05ずつ変えながら、mAP_{50}からmAP_{95}までを計算して平均するものもあります。どれを用いても、物体検出器の精度を表す指標であり、1に近いほど良いものであることには変わりありませんが、論文間をまたいで精度を比較する場合は、定義にも気を遣うと良いでしょう。

---

3)　実際には、「PrecisionをRecallの関数とみなして積分する」という発想でAPを定義しています。関数へのみなし方や、積分方法で様々なバージョンが存在しますが、大筋の意味は上記のとおりです。

7.2 | R-CNN

■ R-CNNとは

　R-CNNは**Regions with CNN features**の略で、初めて物体検出に本格的にCNNを組み入れ、素晴らしい検出精度を達成したモデルです。2014年に登場し、2012年のPASCAL VOCのモデルより、mAPを30%ほど改善しています。当時は、2012年に登場したAlexNetの衝撃冷めやらぬころで、深層学習の画像分類以外のタスクへの応用可能性が盛んに議論されていた時代でした。R-CNNはその名の通り、CNNによって生み出される特徴量を用いた物体検出器で、業界に再び衝撃を与えました。

　このR-CNNは、bbox候補の生成、各bboxの特徴量計算、ラベル判定、後処理の4ステップで物体検出を行います。

（1）物体領域候補の計算 (region proposal)

　R-CNNでは、selective searchと呼ばれる方法を用いて、最大2000個のbboxの候補を生成します。selective searchは深層学習以前から知られている伝統的な特徴量を用いた計算手法です。

（2）特徴抽出 (feature extract)

　前段で作られたbbox候補に対して特徴量を計算します。R-CNNでは、ここにCNNが利用されています。これらのbboxは縦横のサイズが一定ではないので、まずはじめに縦横を伸縮させ、227 × 227の画像に変換します。この変形を、**warping**と言います。そしてこの227 × 227の画像を、AlexNetの最後の層 (Dense + softmax)の手前まで通し、4096次元の出力を得ます[4]。

（3）カテゴリ判定

　前段が終わった段階で、各bboxに4096次元のベクトルを対応させることがで

4）　最後の層の出力は1000分類のための確率です。その1つ手前の段階では、1000分類に必要な画像の抽象的な特徴が得られていると考えることができます。この情報を利用しようという発想です。

きました。これに対して、各カテゴリごとに学習したlinear SVMを適用します。このlinear SVMは、この4096次元のベクトルを入力とし、そのカテゴリの画像が写っているかどうかを判別するよう学習された機械学習の分析モデルです。これを適用することで、各bboxにカテゴリの候補を付与します[5]。

（4）後処理

前段が終わった段階で、bboxにラベル候補と信頼度が付与されたものが手に入っています。ここで後処理を行い、最後の出力結果を得ます。一般に、この段階での推論結果は、1つの物体に対して多数のbboxがあります。これでは検出結果としては問題なので、良いbboxのみを残す作業が必要です。その手法の1つが**non-maximum suppression (NMS)** です。

NMSでは、各カテゴリごとに、最も確信度が高いbboxを残し、それとのIoUが大きいbboxを削除します。残ったもののうち最も確信度が高いbboxを残し、またそれとのIoUが大きいbboxを削除します。これを繰り返して、1つの物体に1つのbboxとなるようにします。

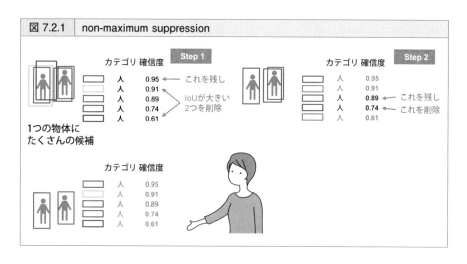

図 7.2.1　non-maximum suppression

---

[5] 付与されるカテゴリは複数の場合もあれば、0個の場合もあります。0個の場合は、この段階で推論結果から落とされます。もともと2000個ものbbox候補が提案されますが、実際の画像にはそこまで大量に物体は写っていません。この段階と、次の後処理で合理的な数まで減らされます。

■ R-CNNの特徴

R-CNNの最大の特徴は、bbox提案とクラスタ分類が分割されている点です。これを、**領域ベースフレームワーク(Region Based Frameworks)**や**2段階フレームワーク(Two Stage Framework)**と言います。これに対して、次に紹介するYOLOは、bbox提案とクラスタ分類が統合されており、**統合フレームワーク(Unified Frameworks)**や**1段階フレームワーク(One Stage Frameworks)**と言います。両者とも、現在でも活発に研究が行われています。

一般的に、領域ベースフレームワークの方が精度が高い傾向にある一方、それぞれを別々に学習させる手間がかかり、多くの計算資源を求める傾向にあります。この問題を解決するため、**Faster R-CNN**や**SSD**など様々な分析モデルが開発されました[6]。

---

6) こちらのサーベイで詳しく紹介されています。
   L. Liu, et. al. "Deep learning for generic object detection: A survey.," International journal of computer vision vol. 128, no. 2, pp. 261-318, 2020.

7.3 | YOLO

■ YOLOとは

YOLOは2015年に登場した物体検出器で、**You Look Only Once**の略称であり、後処理以外の全てのプロセスを統合した深層学習のモデルが利用されています。このYOLOは、入力画像から7×7×30の数値列を出力する1つのCNNで構成されます。R-CNNにおけるselective searchやNMSのような前後の処理はなく、CNNの推論のみで物体検出が完了します。

YOLOでは、入力画像を7×7の49領域に分割し、各領域で2つまでの物体を検出できます。2つの物体のbboxの位置とラベルの情報を表すために30個の数値を用いるので[7]、出力が7×7×30となっています。

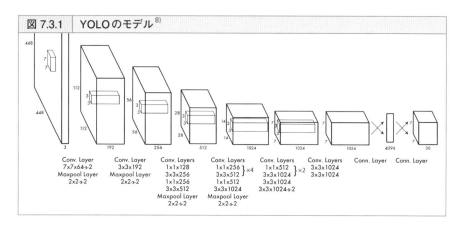

図 7.3.1　YOLOのモデル[8]

YOLOのモデルは、図7.3.1に示されている通りです。YOLOはGoogLeNet以降のモデルであり、1×1の畳み込み層が利用されています。徐々に特徴量マップの

---

7) 2つのbboxの位置で8パラメーター、それぞれに物体が写っているか否かを表す2パラメーター、20種類の物体のうちどれが写っているかを表す20パラメーターで合計30パラメーターです。最初のバージョンのYOLOでは、同じグリッドの物体は同じラベルのものしか検出できませんでした。

8) 原論文より引用。

Redmon, Joseph, et al. "You only look once: Unified, real-time object detection." Proceedings of the IEEE conference on computer vision and pattern recognition. 2016.

縦横を小さくしながらチャンネル数を増やしていき、最後に全結合層（図では Conn. Layer）を通してから $7 \times 7 \times 30$ の出力を得ています。なんと、こんなシンプルなモデルで、bbox付与とカテゴリ分類を含む物体検出ができるのです。

■ YOLOの強みと弱み

YOLOは深層学習のモデルのみで構成されるEnd to Endの深層学習モデルであるため、通常の深層学習モデルと同じ方法で学習できます。また、YOLOでは1つの画像の物体検出を行うのに、一度の推論で済みます。これは、R-CNNで最大2000個のbbox候補全てに対してCNNを用いて特徴量を生成し、さらに20個全てのカテゴリに対してlinear SVMを適用する必要があったことと対照的です。まさに、You Look Only Onceの名前に相応しいモデルでしょう。これによって大幅に高速化されており、動画に対してリアルタイムで物体検出を行うこともできます。

更に、YOLOでは一度全結合層を経由しているため、1つのグリッドにあるbboxの推論のために、画像全体の情報を用いることができます。そのため、背景の情報なども利用して推論を行うことができ、より高い精度が期待できます。

YOLOを始めとした統合フレームワークは、一般的に推論が高速で学習が容易である一方、精度は領域ベースフレームワークに及ばない傾向があります。また、初期のYOLOでは、各グリッドからbboxは2つまでであり、カテゴリも1種類しか付与できないという制限もあります。

執筆時現在、YOLOはv4までの論文、v5までの実装が公開されており、上記の問題が様々な創意工夫で解決されています[9]。

---

9) 執筆時2021年中頃の情報です。これらの概要は、7.2節の最後に紹介したサーベイ論文にあります。

7.4 セマンティックセグメンテーションとU-Net

■ セマンティックセグメンテーションとは

　セマンティックセグメンテーション(semantic segmentation)は、日本語では**意味的領域分割**というタスクで、どこに何が写っているかをピクセル単位で推論するタスクです。図 7.4.1には、セマンティックセグメンテーションの他に、同一ラベルの物体を区別して領域分割を行う**instance segmentation**や、それに加えて背景の領域分割も行う**panoptic segmentation**の例も記されています。これらの技術は、自動運転への応用が有名であるのみならず、生物学において、細胞の顕微鏡写真から細胞や臓器ごとの色分けを行うなど、様々な範囲で応用されています。

図 7.4.1　セマンティックセグメンテーションなどのタスク[10]

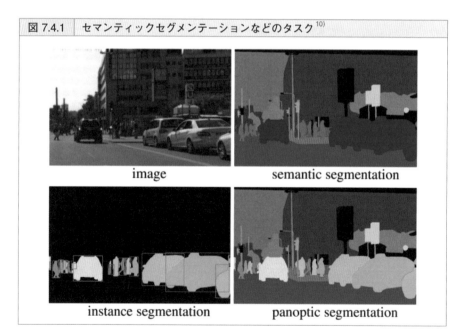

10) セマンティックセグメンテーションに関するサーベイ論文から引用。
F. Sultana, A. Sufian and P. Dutta, "Evolution of Image Segmentation using Deep Convolutional Neural Network: A Survey," Knowledge-Based Systems, vol. 201, 2020.

■ セマンティックセグメンテーションの評価指標

物体検出と同様に、セマンティックセグメンテーションにもいくつかの評価指標があります。セマンティックセグメンテーションは、全ピクセルに対して「空」「建物」「車」などのカテゴリを付与する分類問題として定式化されるので、分類問題に関する評価指標は全てそのまま利用できます。他には、IoUのカテゴリ間平均である **mean IoU** などもよく利用されます。

■ U-Net

U-Net は2015年に登場したセマンティックセグメンテーションのモデルで、細胞の顕微鏡写真に対するタスクのために開発されました。そのタスクでは白黒の入力画像に対して、そのピクセルは細胞なのか否かを2値で判断することが求められます。細胞と細胞の境界は非常に細い線で表現されるので、細胞間の境界周辺を正しく分類することが重要です。

図7.4.2に画像の例があります。aの画像が入力で、どこに細胞があるかがわかりやすいように着色されたものがbの画像、これを元に作られた正解データがcです。このように、細胞に挟まれた非常に狭い領域を「非細胞領域」として検出し、細胞同士を区別することが求められます。

このタスクに対して、U-Netは図7.4.3に示されるモデルで挑みました。U字に図示されるモデルなので、U-Netと呼ばれています。このU-Netは、図7.4.3の右下にある5種類の操作のみで構成されています。これを順番に見てみましょう。

まず、左上のinput image tileに572 × 572の白黒画像が入力されます。はじめに3 × 3の畳み込み層を2度適用し、2 × 2のMax Poolingを適用します。この時のチャンネル数は、input image tileに続く青い四角形の上にある数字で表されています。これを繰り返し、中央下部右にある28 × 28 × 1024の特徴量マップを得ます[11]。

---

11) このように、2 × 2のMax Poolingで特徴量マップのサイズを減らしながら、チャンネル数を倍にしていくことがCNNでよく行われています。

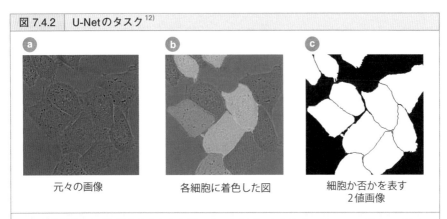

図 7.4.2　U-Netのタスク[12)]

a　元々の画像

b　各細胞に着色した図

c　細胞か否かを表す
2値画像

aが入力画像、bが各細胞を着色した図です。教師データとなるのはcで、ピクセルごとに
細胞 or 非細胞を判断します。

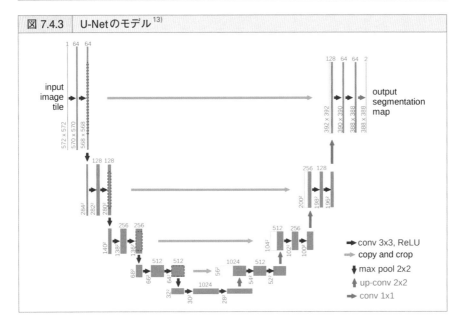

図 7.4.3　U-Netのモデル[13)]

この後に、新しい操作が2つ出てきます。up-convは次節で説明するので、ここ

---

12) U-Netの原論文より引用し改変。

Ronneberger, Olaf, Philipp Fischer, and Thomas Brox. "U-net: Convolutional networks for biomedical image segmentation." International Conference on Medical image computing and computer-assisted intervention. Springer, Cham, 2015.

13) 同じくU-Netの原論文より引用。

ではcopy and cropを紹介します。これは非常に単純で、昔の特徴マップをそのまま持ってきて、大きさを調整して、新しい特徴量マップと結合(concatenate)する操作です。大きさの調整は、外側のピクセルを捨てる(crop)ことで実現しています。

　この一連の操作には、次の意味があります。一番上の例で見てみましょう。568×568×64の特徴量マップの端を落としたものが、長いU字の操作を経て得られた392×392×64の特徴量マップと結合されます。後者の特徴量マップは、畳み込み層を何度も経由しているため、どの位置に何が写っているか等の抽象的な情報を持っていると考えられます。一方、元々はサイズが196×196であったものを無理やり拡大しているため、細かい位置の情報はあまり多く保持していません。

　これに対して、前者の特徴量マップはまだ2回の畳み込みしか適用されていません。そのため、細胞か否かといった抽象的な情報の保持は期待できませんが、境界線がどこにあるか等の局所的な情報を多く保持していると考えられます。このように、深い層を通して大域的な情報を抽象的にまとめ上げた特徴量と、まだ浅い層しか通っておらず局所的で原始的な情報を保持している特徴量を合わせることで、正確に境界を引くことを目指しているのです。

■ U-Netの特徴

　U-Netでは、U字型に様々な抽象レベルを行き来して推論しています。これはFPN (Feature Pyramid Network)と呼ばれ、同名の論文以降よく利用されており、物体検出でもYOLO v4やv5などで利用されています。

　また、U-Netの最も大きな特徴は、層が全て畳み込み層とプーリング層から成っていることです。このようなCNNのことをFully Convolutional Network (FCN)と言い、同名の論文以降よく見られる手法です。

　畳み込み層とプーリング層は、入力のサイズを問いません。そのため、U-Netは任意の画像サイズを入力として受け取ることができ、そのサイズに応じた出力を返すことができます。精度の上でも全結合層がないほうが望ましいという実験結果もあり、現在ではFully Convolutional Networkが主流となっています。

7.5 | Up-Convolution 層

■ up-convolution 層とは

最 後 に、**up-convolution**層 を 紹 介 し ま す。こ れ は、**deconvolution**や **convtransposed**など様々な名前で呼ばれています。Up-convolutionの特徴は、入力より出力の特徴量のサイズの方が大きいことです。以降で、「どのような意味・役割があるのか」「実装上どうするか」の2つを説明します。

Up-convolutionは、特徴量マップの縦と横のサイズを増やし、空間方向の解像度を高めることを目的として利用されます。普通の畳み込みは、画像に含まれる情報を「利用」して特徴量を作り出す行いですが、Up-convolutionの狙いは解像度を高めること、つまり情報を「生み出す」ことにあります。これを可能にするのがデータを用いた学習であり、どのような高解像度化が精度向上に資するかを軸に、分析モデルがその方法を学び取っていると考えられます。

U-Netの場合、up-convolutionの出力にcopy and cropで浅い層の特徴量マップを結合し、解像度を失う前の情報にアクセスしています。また、up-convolutionの直後に3×3の畳み込み層を適用することで、周囲のup-convolution結果を加味しながら続く情報処理を行っています。これら一連の処理を通して、高い精度を達成

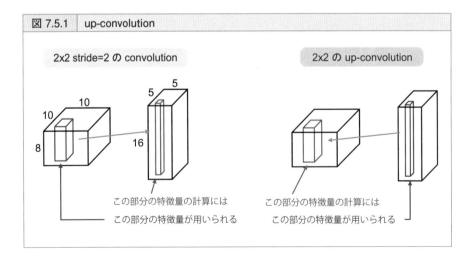

図 7.5.1　up-convolution

2x2 stride=2 の convolution

2x2 の up-convolution

この部分の特徴量の計算には
この部分の特徴量が用いられる

この部分の特徴量の計算には
この部分の特徴量が用いられる

しているのです。

　では、この up-convolution の実装を見ていきましょう。Up-convolution では、通常の畳み込み層と入出力の形が逆になります（図 7.5.1）。実装は様々な方法で行うことができます。例えば、2×2 の up-convolution の場合、1×1 の畳み込みを 4 つ用意し、その結果を束ねることで実装できます（図 7.5.2 上）。図中のオレンジの立方体を見ると、$1 \times 1 \times 16$ の部分が、$2 \times 2 \times 8$ の部分の特徴量マップを出力することが理解できるかと思います。

　この処理を別の方法で実装すると、図 7.5.2 下のようになります。この図では、$5 \times 5 \times 16$ の特徴量マップを上から見た時の 5×5 マス目が記されています。この間を 0 で埋め、$11 \times 11 \times 16$ の特徴量マップに膨らませた後、2×2 の通常の畳み込み層を適用します。この時、この畳み込み層のパラメーターを図のように対応させると、図 7.5.2 上の実装と計算結果が一致することがわかります。

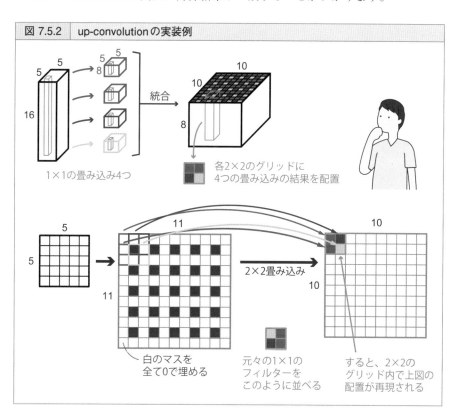

図 7.5.2　up-convolution の実装例

153

第7章のまとめ

- 画像認識には、画像分類以外にも物体検出やセマンティックセグメンテーションなど、多様なタスクがある。
- 物体検出の評価指標であるmAPは、APのカテゴリ平均(mean)であり、このAPは様々なしきい値でのPrecisionの平均(Average)である。
- タスクの性質に応じて、様々な分析モデルが開発された。初期の代表的なものに、物体検出に対するR-CNN、YOLOや、セマンティックセグメンテーションに対するU-Netなどがある。
- up-convolutionは、解像度を高める畳み込み層である。

第 8 章

基本的な自然言語処理手法
自然言語処理の概要とカウントベースの手法

ここからの4つの章で、テキストデータの分析手法を
紹介します。分析とは「データから情報を取り出す」
行いですが、テキストデータには始めから人間に理解
できる形で情報が入っています。なので、人間の直感
が非常によく働く世界でもあります。
自然言語処理の始まりの第8章では、人間の直感とデー
タ分析のハイブリッドによる強力な分析手法を紹介し
ます。

8.1　自然言語処理への入門

■ 自然言語最強の分析法

　機械が使うプログラミング言語やマシン語に対比して、人間が日常使う言語の
ことを**自然言語(Natural Language)**と言い、自然言語に対する分析の総称を
自然言語処理(Natural Language Processing / NLP)と言います。例えば、
コメントデータを分析して調査対象に対する洞察を得ることや、要約生成や翻訳
等の機能を持つモデルの作成などを目的とします。

　まず本章では「ここにテキストデータがあるから分析したい」という、最も基
本的かつ現場でよくある要求に対する最強の手法を紹介します。

(1) とりあえずたくさん読む

　データ分析とは、データから情報を取り出す作業のことです。そしてテキスト
データの場合、情報はそこに書いてあります。まずは読みましょう。

　特に、手元にあるデータが数百件から千件程度なら、全て読んでしまいましょ
う。1件1分かかっても、600件なら10時間です。であれば、2日程度頑張れば、
全件読んだ後に6時間考察する時間が残ります。

　人間の読解力、パターン認識力、要約力や推論力には凄まじいものがあります。
全件読み、何が書かれているかを全て把握した人間が出す仮説や結論より深い洞
察を、2日のデータ分析で出すのは至難の業です。だから、おとなしく全件読む
という技を懐に持っておきましょう[1]。データ量が多い場合であっても、適切にサ
ンプリングし、最低でも数百件は読むことをおすすめします。

(2) 長さに着目する

　読む上で、非常に重要なテクニックがあります。それは、文章の長さごとに分
けることです。実は、文章の長さには非常に重要な情報が入っています。例えば、
手元のデータが何かのアンケートの自由記述だった場合、その文字数には対象へ

---

[1]　このような手法を、データマイニングをもじって根性マイニングと言います。私の周りでは、歴戦の一流の分析
　　者ほど、根性マイニングを厭わず実行する人が多いと感じています。

の愛の量（または憎しみの量）が現れます。

　また、あなたが140文字以下の文章をサクッと書く時と、1000文字程度の文章をじっくり書く時では、文章の組み立てや論理構成がまるっきり異なるはずです。つまり、文章の長さによってそのデータ生成の背景にある法則が異なるということであり、文章の長さによって質が異なるものが混ざるということです。これは、統計や機械学習の分析モデルを用いる時にも必ずおさえておきましょう。

（3）単語の登場回数を数える

　例えば、とある文章に「甲子園」「満塁」「ピッチャー」という単語が含まれていれば、それは野球に関する文章だとわかるでしょう。なにやら凄そうな機械学習や深層学習技術を用いなくとも、単語の登場回数を数えれば、文章の分類程度なら簡単に行うことができる場合があります。

　このように、テキストデータの分析では、人間が結果を見て解釈するというステップを許すのであれば、かなり簡単な方法で深い洞察を得ることができます。

■ 本書で扱うことと扱わないこと

　本書では以降、単語のベクトル表現、文章分類、機械翻訳の3種のタスクを軸に、様々な分析モデルを見ていきます。一方、自然言語処理には文書検索、感情分析、固有表現抽出、質問応答、要約生成、文章生成、対話生成など、他にも多様なタスクと、それらに対して開発された分析モデルがあります。本書ではこれらについては触れませんが、特に第10章で紹介するTransformerやBERTなどの深層学習のモデルたちを押さえておけば、広く応用が効くでしょう。また、極めて重要ではありますが、本書では前処理についても一切扱いません[2]。

---

[2]　自然言語処理における前処理については以下が参考になります。
　　『機械学習・深層学習による自然言語処理入門』（中山光樹、マイナビ出版）
　　『前処理大全 データ分析のためのSQL/R/Python実践テクニック』（本橋智光、技術評論社）
　　『言語処理100本ノック』https://nlp100.github.io/ja/（岡崎直観）

8.2 カウントベースの手法

■ 記号の整理

この先様々な記号を用いることになるので、ここでまとめて紹介します。

私たちは、分析対象となる文章のデータセットを持っています。この文章の集合をDと書き、1つ1つの文章をdと書きましょう[3]。文章は単語の列$d = (w_1\ w_2\ ...\ w_l)$であると考えます。例えば「私はデータサイエンティストです。」という文章は、$w_1 = $「私」、$w_2 = $「は」、$w_3 = $「データサイエンティスト」、$w_4 = $「です」、$w_5 = $「。」の列だと考えます。最後の$w_5$のように、自然言語処理では記号も1つの単語として考えます[4]。また、文章の始まりと終わりを明示するために、$w_0 = $ <BOS>、$w_6 = $ <EOS>という特殊な単語を付加することもあります[5]。単語全体の集合はVと書きます[6]。この時、$w_i \in V$となります。特に、$|V|$で単語の種類数を表します。

■ Bag-of-Words

画像認識同様、自然言語処理においても、入力の数値を出力の数値に変換することを通してデータを分析します。その最も基本的な方法が、one-hotベクトルを用いた **Bag-of-Words(BoW)** です。

Bag-of-Wordsでは、文章dについて、どの単語が何回出たかをカウントして文章の数値化を行います[7]。極めてシンプルな手法ですが、これだけでかなり深い分析ができます。

例えば、ある文章では「甲子園」という単語が3回、「満塁」という単語が1回、

---

3) Dはdocumentの頭文字を取っています。自然言語処理の文脈では、"document"は「文書」と訳されることも多いですが、本書では全て「文章」で統一します。

4) 単語と記号を分けて議論することが重要な場合、単語と記号を合わせたものをトークン(token)などと言い、単語と区別することもあります。本書では全て「単語」で統一します。

5) BOSは Beginning Of Sentence、EOSは End Of Sentence の略です。

6) Vは語彙を表すvocabularyの頭文字を取っています。

7) バッグの中に入ったものは、入れた順番と関係なくバッグの中を満たします。BoWでも、単語の順序については気にしないので、この名称がついたと言われています。

「ピッチャー」という単語が1回登場したとします。この文章は、高確率で野球のことを話題にした文章でしょう。このように、野球関連単語をかたっぱしから集めてきて、その登場回数をカウントすることで、野球の話題か否かをかなりの精度で分類することができるわけです。

■ BoWのベクトル表現

　BoWをベクトルで表現してみましょう。登場していない単語は「0回登場した」と考えると、文章dを1つ用意するごとに、全ての単語に登場回数を割り振ることができます。この登場回数を全て集めて縦に並べてベクトルにしたものが、BoWのベクトル表現です。これは、数式では次のように表現されます。

　まず、各単語$w \in V$に対して、その単語に対応する特定の成分のみ1で、他の成分は全て0としたベクトル

$$e_w = \begin{pmatrix} 0 \\ \vdots \\ 1 \\ \vdots \\ 0 \end{pmatrix} \in \mathbb{R}^{|V|}$$

を対応させます。このように、特定の成分のみ1、他の成分は0のベクトルを**one-hotベクトル (one-hot vector)** と言います。そして、文章$d = (w_1, w_2, \ldots, w_l)$に対し、文章ベクトル$v_d \in \mathbb{R}^{|V|}$を

$$v_d = \sum_{1 \leq i \leq l} e_{w_i}$$

と定めます。すると、単語wに対応する成分には、単語wの登場回数が入ります。なので、文章dでの単語wの登場回数をn_wと書くと、

$$v_d = \sum_{1 \leq i \leq l} e_{w_i} = \sum_{w \in V} n_w e_w$$

となります。このv_dを、BoWのベクトル表現と言います。一般には、ベクトル表現はほとんどの成分が0の**疎 (sparse)** なベクトルとなります（図8.2.1）。

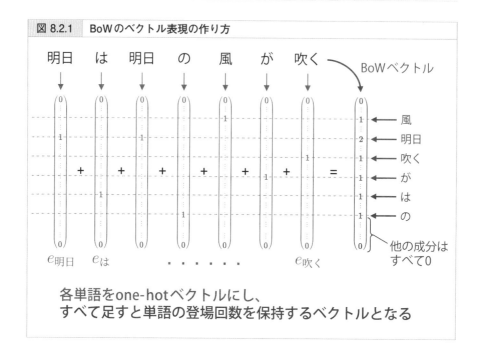

図 8.2.1　BoWのベクトル表現の作り方

各単語をone-hotベクトルにし、
すべて足すと単語の登場回数を保持するベクトルとなる

■ BoWの改善① - 正規化 (term frequency)

　BoWでは、ベクトルの長さが文章の長さに比例する性質があります。分析によっては、これが問題を引き起こす場合があります。このような場面では正規化が有効です。

　正規化の代表的な方法は以下の2つです。

$$v_d^1 = \frac{1}{l} \sum_{1 \leq i \leq l} e_{w_i}$$

$$v_d^2 = \frac{1}{\|v_d\|} v_d$$

　前者は、成分の合計が1になるよう文章の長さ l で割っています。この場合、ベクトルの各成分は、対応する単語 w の文章中での登場割合になります。この値を **term frequency** や **tf** と言い、各単語に対応する値を tf($w; d$) と書きます。

　後者は、ベクトル v_d の長さ $\|v_d\|$ で割っているため、v_d^2 は長さ1のベクトルになります。

■ BoWの改善② - idf

BoWでは、「は」「です」「。」など、どの文章でも頻出する単語に対応する成分が大きくなってしまい、「甲子園」「満塁」「ピッチャー」などの話題に関連する単語の成分はそれらより圧倒的に小さくなってしまいます。分析上は後者に注目したいことが多いので、これは不都合です。この不都合を解消するのが**inverse document frequency**です。これは**idf**とも呼ばれ、

$$idf(w) = \log \frac{(\text{全文章数})}{(\text{単語}w\text{が登場する文章数})} = \log \frac{|D|}{\left|\{d \in D \mid w \in d\}\right|}$$

で定義されます。idfが何者かは次の段落で見ることにして、先に用法を記します。これを用いて、

$$v_d^{idf} = \sum_{1 \leq i \leq l} \text{idf}(w_i)\, e_{w_i}$$

$$v_d^{1,idf} = v_d^{tf-idf} = \frac{1}{l} \sum_{1 \leq i \leq l} \text{idf}(w_i)\, e_{w_i}$$

などと様々なBoWベクトルを定義できます。v_d^{idf}は、各成分が単語wの登場回数とidf(w)の積になっています。これによって、idfが大きな単語はベクトルの中でより強調されるようになります。ちなみに、v_d^{idf}を単語数で割った$v_d^{1,idf}$は、各成分がtf($w; d$) × idf(w)となっています。このように、tfとidfを組み合わせる手法はよく使われており、**tf-idf**と呼ばれています。

では、このidfとは何者なのでしょうか？　単語wが含まれる文章の割合を

$$p(w) = \frac{(\text{単語}w\text{が登場する文章数})}{(\text{全文章数})}$$

と書くことにしましょう。すると、idfのlogの中身は$\frac{1}{p(w)}$なので、単語wが含まれる文章の割合が小さいほどidfは大きくなります。逆に、割合が高いとidfは小さくなります。特に、単語wが全文章に登場する場合は、$idf(w) = \log \frac{1}{p(w)} = \log \frac{1}{1} = 0$となります。つまり、idfはその単語の珍しさ、レア度を表している指標なので

161

す[8]。このidfを用いることによって、「は」「です」「。」のようなどの文章にも出てくる単語の重みを小さく、「甲子園」「満塁」「ピッチャー」など特定の話題の文章にしか出てこない単語の重みを大きくしているのです。

理論解析：なぜ、logを用いるのか

実は、idfでのlogの利用は情報理論と関係があります。情報理論において、「確率pのことが起こる」という主張には、$\log\frac{1}{p} = -\log p$ だけの情報量があると考えます。idfの場合、単語wが文章中に登場する割合$p(w)$を用いているので、$\mathrm{idf}(w) = -\log p(w)$は、「単語$w$が文章中に登場する」という主張の情報量に他なりません。そのため、tf-idfは情報量の平均を表すと考えられ、情報理論的な解析を行うことができます。

最後に、なぜ$-\log p$が情報量を表すのかについて、直感的な説明を添えて終わりにします。

宝くじの当選番号に関する2つの情報、(A)「当選番号の下一桁は6である」、(B)「当選番号は123456である」があったとしましょう。(B)の情報は、各桁がそれぞれ「1である」「2である」……「6である」という情報の総合なので、情報量は(A)の6倍であることが期待されます。試しにこれらの情報量を計算してみると、$p_A = \frac{1}{10}$、$p_B = \left(\frac{1}{10}\right)^6$なので、(A)の情報量は$-\log\frac{1}{10} = \log 10$、(B)の情報量は$-\log\left(\frac{1}{10}\right)^6 = 6\log 10$となり、実際に6倍になっていることがわかります。

実は、このような望ましい性質を持つ関数は本質的にlogしかないことが証明できます。そのため、情報量の定義にはlogが利用されているのです。

---

[8] 例えば、idfは次のようにも活用できます。手元の文章データが話題などによってラベル付けされている場合、ラベルごとに単語のidfを計算すると、各ラベルの特徴を見ることができます。例えば、ラベルの1つに野球の話題を表すものがあった場合、野球のラベルの文章においてのみ、野球系単語のidfが小さくなる事がわかります。他のラベルと比較して、どの単語のidfが大きいか、小さいかを見ることで、大まかなラベルの傾向を掴んだり、分類の方針が見えてきたりすることがあります。

8.3　自然言語処理タスクの全体像

■ 自然言語処理と表現学習

　前節で紹介したBoWによる文章のベクトル化のように、自然言語処理では、文章のベクトルへの変換に大量の情熱を投下します。このように、単語や文章をベクトルで表現することを、**分散表現 (distributed representation, distributional representation)** と言います（図 8.3.1）。

　良い分散表現をめざす背景には、次の2つの信念があります。

・文章や単語の意味は、単語数より遥かに少ない要素で表現できる[9]
・意味を捉えたベクトルが作成できれば、その後の分析は何でもできる

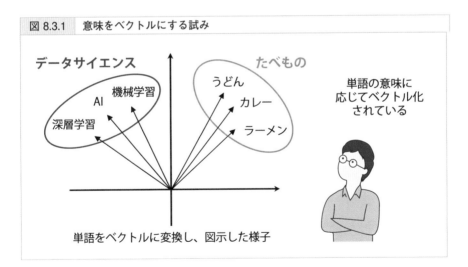

図 8.3.1　意味をベクトルにする試み

データサイエンス　　　　たべもの

機械学習
AI
深層学習
うどん
カレー
ラーメン

単語の意味に
応じてベクトル化
されている

単語をベクトルに変換し、図示した様子

　言い換えると、機械に意味を理解させたい、そしてそれは低次元のベクトルで行われるはずだと考えているのです。自然言語処理に限らず、タスクの「本質」

---

[9]　巨大言語モデルGPT-3 (10.3節) では、12288次元のベクトルを中心的に扱い、最大49152次元のベクトルも用います。優れたアーキテクチャーとハードウェアの発展で、もはや単語数レベルの次元のベクトルを用いた情報処理が可能になってきています。

にあたるもの（今回の場合は文章や単語の意味）をベクトルで表現する試みを、**表現学習 (representation learning, feature learning)** と言います。

■ 自然言語処理タスクの分類

ほとんどの自然言語処理タスクは、文字列のベクトルへの変換、ベクトルからの文字列の生成、またはこの2つの組み合わせで表現することができます。本書では、前者を seq→vec、後者を vec→seq と書くことにします[10]。言い換えると、seq→vec は文章の意味を理解する行い（表現学習や分類など）で、vec→seq は意味から文を生成する行いです。

では、代表的な自然言語処理タスクを見てみましょう。seq→vec に所属する代表的なタスクには、文章分類、感情分析、文書検索、情報抽出などがあります。文章分類では、文章を入力とし、各ラベルに所属する確率の列（ベクトル）を出力します。感情分析では、文章を入力とし、その内容がポジティブなのかネガティブなのかの判定や、その度合いの出力などを行います。

文章の意味をベクトル化する前段階として、単語の意味をベクトル化することがあります。これを、**単語埋め込み (word embedding)** や**単語分散表現 (word distributional representation)** と言います。BoW に対して特異値分解を適用する**潜在意味解析 (Latent Semantics Analysis / LSA)**（11.1節）や、**word2vec**（9.1節）などが有名です。

seq→vec の変種のタスクに、文章中の全単語にベクトルを割り当てるタスクがあります。これを、seq→seq of vec と書くことにしましょう。この seq→seq of vec のタスクの代表例が、**固有表現抽出 (Named Entity Recognition / NER)** です。固有表現抽出は、入力の各単語について、固有名詞（人名、地名、社名……）や数量表現（時刻、金額……）等のどれに該当するかを分類するタスクです。

次に、vec→seq のタスクを見てみましょう。これは「意味」を表すベクトルから文章の生成を行うタスクであり、文章生成や画像からのキャプション生成などのタスクが該当します。

---

10) seq は sequence の略、vec は vector の略です。慣習的には seq2vec や vec2seq と書くのですが、これらが特定のモデルのことを表すこともあるので、本書ではタスクの種類を表す時は、seq→vec のように矢印表記を用いることにしました。

　自然言語処理の花形の1つが、文章から文章を生成するseq→seq型のタスクで、機械翻訳、対話生成、文章要約、質問応答など多岐にわたります。seq→seqのタスクは、**エンコーダー(encoder)** と呼ばれるseq→vec部分と、**デコーダー(decoder)** と呼ばれるvec→seq部分の2つに分解できることが多いです。日英機械翻訳を例に挙げると、まず入力の日本語文章を、その意味を捉えたベクトルに変換し、その後その意味ベクトルから英文を生成するイメージです。また、最近話題の**注意機構(attention)** のように、seq→seq of vec と seq of vec→seq の組み合わせを用いるモデルもあります。

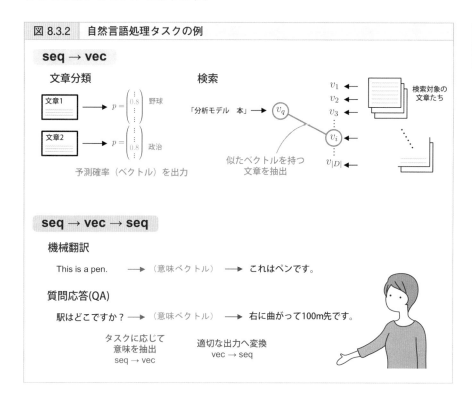

図 8.3.2　自然言語処理タスクの例

seq → vec

文章分類

検索

seq → vec → seq

機械翻訳

This is a pen. ⟶ （意味ベクトル） ⟶ これはペンです。

質問応答(QA)

駅はどこですか？ ⟶ （意味ベクトル） ⟶ 右に曲がって100m先です。

タスクに応じて
意味を抽出
seq → vec

適切な出力へ変換
vec → seq

・自然言語の分析では、データである文章を読むことが重要である。

・BoWやtf-idfは、カウントベースの基礎的な手法である。

・tf-idfは、単語の持つ情報量に注目した文章のベクトル化である。

・自然言語処理は、seq→vec、vec→seqの処理が中心的な役割を果たしている。

深層学習を用いた
自然言語処理モデル（前半）

word2vecからLSTM、GNMTまで

ここ数年、自然言語処理を取り巻く環境は一変し、手元にあるデータが多い場合も少ない場合も、どちらの場合でも深層学習を用いた分析モデルが選択肢に入るようになりました。この章と次の章で、自然言語処理に用いられる深層学習モデルを紹介します。

まず第9章では、深層学習モデルのうち比較的初期（Transformer以前）に登場した、word2vecやRNNベースの分析モデル（LSTM、GNMT）について解説します。

9.1 word2vec

■ word2vecとその強み

　word2vecはその名の通り、単語をベクトルに変換する単語分散表現を学習する分析モデルであり、2層の深層学習で実装されています[1]。word2vecはシンプルなモデルであるため、学習や推論を容易に行うことができます。また、word2vecによる単語分散表現は、意味が近い単語のベクトルが似た方向を向く傾向があります。さらに著しい特徴として、単語同士の演算を行うこともできます。具体的には、「王」–「男」+「女」=「女王」や、「日本」–「ドイツ」+「ベルリン」=「東京」、「長い」–「熱い」+「熱さ」=「長さ」等が有名です。

　1つめでは、–「男」+「女」で単語の性別を男性から女性に変更し、2つめでは、–「ドイツ」+「ベルリン」で国名を首都に変換することに成功しています。つまり、word2vecでは意味の演算が実現しているのです。また3つめの例では、–「熱い」+「熱さ」によって形容詞を名詞に変換しており、文法の演算も可能であることがわかります。これらをもって、word2vecは機械による単語の意味理解を大幅に前進させたと考えられています。

図 9.1.1　word2vecの単語演算

意味の変換	文法的役割の変換
「王」–「男」+「女」=「女王」	「長い」–「熱い」+「熱さ」=「長さ」
「男性」性を引き 「女性」性を加える → 男を女に	「形容詞」性を引き 「名詞」性を加える → 形容詞を名詞へ

---

1) word2vecに関しては、こちらのYouTube動画でも詳しく解説しています。
　【深層学習】word2vec - 単語の意味を機械が理解する仕組み【ディープラーニングの世界 vol. 21】#089 #VRアカデミア #DeepLearning - YouTube https://www.youtube.com/watch?v=0CXCqxQAKKQ

word2vecは、深層学習のモデルでありながら、手元にあるデータが少ない時でも高い精度を出すことができます。この鍵になるのが、**事前学習(pre-training)** と**ファインチューニング(fine tuning)** です。詳細は、10.2節のBERTの解説の中で取り上げます。

word2vecの混乱ポイント

word2vecは非常にシンプルなモデルなのですが、理解しづらいポイントが2つあります。それは、word2vecが学習するタスクと単語分散表現が得られる場所がずれていること、word2vecは1つのモデルの名前でなく複数のモデルの総称であることの2点です。特にモデルについては、**CBoW(Continuous Bag-of-Words)** と**skip-gram**の基礎モデル2つに対して、それぞれ3通りの高速化(ネガティブサンプリング、階層的ソフトマックス、何も行わない)があり、合計6種類のモデルがあります。また、後続の研究でその派生系も登場しました。これらに注意しながら、以下を見ていきましょう。

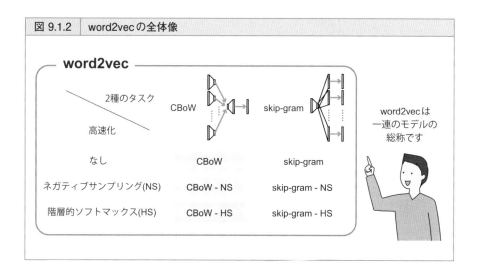

図 9.1.2　word2vecの全体像

CBoW

CBoWはword2vecのモデルの一種で、文章中の単語をその前後c単語ずつから予測する単語穴埋め問題を解くモデルです。具体的には、文章 $d = (w_1\ w_2 \dots w_l)$ 中

の単語 w_t を、$w_{t-c}, \ldots, w_{t-2}, w_{t-1}$ と $w_{t+1}, w_{t+2}, \ldots, w_{t+c}$ から予測します。

CBoWのモデルを詳細に見ていきましょう。図9.1.3にCBoWの概略図が表されています。CBoWの入力は $2c$ 個のone-hotベクトル $e_{w_{t-c}}, e_{w_{t-c+1}}, \ldots, e_{w_{t+c}}$ です。まず、これらに $h \times |V|$ 行列 W_I を掛け、$v_{w_i} = W_I e_{w_i}$ を得ます。次に、これを平均して

$$v = \frac{1}{2c} \sum_{\substack{t-c \leq i \leq t+c \\ i \neq t}} v_{w_i}$$

を得ます。これに $|V| \times h$ 行列 W_O を掛けて、活性化関数としてsoftmaxを適用し、予測確率 $p = softmax(W_O v)$ を得ます。これがCBoWの高速化なしのモデルで、全結合2回、活性化関数1回の深層学習モデルです。

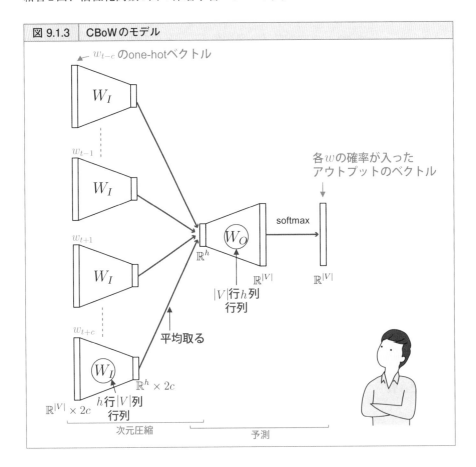

図 9.1.3 CBoWのモデル

■ 単語分散表現はどこに？

これで、CBoWの場合のword2vecのモデルの説明は終わりです。たったこれだけのモデルで単語分散表現が獲得でき、意味や文法の演算が実現できるのです。

とはいえ、どこに単語分散表現があったのでしょうか？

CBoWのモデルをよく観察しながら確認してみましょう。CBoWでは、入力の各単語w_iをone-hotベクトル$e_{w_i} \in \mathbb{R}^{|V|}$に変換した後、$W_I$を用いて$h$次元のベクトル$v_{w_i} \in \mathbb{R}^h$に変換します。これを平均したのち、$W_O$を掛けてベクトルの次元を$|V|$次元に戻し、softmax関数で確率に変換しています。やっていることは、まず次元圧縮をし、その後予測をしているだけです。

さて、単語分散表現とは、単語の意味を捉えて低次元ベクトルで表現することでした。これはword2vecの場合、$v_{w_i} = W_I e_{w_i}$の操作が該当します。つまり、単語wに対するこのベクトル$W_I e_w$が、word2vecの単語分散表現なのです。

ここで少し線形代数を復習しましょう。$n \times m$行列Aに対し、i番目の列ベクトルを$a_i = {}^t(a_{1i}, a_{2i}, ..., a_{ni})$と定義して、$A = (a_1 a_2 ... a_m)$のように列ベクトルの集まりと書くことにしましょう。この時、行列Aとone-hotベクトルの積は、$Ae_i = a_i$と計算できます[2]。そのため、単語wに対応するベクトル$W_I e_w$は、W_Iの中の列ベクトルであることがわかります。したがって、W_Iは単語分散表現を並べた行列なのです。

ところで、まだ疑問がいくつか残っているのではないかと思います。

確かに単語から低次元ベクトルを得ることには成功しましたが、なぜ、これで良いのでしょうか？　なぜ、これで単語演算など素晴らしい成果が出せるのでしょうか？

これらの疑問については次節で解説します。今は、「何かよくわからないけど、単語穴埋め問題を学習すると、変なところの行列が分散表現を与えてくれて、全てうまくいくらしい。理由は謎」という理解で先に進みましょう。

---

2) 次の動画で詳細に説明しています。
【線形代数シリーズ開始！】行列の理解はまずここから！【行列①単位ベクトルの行き先】#130 #VRアカデミア #線型代数入門 - YouTube https://www.youtube.com/watch?v=wVipLySksnE&list=PLhDAH9aTfnxKfmufxF59vaZEC ZJD5j6rd&index=1

■ skip-gram

skip-gram は、word2vecのもう1つのモデルで、CBoWとは逆向きのタスクを学習します。つまり、文章 $d = (w_1\ w_2 \ldots w_l)$ の中の w_t から、その前後 c 単語ずつ $w_{t-c}, \ldots, w_{t-2}, w_{t-1}$ と $w_{t+1}, w_{t+2}, \ldots, w_{t+c}$ を予測します。

図 9.1.4 に、skip-gramのモデルを表しました。skip-gramのモデルの入力は、w_t のone-hotベクトル e_{w_t} です。まずは、この e_{w_t} に $h \times |V|$ 行列 W_I を掛け、$v_{w_t} = W_I e_{w_t}$ を計算します。これに対して $|V| \times h$ 行列 W_O を掛け、softmax関数を通すことにより、各単語 w_i の予測確率 $p = softmax(W_O v_{w_t})$ を得ます。CBoW同様に、単語 w に対するベクトル $v_w = W_I e_w$ が単語分散表現となります。

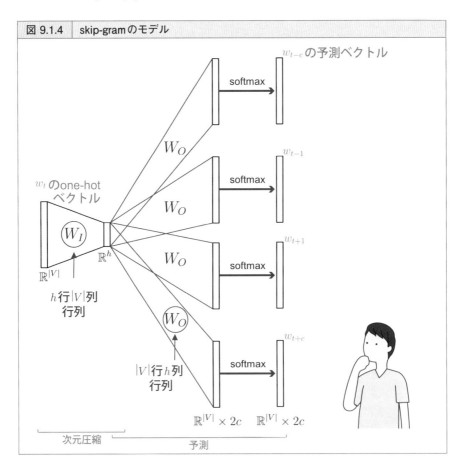

図 9.1.4　skip-gramのモデル

172

　ここでまた混乱が生じているかもしれません。W_oは$2c$個の出力にわたって共通なので、w_{t-c}からw_{t+c}までの予測確率は全て同じになります。「予測する気があるのか？」というようなモデルですよね。実は、実際に単語予測の精度は高くありません。でも、それでいいのです。私たちが今欲しいのはあくまで単語分散表現であり、W_iさえいい感じになっていればそれでいいのです。そして、実際にこの方法で学習させると、W_iは最初に紹介した単語演算などの性質を持ついい感じのものになるのです。

■ 高速化の工夫 − ネガティブサンプリング

　本書では、2つある高速化のうち、現在でもよく使われるネガティブサンプリングのみについて紹介します。上記で紹介したCBoWやskip-gramのモデルでは、

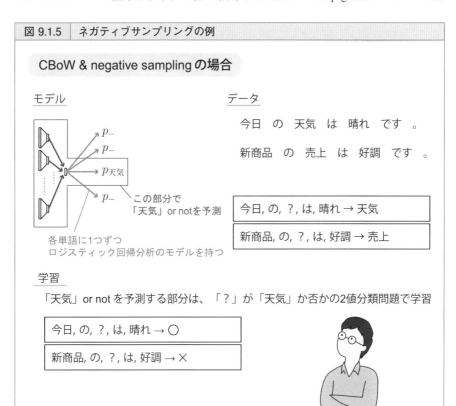

図 9.1.5　ネガティブサンプリングの例

softmaxの計算負荷が高く、高速に学習することができません。というのも、1データ分の学習のために$|V|$次元のsoftmaxを計算するので、指数関数を$|V|$回計算する必要があるからです。$|V|$はおおよそ数万から数十万程度のオーダーなので、かなりの負担となります。

　高速化の1つの手法が、**ネガティブサンプリング (negative sampling)** です。もともとの単語予測タスクでは、w_iがどの単語であるかを見分ける分類機を学習させていました。ネガティブサンプリングでは、w_iが「天気」か否かを見分けるモデル、w_iが「売上」か否かを見分けるモデルなど、各単語ごとに○×を判定するモデルを用います。これらは図9.1.5のように、共通の次元圧縮部分と、単語ごとに作られたロジスティック回帰分析のモデルとの複合体となっています。ここで「天気」か否かを見分けるモデルを学習させる際には、実際にw_iが「天気」であるデータと、そうでないハズレのデータを約1:10の割合で混ぜたものを教師データにして学習させます。このハズレの例を**負例 (negative example)** と言うので、ネガティブサンプリングという名称がついています。

---

word2vecまとめ

- word2vecは単語分散表現の獲得方法の1つで、単語演算が可能という驚異的な性質がある。
- 大量データで事前学習し、手元でファインチューニングをすることで、少量データからでも高い精度が達成できる。
- word2vecは、仕組みは単純だが理解を混乱させる要素が大量にある。
- word2vecは単一のモデルでなく、6種の異なるモデルの総称である。
- word2vecには大きく分けて2種のモデル（CBoW、skip-gram）があり、高速化の方法でさらに3種ずつに分かれる。
- word2vecで学習するタスクは単語分散表現と直接的には関係がない。単語穴埋め問題を学習すると、なぜかその中に登場する行列が良い単語分散表現を与える。

9.2 word2vecで単語演算ができる理由

■ 単語演算ができる理由 – 概略

　word2vecで単語演算ができる理由は、一言で言えば線形なモデルだからです。これをこの節で深く見ていきましょう。ここで登場する道具は、行列と内積のみです。数式の比率が高くハードですが、ぜひ理解に挑戦してみてください[3]。

　なお、理論的な詳細に興味がない場合は、この節を飛ばして9.3節から読んでいただいても問題ありません。

■ 単語演算ができる理由 – 詳細

　ここでは、CBoWの高速化なしのモデルで説明します。特に、「王」－「男」＋「女」＝「女王」の英単語の場合である "King" － "man" ＋ "woman" ＝ "Queen" で説明します。本節の最終的な目的は、word2vecによって得られる単語分散表現が

$$v_{man} - v_{woman} \fallingdotseq v_{King} - v_{Queen}$$

を満たすことを理解することです。

　さて、これらの4単語はデータセットの中に何度も登場することになります。例えば、データセットの中に以下の4つの文が含まれているとしましょう。

A. He is a man.
B. He is a King.
C. She is a woman.
D. She is a Queen.

---

3) 本節の内容に関しては、こちらのYouTube動画でも詳しく解説しています。
【深層学習】word2vecの数理 - なぜ単語の計算が可能なのか【ディープラーニングの世界 vol. 22】#090 #VRアカデミア #DeepLearning - YouTube https://www.youtube.com/watch?v=jlmt4nY0-o0

ここでは、CBoWのように後ろ3単語から1単語目を予測するタスクを考えます。本来のCBoWならば、HeやSheの前の単語も用いるべきですが、ここでは説明をシンプルにするため省略します。

　さて、Aの場合は"is"、"a"、"man"を用いて、"He"を予測することになります。この時の処理の流れは次のようになります。

　まず、それぞれのone-hotベクトルe_{is}, e_a, e_{man}を用意します。これらにW_Iを掛けて$v_{is} = W_I e_{is}$, $v_a = W_I e_a$, $v_{man} = W_I e_{man}$を得ます。これらのベクトルの平均を、$v_A = \frac{1}{3}(v_{is} + v_a + v_{man})$と書くと、これに$W_O$を掛けて、softmax関数を適用したベクトル$p_A = softmax(W_O v_A)$が予測確率となります。

　このp_Aの各成分は各単語の予測確率を表しており、

$$p_A = \begin{pmatrix} \vdots \\ p_{A,he} \\ \vdots \\ p_{A,she} \\ \vdots \end{pmatrix}$$

と表すことができます。

　さて、この過程で何が起きたのでしょうか？

　ここでは、特に最後の部分である$p_A = softmax(W_O v_A)$に注目します。$W_O v_A$は$|V|$次元のベクトルであり、これにsoftmaxを施したものがp_Aなので、$W_O v_A$の各成分は各単語の予測確率の大小を司っています（softmax関数については、5.3節参照）。

　ここで、行列の積の性質を1つ紹介します。行列Aとベクトルvの積Avは、Aを行ベクトルが縦に並んだものを$A = \begin{pmatrix} a_1 \\ a_2 \\ \vdots \\ a_n \end{pmatrix}$と書くと、$Av = \begin{pmatrix} a_1 \cdot v \\ a_2 \cdot v \\ \vdots \\ a_n \cdot v \end{pmatrix}$と、内積が

縦に並んだものとなります[4]。よって、

$$W_O = \begin{pmatrix} \vdots \\ w_{he} \\ \vdots \\ w_{she} \\ \vdots \end{pmatrix}$$

のように、W_O を各単語に対応した行ベクトルが並んだものと捉えると、

$$W_O v_A = \begin{pmatrix} \vdots \\ w_{he} \cdot v_A \\ \vdots \\ w_{she} \cdot v_A \\ \vdots \end{pmatrix}$$

と書くことができます。したがって、確率ベクトル p_A の he, she 成分は

$$p_{A,he} = \frac{e^{w_{he} \cdot v_A}}{\sum e^{w_* \cdot v_A}}$$

$$p_{A,she} = \frac{e^{w_{she} \cdot v_A}}{\sum e^{w_* \cdot v_A}}$$

となります。

さて、学習が成功していれば、$p_{A,he} > p_{A,she}$ となっているはずです。分母は両者で共通なので、$w_{he} \cdot v_A > w_{she} \cdot v_A$ ということです。他の文についても同様に考えると、

$$(w_{he} - w_{she}) \cdot v_A > 0$$
$$(w_{he} - w_{she}) \cdot v_B > 0$$
$$(w_{he} - w_{she}) \cdot v_C < 0$$
$$(w_{he} - w_{she}) \cdot v_D < 0$$

[4] 本来は、行ベクトルと列ベクトルの「内積」は通常の行列の積 av で定義できるため、・は不要ですが、内積であることを強調するためにあえて $a_i \cdot v$ と書いています。これは次の動画で解説しています。
【Ax は内積なのだ】Deep Learning や数理統計の観点【行列③行列とベクトルの積と内積】#132 #VR アカデミア #線型代数入門 - YouTube https://www.youtube.com/watch?v=eZWh8jMSlZM

となるはずです。ここで、v_Aからv_Dの計算の中で、v_{is}とv_aは共通なので、$(w_{he} - w_{she}) \cdot v_{man}$ と$(w_{he} - w_{she}) \cdot v_{King}$の値は大きく、$(w_{he} - w_{she}) \cdot v_{woman}$と$(w_{he} - w_{she}) \cdot v_{Queen}$の値は小さくなるはずです。つまり、$v_{man} - v_{woman}$、と$v_{King} - v_{Queen}$はともに、大体$w_{he} - w_{she}$の方向を向いたベクトルであるとわかり、$v_{man} - v_{woman} \fallingdotseq v_{King} - v_{Queen}$が成り立つのです（図 9.2.1）。

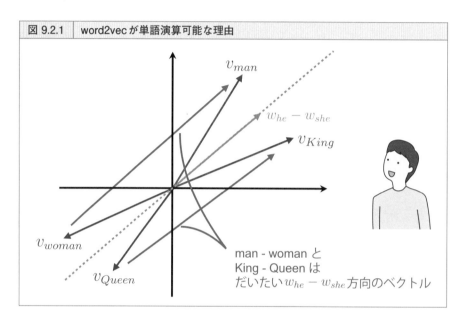

| 図 9.2.1 | word2vec が単語演算可能な理由 |

　本来なら、これまでの説明でわかったのは、$v_{man} - v_{woman}$や$v_{King} - v_{Queen}$は、$w_{he} - w_{she}$と内積をとると正の値を返すということまでです。よって、これをもってして$v_{man} - v_{woman} \fallingdotseq v_{King} - v_{Queen}$を結論するのは、やや尚早だと言えるでしょう。この理論解析で、その細部を埋めていきたいと思います。

　これまでにわかっていることは、$v_{man} - v_{woman}$と$v_{King} - v_{Queen}$は$w_{he} - w_{she}$と内積をとると、正の値を返すということでした。これは、単語ベクトルが$w_{he} - w_{she}$方向にどのくらい向いているかによって、その単語が男性的か女性的かを判断できることを意味します。

　word2vecの単語分散表現では、$w_{he} - w_{she}$ の方向が男女を示しているように、各方向が様々な意味を持っています。なので、ベクトルがその方向を向いている度合いが、単語の意味を表現していることが期待できます。今回の場合は、"man" と "woman" の意味の違いや、"King" と "Queen" の意味の違いはほとんど性別のみなので、他の方向では大差ないことが期待できます[5]。言い換えると、$v_{man} - v_{woman}$ や $v_{King} - v_{Queen}$ を計算すると、$w_{he} - w_{she}$ 以外の方向はほとんどゼロになるはずです。つまり、$v_{man} - v_{woman}$ も $v_{King} - v_{Queen}$ もほぼ、$w_{he} - w_{she}$ 方向を向いたベクトルであるということになります。

　以上で、$v_{man} - v_{woman}$ と $v_{King} - v_{Queen}$ は方向が概ね等しいことがわかりました。あとは長さが概ね等しいことがわかれば、欲しかった近似式 $v_{man} - v_{woman} \fallingdotseq v_{King} - v_{Queen}$ を得ることができます。では、この長さはどのように決まるのでしょうか？

　これらの長さは、$w_{he} - w_{she}$ との内積の大きさに影響します。$w_{he} - w_{she}$ との内積の大きさは、softmax関数に投入される内積の値を左右し、最終的に単語穴埋めの予測結果を左右します。具体的には、内積 $(w_{he} - w_{she}) \cdot (v_{man} - v_{woman})$ の値は、最後の単語が "woman" から "man" になったら、最初の単語が "she" ではなく "he" となる確率はどの程度上昇するのかを表します[6]。わかりやすく言うと、この内積の値は、"man" と "woman" という単語が男女という観点でどの程度意味が離れているかを表す尺度です。

　さて、"man" と "woman" の「男女という観点での意味の離れ方」と、"King" と "Queen" の「男女という観点での意味の離れ方」はおおよそ同じ程度と言ってよいでしょう[7]。そのため、$v_{man} - v_{woman}$ と $v_{King} - v_{Queen}$ の長さも概ね等しいということがわかります。

　以上を総合すると、所望であった $v_{man} - v_{woman} \fallingdotseq v_{King} - v_{Queen}$ が得られるのです。

---

5)　厳密には、Queenという名詞はロックバンドに対しても使われていたり、「整数論は数学の女王」という表現があったりなど、微妙な違いが存在します。

6)　単語 x がある場合に、"he" が "she" より選ばれる度合いの高さは、$(w_{he} - w_{she}) \cdot v_x$ で表されます。この度合いが、"woman" から "man" に変更することでどの程度高まるのかを計算すると、ちょうど $(w_{he} - w_{she}) \cdot (v_{man} - v_{woman})$ となります。

7)　正確な表現で言えば、"man" と "woman" の間に存在する「"he" を周辺に伴うか"she" を周辺に伴うかの度合いの違い」と、"King" と "Queen" の間に存在する「"he" を周辺に伴うか"she" を周辺に伴うかの度合いの違い」は同程度であろうということです。

9.3 RNN

■ RNNとは

RNNは**Recurrent Neural Network**（**再帰型ニューラルネットワーク**）の略
で、自然言語や時系列データなど、系列データを扱う仕組みです。1つずつ順番
に与えられるデータを逐次的に再帰的に処理していく機構で、以下で見るように、
人間の情報処理を再現している方法だと考えることができます。

RNNであっても関数であることには変わりなく、次の数式

$$(y^{(t)}, h^{(t)}) = f(x^{(t)}, h^{(t-1)})$$

で表現できます[8]。このRNNについて、この節で詳しく見ていきましょう。

■ 系列データの情報処理

私たちが日英翻訳をする時を例に、文章（単語の系列データ）の処理内容を想
像してみましょう。

例として、「私はアイシアです。」を "I am Aicia." に翻訳するプロセスを考え
てみます。まずは入力の日本語文の単語を1つずつ見て、徐々に文意を掴む作業
があるでしょう。図9.3.1左で、1単語ずつ情報を受け取って、「私＝アイシア」と
いう文の意味を掴む様子が表されています。第2のステップでは、図9.3.2右のよ
うに、この文意を覚えておきながら1単語ずつ出力する作業があります。このよ
うに、文章データを一度意味に変換（encode）し、それを元に文章を出力する
（decode）するモデルは、8.3節で説明したEncoder-Decoderモデルの一例となって
います。

---

8) RNNでは $(y^{(t)}, h^{(t)}) = f(x^{(t)}, y^{(t-1)}, h^{(t-1)})$ と表すバージョンなど、入出力が微妙に異なることもあります。

図 9.3.1　系列データの逐次的処理のイメージ

①意味を理解する

「私」→ 　私に関する
文だな

「は」→ 　「私=●」という
文だな

「アイシア」→ 　「私=アイシアのなにか」
だな

「です」→ 　「私=アイシア」
だな

「。」→

②英文を出力する

「私＝アイシア」
を書きたい

→ "I"

あとは
「=アイシア」

→ "am"

あとは
「アイシア」

→ "Aicia"

終わらせよう

→ "."

完

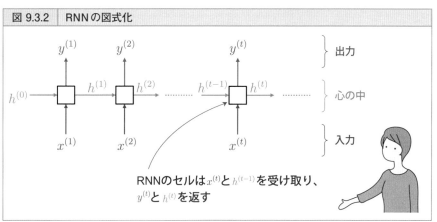

図 9.3.2　RNN の図式化

$y^{(1)}$　　$y^{(2)}$　　　　　$y^{(t)}$　　｝出力

$h^{(0)} \rightarrow$ □ $\xrightarrow{h^{(1)}}$ □ $\xrightarrow{h^{(2)}}$ ………… $\xrightarrow{h^{(t-1)}}$ □ $\xrightarrow{h^{(t)}}$ ………… ｝心の中

$x^{(1)}$　　$x^{(2)}$　　　　　$x^{(t)}$　　｝入力

RNN のセルは $x^{(t)}$ と $h^{(t-1)}$ を受け取り、
$y^{(t)}$ と $h^{(t)}$ を返す

この作業を再現したものがRNNです（図9.3.2）。図中の□をセルと呼び、ここでRNNの情報処理が行われます。RNNのセルは関数であり、入力$x^{(t)}$を受け取り出力$y^{(t)}$を吐き出すことが主たる目的の1つです。

これに加えて、RNNのセルは$h^{(t-1)}$も受け取り、$h^{(t)}$も出力しています。これがRNN最大の特徴です。このhは処理中の情報であり、人が日英翻訳をしている時の心の中に対応します。hはhidden parameterの頭文字から来ていますが、実際の処理中の心(heart)の中と理解してもいいでしょう。

先ほどの日英翻訳の例で見てみましょう。この場合、入力は$x^{(1)}$＝「私」、$x^{(2)}$＝「は」、$x^{(3)}$＝「アイシア」、$x^{(4)}$＝「です」、$x^{(5)}$＝「。」となります。すると、例えば$h^{(2)}$は、「私」「は」までの情報を受け取った時の心の中である「『私＝●』という文だな」という気持ちに対応します。この次に、$x^{(3)}$＝「アイシア」という情報が加えられた時に、$h^{(2)}$と$x^{(3)}$を加味して、$h^{(3)}$＝「『私＝アイシアの何か』だな」と心の中を更新します。この作業を担っているのがRNNのセルであり、関数$(y^{(t)}, h^{(t)})$＝$f(x^{(t)}, h^{(t-1)})$なのです（図9.3.3）。

このように、RNNでは、以前までの情報処理の結果$h^{(t-1)}$を受け取り、入力$x^{(t)}$と合わせて処理して、$y^{(t)}$を出力しつつ新しい情報処理の結果として$h^{(t)}$を次のセルに送ることで、データを逐次的に処理する機構なのです。

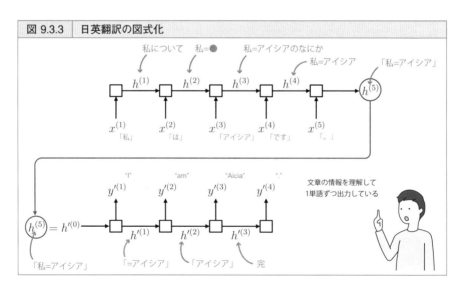

図 9.3.3　日英翻訳の図式化

■ RNNの例：SimpleRNN

RNNの最もシンプルな例が、**SimpleRNN**です。このセルの関数は$(y^{(t)}, h^{(t)}) = f(x^{(t)}, h^{(t-1)})$の形をしており、その数式は次のように表されます。

$$y^{(t)} = h^{(t)} = \tanh(W_1 x^{(t)} + W_2 h^{(t-1)} + b)$$

このW_1、W_2、bは学習可能なパラメーターです。SimpleRNNでは$y^{(t)}$と$h^{(t)}$が一致しており、その値は$x^{(t)}$と$h^{(t-1)}$を入力とし、活性化関数を$\tanh$とした全結合層で決定されます。このシンプルな機構でも、単純なタスクでは十分に機能します。

この一連の情報処理の流れを、図9.3.4のように表現することがあります。全体の大きな四角の枠が、SimpleRNNのセルを表しています。まず、この中に投入された$x^{(t)}$と$h^{(t-1)}$が合流します。これは、この2つの入力は以降セットで利用されることを表しています。

図 9.3.4 | SimpleRNNの図式

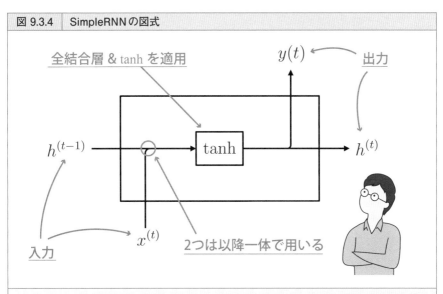

SimpleRNNでは、$h^{(t-1)}$と$x^{(t)}$を入力とし、全結合層と活性化関数$\tanh$を施し、$y^{(t)}$と$h^{(t)}$を出力します。この処理の模式図がこの図です。

その後、tanhと書かれた箱に入り、そこからまた矢印が出てきます。これは、tanhを活性化関数とする全結合層を利用したことを表します。その後、矢印が分岐し、$y^{(t)}$、$h^{(t)}$という名前になって出力されることが表されています。

■ RNNの3つの使い方

RNNには本質的に3種類、細かく見ると4つの使い方があります。どれも系列データの処理であることに変わりはないのですが、枠組み的にはかなり異なる処理をしているので、しっかり区別して理解しましょう。

（1）seq→vec

1つめは、系列データのベクトル化です。具体的には、$x^{(1)}, x^{(2)}, ..., x^{(T)}$を入力し、最後の$y^{(T)}$や$h^{(T)}$のみを出力として利用します。この用法には、入力の長さによらず、出力として一定の次元のベクトルを得られる利点があります。自然言語処理のseq→vec形のタスクに加え、時系列データを用いた将来予測などにも用いられます。

（2）vec→seq

2つめは、ベクトルからの系列データの生成です。何らかの意味が込められたベクトル$h^{(0)}$のみを入力とし、系列データの出力$y^{(1)}, y^{(2)}, ..., y^{(T)}$を得ることを目指します。この場合、入力を全く用いないか、または、$x^{(t)} = y^{(t-1)}$として1時点前の出力を参考情報として入力することがあります。大まかに言うと、意味を入力として系列を出力するので、文章生成などのタスクに用いられます。

（3）seq→seq

最後は、入力も出力も系列データの場合です。ここに2種類のRNNの利用法があります。1つめが、先ほどの日英翻訳の例で挙げた利用法です。これは、seq→vecとvec→seqの組み合わせで、入力の日本語文（日本語単語の系列）を、出力の英語文（英単語の系列）に変換しています。意味を表すベクトルに変換（エンコード）してから系列を出力（デコード）しているので、Encoder-Decoderモデルと呼ばれます。

もう1つの用法は、データの系列構造を変化させないseq→seqの情報処理で、

入力 $x^{(1)}, x^{(2)}, ..., x^{(T)}$ を $y^{(1)}, y^{(2)}, ..., y^{(T)}$ に変換することを目指します。この用法では、入出力で系列データの構造が変わりません。そのため、例えば株価の推移からの景況感の推移の推定のタスクや、音声からの発話内容の推定など、入出力の系列に対応があるタスクで重宝されます。こちらの用法では、入出力の系列の長さが一定なので、層を積み重ねてネットワークを深くすることも可能です。

　RNNを用いる時や、RNNの利用例を見る場合には、これら3種類、4つの用法を区別して考えると理解が早くなるでしょう。

9.4 LSTM

LSTMとは

LSTM(Long Short-Term Memory) は、RNNでよく用いられる高性能な層です。実は、SimpleRNNは記憶が長く持ちません。これは、$h^{(t)}$の値が非常に早く変化するため、実質的には数個前の入力の情報までしか利用できないためです[9]。この問題に対して、内部情報を変更する量を制御する機構を明示的に加えることで解決を図ったモデルがLSTMです。比較的わかりやすい構造ながら、2016年からGoogle翻訳で利用されていた層でもあります。非常に強力で、時系列データ等にも幅広い応用があります。

LSTMのセルの数式は

$$(y^{(t)}, h^{(t)}, c^{(t)}) = f^{LSTM}(x^{(t)}, h^{(t-1)}, c^{(t-1)})$$

であり、情報をセルからセルへ受け継ぐ役割を担う変数が、$h^{(t)}$と$c^{(t)}$の2つに増えます。そして、その計算規則は次のように書かれます。

$$f^{(t)} = f_f^\sigma \left(x^{(t)}, h^{(t-1)} \right) \tag{9.4.1}$$

$$i^{(t)} = f_i^\sigma \left(x^{(t)}, h^{(t-1)} \right) \tag{9.4.2}$$

$$o^{(t)} = f_o^\sigma \left(x^{(t)}, h^{(t-1)} \right) \tag{9.4.3}$$

$$\tilde{c}^{(t)} = f_{\tilde{c}}^{\tanh} \left(x^{(t)}, h^{(t-1)} \right) \tag{9.4.4}$$

$$c^{(t)} = f^{(t)} \circ c^{(t-1)} + i^{(t)} \circ \tilde{c}^{(t)} \tag{9.4.5}$$

$$y^{(t)} = h^{(t)} = o^{(t)} \circ \tanh\left(c^{(t)} \right) \tag{9.4.6}$$

---

9) 実際、SimpleRNNの場合、$h^{(t)} = \tanh(W_1 x^{(t)} + W_2 h^{(t-1)} + b)$なので、仮に$h^{(t)} = h^{(t-1)}$を達成するとしたら、$W_1 = 0$、$b = 0$とし、$W_2$は対角成分が$\lambda_i$の対角行列とした上で、$\tanh(\lambda_i h_i^{(t-1)}) = h_i^{(t-1)}$を満たす必要があります。仮に$W_2$と$b$が上記の条件を満たしていたとしても、毎回$W_1 x^{(t)}$の分だけどんどん$h^{(t)}$が変化してしまいます。

実は、この$c^{(t)}$に、記憶を長期に保つ仕組みが込められています。一見するとかなり複雑に見えますが、一つ一つ紐解いていけば、意図をそのまま数式に反映している素直なモデルであると気づくことができます。

LSTMの数式を読み砕く

複雑そうな数式も、定義と用法を押さえていけば意味が解読できます。この6本の数式は、大きな枠組みで見ると全て同じ計算をしています。これらの数式は、左辺の数値を右辺の計算結果で定義しているのです。プログラミングにおける「=」と似ていると考えると良いでしょう。実際、上から4つの数式で$f^{(t)}$、$i^{(t)}$、$o^{(t)}$、$\tilde{c}^{(t)}$を計算し、次に、これらと入力の$c^{(t-1)}$を用いて$c^{(t)}$、$y^{(t)}$、$h^{(t)}$を計算することを表しています（図 9.4.1）。

図 9.4.1　LSTMの計算の全体像

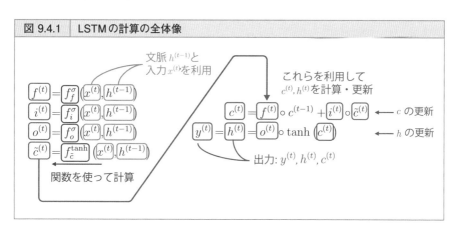

まずは、図 9.4.1 の左の4つの数式に注目しましょう。右辺の$f_{\triangle}^{\square}$は、△を計算するための、活性化関数を□とする全結合層を表しています。数式で書くと、

$$f_f^{\sigma}\left(x^{(t)}, h^{(t-1)}\right) = \sigma\left(W_1 x^{(t)} + W_2 h^{(t-1)} + b_1\right)$$

$$f_i^{\sigma}\left(x^{(t)}, h^{(t-1)}\right) = \sigma\left(W_3 x^{(t)} + W_4 h^{(t-1)} + b_2\right)$$

$$f_o^{\sigma}\left(x^{(t)}, h^{(t-1)}\right) = \sigma\left(W_5 x^{(t)} + W_6 h^{(t-1)} + b_3\right)$$

$$f_{\tilde{c}}^{\tanh}\left(x^{(t)}, h^{(t-1)}\right) = \tanh\left(W_7 x^{(t)} + W_8 h^{(t-1)} + b_4\right)$$

となります。ここで、σはロジスティック回帰分析（第3章）でも用いたシグモイド関数$\sigma(x) = \dfrac{1}{1+e^{-x}}$で、tanhはハイパボリックタンジェント関数

$$\tanh(x) = \frac{\sinh(x)}{\cosh(x)} = \frac{(e^x - e^{-x})/2}{(e^x + e^{-x})/2} = \frac{e^x - e^{-x}}{e^x + e^{-x}}$$

です[10]。どれも共通して、$x^{(t)}$と$h^{(t-1)}$を引数として計算しているので、文脈$h^{(t-1)}$と入力$x^{(t)}$を加味して何かを計算しているとわかります。

次に、ここまでで計算された$f^{(t)}$、$i^{(t)}$、$o^{(t)}$、$\tilde{c}^{(t)}$の役割を順に見ていきましょう。まずは、$f^{(t)}$、$i^{(t)}$から始めます。これらは、**忘却ゲートベクトル(forget gate vector)**、**入力ゲートベクトル(input gate vector)**と呼ばれ、長期記憶の消去（忘却）と新しい記憶の追加（入力）に対応しています。これを理解するには、これらのベクトルの使い方に注目するのが良いです。この$f^{(t)}$と$i^{(t)}$は、式(9.4.5)で利用されています。この式は、$c^{(t-1)}$から$c^{(t)}$を計算する式で、次の2ステップに分解できます（図9.4.2）。

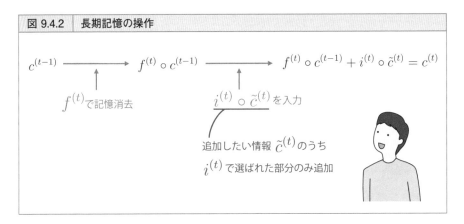

図 9.4.2　長期記憶の操作

まず第1のステップが、$f^{(t)} \circ c^{(t)}$の計算による記憶の消去です。ここに出てくる「$\circ$」は**アダマール積(Hadamard product)**と呼ばれ、次の式で定義されます。

---

10) tanhはsinhやcoshと共に双曲線関数の一種で、解析学や相対性理論などにおいてよく使われます。これらの読み方は様々にありますが、一例として、タンチ、シンチ、コシュなどと読みます。

$$\begin{pmatrix} x_1 \\ x_2 \\ \vdots \\ x_n \end{pmatrix} \circ \begin{pmatrix} y_1 \\ y_2 \\ \vdots \\ y_n \end{pmatrix} = \begin{pmatrix} x_1 y_1 \\ x_2 y_2 \\ \vdots \\ x_n y_n \end{pmatrix}$$

内積を習った後にやったら怒られそうな計算ですが、これが意外と役に立ちます。

$f^{(t)}$ を計算する関数 f_f^{σ} の活性化関数がシグモイド関数 σ なので、$f^{(t)}$ の各成分は $0 < f_i^{(t)} < 1$ を満たします。もし $f_i^{(t)} \fallingdotseq 0$ なら、$c_i^{(t-1)}$ の値によらず、$\left(f^{(t)} \circ c^{(t-1)} \right)_i = f_i^{(t)} c_i^{(t-1)} \fallingdotseq 0$ となります。一方、$f_i^{(t)} \fallingdotseq 1$ なら、$\left(f^{(t)} \circ c^{(t)} \right)_i \fallingdotseq c_i^{(t-1)}$ となります。

つまり、この $f^{(t)}$ の各成分の値を調整することで、今まで受け継いできた $c^{(t-1)}$ に込められた情報のうち、どの部分を受け継ぎ、どの部分を捨てる（忘れる）のかを決定しているのです。

このように、0から1の値になる変数を掛けることで情報の伝達を制御する機構をゲートと呼び、この $f^{(t)}$ を掛ける操作を**忘却ゲート (forget gate)** と呼びます。

第2のステップが、先ほどの $f^{(t)} \circ c^{(t-1)}$ に $i^{(t)} \circ \tilde{c}^{(t)}$ を加える操作です。この $\tilde{c}^{(t)}$ は、あらたに記憶に追加すべき情報の候補です（後ろに説明があります）。$i^{(t)}$ は $f^{(t)}$ と同様に、$\tilde{c}^{(t)}$ のどの情報を記憶に書き加え、どの情報は記憶には加えないかを制御しています。そのため、$i^{(t)}$ を掛ける操作は、**入力ゲート (input gate)** と呼ばれます。

次に、$\tilde{c}^{(t)}$ の意味を確認します。$\tilde{c}^{(t)}$ も $i^{(t)}$ と同様、$x^{(t)}$ と $h^{(t-1)}$ から計算されますが、活性化関数が σ ではなく tanh になっています。この差によって、$i^{(t)}$ は入力の制御、$\tilde{c}^{(t)}$ は記憶に追加する情報と、役割が分化します。この理由を見ていきましょう。

$i^{(t)}$ の活性化関数は σ なので、各成分の値は0から1になります。そのため、$i^{(t)}$ はアダマール積で掛けられるベクトルの成分の大きさを制御し、どの情報を通過させるかを制御するゲートの役割を果たします。

一方、$\tilde{c}^{(t)}$ は tanh を活性化関数に持つ $f_{\tilde{c}}^{\tanh}$ を用いて計算されるため、$\tilde{c}^{(t)}$ の各成分の値は -1 から1となります。特に、負の値にもなることが重要です。入力ゲート $i^{(t)}$ は常に正なので、符号を司るのは常に $\tilde{c}^{(t)}$ の側となります。さて、「対義語」という言葉があるように、言語の意味には「逆」という概念があります。この「逆」の概念を、符号を通して表現できる $\tilde{c}^{(t)}$ が意味を担当すると考えられるのです。

残すは、$o^{(t)}$と式(9.4.6)です。$o^{(t)}$は**出力ゲートベクトル (output gate vector)**と呼ばれ、出力$y^{(t)}$と隠れ層$h^{(t)}$の値の計算に使われます。この計算では、まず$\tanh\left(c^{(t)}\right)$を計算することで各成分の値を$-1\sim1$の範囲の値に変換し、$o^{(t)}$を掛けることでどの情報を出力するかを制御しています。一般に、長期記憶として将来に渡したい情報と、その場での各種計算のために利用したい情報は異なる場合があります。そのために$o^{(t)}$を利用し、今すぐ使いたい情報のみを$y^{(t)}$として出力し、それ以外の情報は渡さないように制御しているのです[11]。

> ### LSTMの仕組み
> ・LSTMでは、各種ゲートによって情報の流通を直接制御することで、記憶の長期化を果たし高精度を達成した。
> ・forget gate vector $f^{(t)}$によって、長期記憶$c^{(t-1)}$のうちどの記憶を次に引き継ぐかを制御している。
> ・input gate vector $i^{(t)}$によって、$\tilde{c}^{(t)}$の情報のうちどの部分を記憶に加えたいかを制御している。
> ・活性化関数としてtanhを用いて計算される$\tilde{c}^{(t)}$が、記憶に加えたい情報を表す。
> ・output gate vector $o^{(t)}$によって、長期記憶とその場で利用したい情報を弁別している。

■ LSTMのダイアグラム

LSTMによる一連の情報処理を図式化したものが図 9.4.3 です。一見すると複雑な図ですが、下のように色分けすると理解しやすいでしょう。

LSTMの処理の中心はcの更新です。まず、forget gate vectorを計算し、$c^{(t)}$とアダマール積を取ることで不要な記憶を消去します。このタイプのダイアグラムでは、掛け算であることを強調するため、。ではなく$\otimes$で表現されることが一般的です。

次に、$\tilde{c}^{(t)}$を計算して覚えたい意味を抽出した後、input gate vectorで情報量を制

---

11) 誤差逆伝播法を用いた勾配法で学習する場合、$o^{(t)}$の値が小さければ、学習のフィードバックが$c^{(t)}$部分に届かなくなります。その結果、その場の計算で利用しない部分については、関連したパラメータが更新されないように勾配をブロックする役割も果たします。

御して加え、$c^{(t)}$ を計算します。最後に tanh を適用し、output gate vector をかけて出力したら完了です。

図 9.4.3　LSTMのダイアグラム

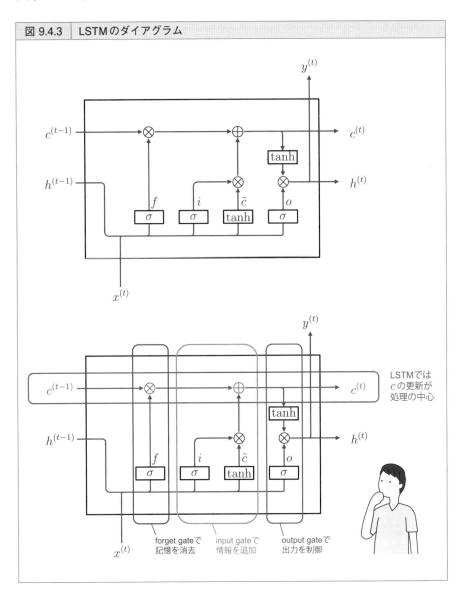

9.5 | GNMT

■ GNMTとは

GNMTはGoogle's Neural Machine Translationの略で、2016年よりGoogle翻訳での**機械翻訳 (Machine Translation / MT)** に利用されていた、深層学習を用いたモデルです。Google翻訳において初めて本格的に深層学習が利用された事例で、それ以前は**統計的機械翻訳 (Statistical Machine Translation / SMT)** や**フレーズベース機械翻訳 (Phrase-Based Machine Translation)** などが主流の時代でした。当時の深層学習による機械翻訳には、推論が遅い、未知語に弱いなどの弱点がありました。それらを克服し、従来の機械翻訳器よりも60%も翻訳ミスを削減することに成功したモデルが、このGNMTです。ここで紹介する2016年当時のモデルは、LSTMを中心としたEncoder-Decoderモデルであり、LSTMがプロダクションの実践に耐えることを証明しています。

■ 機械翻訳モデルが計算するもの

モデルの詳細に入る前に、言語モデルを用いた機械翻訳の方法を簡単に紹介します。

入力文と出力文を単語の列とみなし、それぞれを$x_1, x_2, ..., x_M$, $y_1, y_2, ..., y_N$と書くことにします。例えば、英独翻訳であれば、x_iは英単語であり、y_iは独単語です。

多くの機械翻訳モデルでは、次の条件付き確率が計算されます。

$$p(y_i \mid x_1, x_2, ..., x_M; y_1, y_2, ..., y_{i-1})$$

この条件付き確率は、「入力が$x_1, x_2, ..., x_M$であり、すでに$i-1$単語目までを$y_1, y_2, ..., y_{i-1}$と出力してきた状況で、次にどの単語を選ぶべきかを決める確率」です。この確率を用いて、出力の単語を選択します。

このように、言語モデルを用いた**機械翻訳**は、確率の計算と、確率を元にした

文章生成（単語選択）の2つのステップで行われています。このうち、深層学習モデルは主に前者の確率の計算を担当します。後者の、確率をもとにした生成文章の方法は、BEAM searchなどのいくつかの方法が知られています。

　また、機械翻訳などで文章を生成する場合、いつ文章生成をやめるかを機械に判断してもらう必要があります。そのため、<BOS>、<EOS>という特殊な単語を用います。実際の文章生成では、y_0 = <BOS>から文章生成を始め、y_{N+1} = <EOS>が出力されるまで推論を続けます。この<EOS>が文章の末端を表し、$y_1, y_2, ..., y_N$を切り出して出力とするのです。

■ GNMTのモデル

　GNMTはEncoder-Decoderモデルで、EncoderはLSTMが8層、DecoderはLSTMを8層と、softmaxを活性化関数とする全結合層をつなげたモデルです。EncoderとDecoderの情報のやり取りは、**Attention機構（注意機構）**[12] を用いて行われます。この様子を表したのが図9.5.1です。

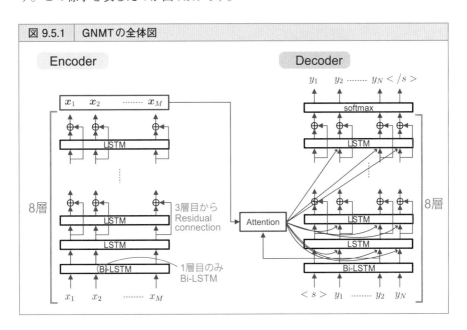

図 9.5.1	GNMTの全体図

12) TransformerやBERTで大きな精度を上げたMulti-Head Attentionとは別物です。それについては、10.1節で紹介します。

■ Encoder

Encoderでは、入力単語のone-hotベクトルの列 $x_1, x_2, ..., x_M$ を受け取り、LSTMを8つ重ねた層で情報処理し、各単語の意味を表すベクトル列 $x_1, x_2, ..., x_M$ に変換します。本節では、原論文の記法に合わせ、前節のLSTMと同じ記号を別の意味で使います。注意して読んでください。

2点だけもう少し詳細に見てみましょう。まず、第1層は単なるLSTMではなく、**双方向LSTM(Bidirectional LSTM / Bi-LSTM)** が利用されています。自然言語処理においては、特定の単語の意味を理解するために、後続の単語の情報が必要な場合があります。通常のLSTMでは、前から後ろの方向のみに情報が伝わるので、逆向きの情報処理も加えるためにBi-LSTMが用いられているのです。このBi-LSTMの仕組みは単純で、順方向と逆方向の2つのLSTMを用意し、それぞれの出力を結合して最終的な出力を計算します（図 9.5.2）。

図 9.5.2	Bi-LSTMの情報処理の仕組み

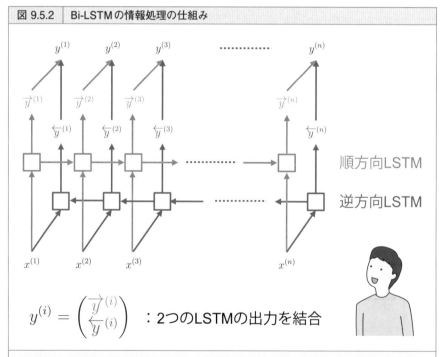

$$y^{(i)} = \begin{pmatrix} \overrightarrow{y}^{(i)} \\ \overleftarrow{y}^{(i)} \end{pmatrix} \quad : 2つのLSTMの出力を結合$$

Bi-LSTMでは、順方向と逆方向の2つの方向のLSTMを同時に用いて、前後の文脈を加味した情報処理を狙います。

第2の注目ポイントが、3層目以降に追加されている residual connection です。これは6.7節の ResNet で登場した機構です。ResNet の場合、residual connection は恒等写像を学習するために導入されましたが、GNMT の場合は、勾配消失・爆発（学習を妨げる現象の一種）を防ぐために導入されています[13]。

■ Decoder

Decoder では、このモデルの出力である条件付き確率 $p(y_i \mid x_1, x_2, ..., x_M; y_0, y_1, ..., y_{i-1})$ を計算します。入力には $y_0 = $ <BOS>, $y_1, ..., y_{i-1}$ の単語に対応する one-hot ベクトルを入れ、これを8層の LSTM で処理して i 個のベクトルに変換します。その後、各ベクトルに softmax を活性化関数とする全結合層を適用して、確率 $p(y_1 \mid x_1, x_2, ..., x_M; y_0)$ から $p(y_i \mid x_1, x_2, ..., x_M; y_0, y_1, ..., y_{i-1})$ までを出力します。ここでも、3層目以降では residual connection が利用されています。

まだ説明の途中ですが、あの Google の機械学習製品の内部のアルゴリズムを詳細に理解できるというのは、なかなか凄まじい体験ではないでしょうか。それほど深層学習や LSTM が強力な技術であることの証左であり、あなたがここまで学習を頑張ってきたことの証明でもあります。

では、続けて中身を見ていきましょう。次は新しい概念が出てきます。

■ Attention 機構

GNMT では、Encoder と Decoder の情報の受け渡しに **Attention 機構 (Attention mechanism)** が用いられています。図9.3.3で紹介した seq→vec と vec→seq の組み合わせによる seq→seq モデルでは、受け渡しに利用されるベクトルの次元が限られているので、受け渡せる情報量に限界があります。そのため、長文の翻訳には不向きであるという問題がありました。この問題を解決するために導入されたのが、Attention 機構です。

この Attention 機構は、$p(y_i \mid x_1, x_2, ..., x_M, y_1, y_2, ..., y_{i-1})$ を計算するにあたって、

---

[13] LSTM などの RNN では、伝統的にシグモイド関数 σ やハイパボリックタンジェント tanh などが利用されています。これらは、ReLU と異なり勾配消失・爆発という学習上の問題を引き起こします。実際に、residual connection がない場合は4層、6層、8層と LSTM を積むごとに性能が落ちていく実験結果があり、非常に重要な工夫であります。

入力単語（のベクトル化）$x_1, x_2, ... , x_M$のどれに注目するかを制御しています。まずは、この機構がどのように動作するかを見た後、最後になぜこれが情報量の問題を解決するのかを見ていきましょう。

GNMTのAttention機構では、1つ前の単語y_{i-1}の計算時の1層目のLSTMの出力$y_{i-1}^{(1)}$を用いて、以下の式で計算されるAttentionベクトルa_iを、Decoderの各LSTMの入力に追加します（この記号の意味は9.4節（LSTM）の時とは別です）。

$$s_{i,t} = AttentionFunction\left(y_{i-1}^{(1)}, x_t \right)$$

$$\begin{pmatrix} p_{i,1} \\ p_{i,2} \\ \vdots \\ p_{i,M} \end{pmatrix} = softmax \begin{pmatrix} s_{i,1} \\ s_{i,2} \\ \vdots \\ s_{i,M} \end{pmatrix}$$

$$a_i = \sum_{1 \leq t \leq M} p_{i,t} x_t$$

この計算の意味を理解するには、下から見るとわかりやすいです。LSTMの追加の入力に用いられるa_iは、Encoderの出力x_tに重み$p_{i,t}$をかけて足したものです。つまり、Attentionベクトルa_iは、Encoderの出力の重み付き和であることがわかります。

この重み$p_{i,t}$は2つめの式にてsoftmax関数を用いて計算されています。そのため、この重みの合計は1です。よってAttentionベクトルa_iは、Encoderの出力x_tの重み付き平均だとわかります。

その重みのもととなる$s_{i,t}$は、1つ前の単語選択時の文脈情報$y_{i-1}^{(1)}$と、Encoderの出力x_tから*AttentionFunction*を用いて計算されます。この*AttentionFunction*は、2層の全結合のニューラルネットで作られる関数で実現されています。

以上をまとめると、*AttentionFunction*を用いて、現在の文脈が$y_{i-1}^{(1)}$である状況でどの入力x_tに注目すべきかの度合い$s_{i,t}$を計算し、これをsoftmax関数で重み$p_{i,t}$に変換し、これを用いたEncoderの出力x_tの重み付き平均でa_iを計算して、これをLSTMの入力に追加しているのです。つまり、文脈に応じてどの単語に注目するべきかを判断し、注目すべき単語から情報を集めたものを入力するのがAttention機構なのです。

　最後に、Attention機構による情報量問題の解決について触れます。固定次元のベクトルを用いてEncoderとDecoderで情報のやり取りをやっていた頃は、伝えられる情報量に限界がありました。しかし、Attention機構を用いる場合は、各単語の出力時に毎回必要な情報を集めてもってくることができるため、利用できる情報量が大幅に増えます。これが機械翻訳の精度向上につながったのです。

■ モデル外の技術

　GNMTにおいては、単にモデルを作り込んで学習させたのみならず、他にも様々な工夫で徹底的に磨き込まれています。その一部を本書でも紹介します[14]。

（1）subwordの利用

　深層学習を用いた機械翻訳の弱点の1つに、未知語への弱さがあります。未知語はそもそもone-hotベクトルに変換することができないため、何か工夫が必要です。そこで用いられる技法の1つが、**subword**です。例えば、internationalという単語を知らなくとも、interとnationalのそれぞれを知っていれば、大まかな意味を推測することができるでしょう。これらのような単語の一部分のことを、subwordと言います。

　このように、実際の機械翻訳のモデルでは、文章を単語列と見なすのではなく、単語やsubwordなどの列と見なすことで、未知語に対処しています。

（2）強化学習によるチューニング

　画像認識では正解率を高めるように学習すれば良かったですが、機械翻訳の場合は単純な誤差関数の最小化、または尤度の最大化の学習だけでは良いモデルが得られない場合があります。

　機械翻訳における良いモデルとは、自然な翻訳ができるモデルのことでしょう。一方、誤差や尤度は1つ1つの単語の予測精度を表す指標に過ぎません。そのため、誤差や尤度の観点で優秀なモデルが、出力文全体として自然な文章を生成できるとは限らないのです。

---

14) より詳細については、以下のYouTube動画で解説しています。
　【深層学習】GNMT - Google翻訳の中身を解説！(2016)【ディープラーニングの世界 vol. 26】#103 #VRアカデミア #DeepLearning - YouTube https://www.youtube.com/watch?v=AByKltWQMl8

そこで、GNMTの場合は、教師データを利用した尤度最大化による学習の後に、強化学習を利用したパラメーターの最終調整を行っています[15]。

強化学習の報酬関数には、**BLEU**ベースの**GLEU**という指標が用いられています。これらの指標は、人間による翻訳の品質評価と相関する指標で、機械翻訳の精度を測る際によく利用されているものです[16]。

（3）高速化

私たちがWeb上の機械翻訳に期待するのは、文章を入力したら即座に翻訳結果を返すスピードです。一般に、深層学習ベースの機械翻訳モデルの推論は遅く、実運用における課題となっていました。そのため、GNMTではかなり多様な方法で高速化のための工夫をしています。例えば、計算に利用される数値の多くは量子化されており、浮動小数ではなく8bitまたは16bitの整数で計算が処理されています。また、EncoderのBi-LSTMを第1層のみに制限したり、Attention機構に入力するベクトルを第1層の出力にしたりと、並列計算に有利になるようにモデルが工夫されています。

（4）人間による評価

プロダクション環境で動かすモデルを評価するため、最終的には人間による翻訳結果の評価も行っています。翻訳の精度や出力の流暢さについては、数値指標のみならず人間による判断も行っているのです。

■ 以降の発展

Google翻訳のシステムはその後もアップデートが繰り返され、様々な言語に対応し、各種言語の間の翻訳精度の向上が続いています。特に、2020年から、Encoder部分は次に紹介するTransformerが利用されるようになりました[17]。

---

15) 実際には、この強化学習による調整での翻訳精度向上はわずかでした。原論文では、これはDecoderに加えられた各種工夫が十分に翻訳精度を高めていたからであると解釈されています。
16) BLEUの詳細について気になる方は、こちらの解説動画をご覧ください。
　　【自然言語処理】BLEU - 定義は？どういう意味？何で利用されてるの？【機械翻訳の評価指標】#105 #VRアカデミア - YouTube https://www.youtube.com/watch?v=aZJAizFSTWg
17) 詳細はこちらのブログでまとめられています
　　Google AI Blog: Recent Advances in Google Translate https://ai.googleblog.com/2020/06/recent-advances-in-google-translate.html

第9章のまとめ

・word2vecによって得られる単語分散表現は単語の演算ができる。これは、word2vecが線形なアルゴリズムだからである。

・RNNは、系列データを逐次的に処理する機構である。

・LSTMは各種ゲートで情報の流量を制御し、記憶の長期化を図った層である。

・2016年当時、Google翻訳ではLSTMを用いたGNMTというモデルが利用されていた。

深層学習を用いた
自然言語処理モデル（後半）
TransformerとBERT

●

深層学習による自然言語処理の研究や実社会での応用
の世界は、Transformerの登場によって完全に塗り替
えられました。Transformerは、その登場以降、自然
言語処理のあらゆるタスクにおいて最高性能を更新し
たのみならず、画像認識、画像生成にはじまり、強化
学習、音声処理、点群分析など、深層学習のありとあ
らゆる場面で利用されるようになりました。

第10章では、TransformerやBERTなどの派生形に加
え、その肝であるMulti-Head Attention機構や、高精
度の理由について解説していきます。

10.1 Transformer

■ Transformerとは

Transformerは、機械翻訳の深層学習モデルとして2017年に登場しました。それ以来、Transformer自身や、その中で中心的な役割を果たしている**Multi-Head Attention機構**は、機械翻訳に限らず自然言語処理のほとんど全てのタスクに応用されるのみならず、画像処理など他分野でも幅広く、そして精度の高い応用をもたらしました。Transformerは深層学習界にブレイクスルーをもたらしたのです[1]。その応用の幅広さは続く10.3節で紹介することにして、ここではそのモデルのアーキテクチャについて解説するとともに、Multi-Head Attentionの式

$$Multi\text{-}Head\left(Q, K, V\right) = concat\left(head_i\right)W^O$$

$$head_i = Attention\left(QW_i^Q, KW_i^K, VW_i^V\right)$$

$$Attention(Q, K, V) = softmax\left(\frac{Q'K}{\sqrt{d}}\right)V$$

について、その意味と、この数式が圧倒的高精度をもたらす理由についても解説します。

Transformerは、seq → seq of vec → seqという経路で情報を処理するEncoder-Decoderモデルです（図10.1.1）。GNMTはLSTM主体で、補助としてAttention機構を利用していましたが、TransformerではLSTMなどのRNNは用いず、Attention機構のみで処理を行います。このAttention機構が、入力データの中から注目するべき箇所を適切に選び取り、後段の情報処理にデータを効率的に渡す役割を果たしています。このデータの選び取りが極めて上手なため、自然言語処理に限らず様々なタスクで高い性能を発揮することができるのだと考えられています。

---

1) 何に適用しても本当に史上最高性能をバンバン叩き出すので、各種分野にTransformerを適用する論文が大量に出版される時期がありました。

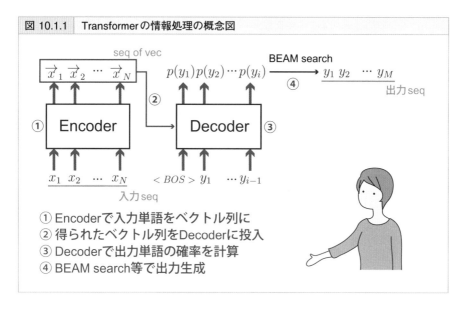

図 10.1.1 Transformer の情報処理の概念図

① Encoderで入力単語をベクトル列に
② 得られたベクトル列をDecoderに投入
③ Decoderで出力単語の確率を計算
④ BEAM search等で出力生成

また、Transformerの Multi-Head Attention 機構は、LSTMのような複雑な機構を持たず、並列計算との相性が非常に良いです。この特性が、高速かつ安定した学習や推論を可能にしています。

Transformer の論文では横ベクトル

Transformerの原論文では、基本的に横ベクトルが用いられています。本書では縦ベクトルを中心に扱ってきましたが、原論文の数式を理解することを重視し、この節でのみ横ベクトルを中心に議論します。それを強調するため、本節でのみ、横ベクトルには $\vec{x}$ のように矢印を付けて表記します。

モデルの全体像

図 10.1.2 に、Transformerのモデルの全体像が示されています。これを一つ一つ見ていきましょう。一番の肝は、この図の中に3回登場する Multi-Head Attention です。ここではまず、Multi-Head Attention をブラックボックスとして扱い全体像を概観した後、本節の後半で Multi-Head Attention の処理について解説します。

図 10.1.2　Transformerのアーキテクチャ[2)]

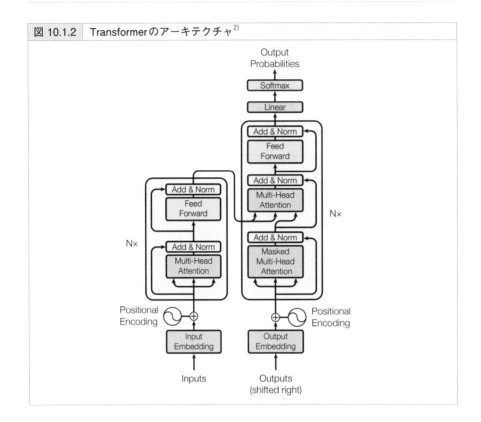

それでは、Transformerの情報処理を順番に見ていきましょう。

（1）Input Embedding

まず、入力単語列を d_{model} = 512次元のベクトルに変換します[3)]。word2vec同様、これには $|V| \times d_{model}$ 行列を割り当て、埋め込みベクトルを学習します[4)]。

---

2)　原論文のFigure 1より引用。
　　Vaswani, Ashish, et al. "Attention is all you need." Advances in neural information processing systems. 2017.
3)　通常のEmbeddingを行った後、$\sqrt{d_{model}}$ で割る処理を挟んでいます。これは、次元が高いベクトルほど長いという性質を相殺するために行われています。このように、Transformerの内部では、ベクトルの長さを一定に揃えようとする工夫が随所に出てきます。これが、後々「内積を類似度として利用する」上で重要になってきます。
4)　ここでは「入力単語列」と表現しましたが、実際にはGNMT同様subword分割を利用し、文章をsubword列と捉えています。また、原論文中では、例えば英独翻訳の際には、Byte-Pair Encodingという手法を用いて英独共通の辞書Vと埋め込みを作成し、利用しています。

（2）Positional Encoding

RNNでは、文章を単語の系列データとみなして逐次処理することで、単語の前後関係を加味した情報処理ができます。一方、Multi-Head Attention機構は単語の前後関係を加味しないので、そのままでは単語の並び順を情報処理に反映できません。そのため、Positional Encodingでベクトル$\vec{v}^{pos}$を次のように利用します。$\vec{v}^{pos}$はd_{model}次元のベクトルで、i番目の位置に対応する$\vec{v}_i^{pos}$は

$$\vec{v}_i^{pos} = \left(\sin\left(\frac{i}{T_1}\right), \cos\left(\frac{i}{T_1}\right), \sin\left(\frac{i}{T_2}\right), \cos\left(\frac{i}{T_2}\right), \ldots, \sin\left(\frac{i}{T_{d_{model}/2}}\right), \cos\left(\frac{i}{T_{d_{model}/2}}\right) \right)$$

と定義されます。これは、各成分を2つの値の組に分け、周期$2\pi T_1$から$2\pi T_{d_{model}/2}$の三角関数の値を並べたものです。図10.1.2の⊕の記号のところで、入力単語のEmbedding $\vec{v}_{w_i}$と、Positional Encodingのベクトル$\vec{v}_i^{pos}$を足して、それを次のブロックに受け渡します。こうすることで、各単語の位置や他のベクトルとの相対的な位置関係をモデルに把握してもらうのです。

ここまでの処理が終わったら、以下の（3）から（6）までの操作をN回繰り返します。論文中では、$N = 6$が用いられています。

（3）Multi-Head Attention

ここで、Transformerの肝であるMulti-Head Attentionが適用されます。詳細は後述します。

（4）Add & Norm

ここでは2つの操作が行われます。1つめが、ResNetでも登場したresidual connectionを用いて、Multi-Head Attentionの入出力を足す操作です。その後、Layer Normalizationという処理が施されます。これは、各ベクトルの成分の総和を0に、長さを1に正規化する処理です。ベクトルの長さを1に揃えてから次の層に渡すことで、学習を安定化・高速化させています。

（5）Feed Forward

　ここでは、2層のニューラルネットを適用します。ここでは全結合、ReLUによる活性化、全結合という処理がされます。その処理を$FFN(x)$と書くと、$FFN(\vec{x}) = ReLU\left(\vec{x}W_1 + \vec{b}_1\right)W_2 + \vec{b}_2$です。この層の入力はベクトルの列なので、入力を$\vec{v}_1, \vec{v}_2, \ldots, \vec{v}_M$と書くと、出力は$FFN(\vec{v}_1), FFN(\vec{v}_2), \ldots, FFN(\vec{v}_M)$となります。

（6）Add & Norm

　（4）と同じ処理が施されます。

　N回の繰り返しが終わったら、次はDecoderに移ります。

（7）Embedding ⊕ Positional Encoding

　まずは、Decoderの入出力を確認しましょう。Decoderの出力は、GNMTなどの機械翻訳と同様に$p(y_i \mid x_1, x_2, \ldots, x_M; y_0, y_1, \ldots, y_{i-1})$です。これは、入力文$x_1, x_2, \ldots, x_M$と$i-1$文字目までの出力$y_1, y_2, \ldots, y_{i-1}$を与えた時に、次にどの単語を選ぶべきかを表す確率でした。混乱の恐れがない場合は、単に$p(y_i)$と書きます。Decoderの入力は、文の開始記号$y_0 = $ <BOS>とすでに出力された$y_1, y_2, \ldots, y_{i-1}$の$i$個の単語列です。ここでは、これらの入力にEncoderと同様のEmbeddingとPositional Encodingが適用されます。

　Decoderでも、以下の（8）から（10）をN回繰り返します。

（8）Masked Multi-Head Attention, Add & Norm

　基本的には（3）（4）と同じ処理です。唯一異なるのは、"Masked" Multi-Head Attentionが利用されている点です。Decoderでは、頭から1文字ずつ単語を出力します。そのため、$p(y_i)$の計算には、$p(y_{i+1}), p(y_{i+2}), \ldots$ の情報を用いてはいけません。この思想を反映し、i番目のデータの計算にはi番目までのデータしか用いないように修正したMulti-Head Attentionを、**Masked Multi-Head Attention**と言います。

（9）Multi-Head Attention, Add & Norm

　こちらも基本的には（3）（4）と同じ処理が行われますが、Multi-Head Attention

が受け付ける3つの入力のうち、2つがEncoderの出力になっています。ここで入力文の情報がDecoderに渡されており、すでに出力された翻訳文$y_1, y_2, ..., y_{i-1}$と入力文$x_1, x_2, ..., x_M$の情報が統合され処理されるのです。

(10) Feed Forward, Add & Norm

これは（5）（6）と全く同じです。

(11) linear, softmax

最後に通常の分類タスクと同様、線形写像で単語数次元のベクトルに変換し、softmax関数を用いて確率に変換されます。この層に渡されるベクトルを$\vec{v}_0, \vec{v}_1, ..., \vec{v}_{i-1}$と書くと、それらが1つ1つ、この層で処理され、その結果が$p(y_1), p(y_2), ..., p(y_i)$となります。

以上が、Transformerのモデルの全体像です。通常の深層学習のモデルと同様、基本的なブロックを何段にも積み重ねて作られていることがわかります。

■ Multi-Head Attentionを理解する

では、いよいよMulti-Head Attentionの中身を見ていきましょう。改めて、これから攻略していく数式を再掲します。**Multi-Head Attention**は、入力をQ、K、Vとして、次の式で計算されます。

$$Multi\text{--}Head\left(Q, K, V\right) = concat\left(head_i\right)W^O \tag{10.1.1}$$

$$head_i = Attention\left(QW_i^Q, KW_i^K, VW_i^V\right) \tag{10.1.2}$$

式(10.1.2)の$Attention$という関数は、**Scaled Dot-Product Attention**と呼ばれ、Transformerの中で非常に中心的な役割を果たします。これは、入力を再びQ、K、Vと書くと、次の式で定義されます。

$$Attention(Q, K, V) = softmax\left(\frac{Q\,^tK}{\sqrt{d}}\right)V \tag{10.1.3}$$

まずは、このScaled Dot-Product Attentionから見ていきましょう。

■ Scaled Dot-Product Attention

難解な数式に立ち向かう時は、まずはその入出力を確認するのが良いです。Scaled Dot-Product Attention の入力は、クエリ (query)、キー (key)、バリュー (value) の3つからなり、それぞれの頭文字が変数名 Q、K、V に対応します。前述の通り、Transformer では横ベクトルが基本的な要素として扱われており、これらは

$$
Q = \begin{pmatrix} \vec{q}_1 \\ \vec{q}_2 \\ \vdots \\ \vec{q}_n \end{pmatrix}, K = \begin{pmatrix} \vec{k}_1 \\ \vec{k}_2 \\ \vdots \\ \vec{k}_m \end{pmatrix}, V = \begin{pmatrix} \vec{v}_1 \\ \vec{v}_2 \\ \vdots \\ \vec{v}_m \end{pmatrix}
$$

と、横ベクトルを縦に並べた行列です。

先に結論を述べると、この Scaled Dot-Product Attention の出力は $\vec{v}_j$ の重み付き和であり、入力 $\vec{q}_i$ に対する $\vec{v}_j$ の重み p_{ij} が、クエリ $\vec{q}_i$ とキー $\vec{k}_j$ の類似度を元に計算されます。つまり、この Attention 機構では、「i 番目の処理は j 番目の情報に注目すべき」ということを「$\vec{q}_i$ が $\vec{k}_j$ に似ている」と表現し、j 番目の情報に注目すべき時は、$\vec{v}_j$ の重みを重くした重み付き和を出力として返します。これを表したのが図10.1.3 です。以下で詳細を見ていきましょう。

まず、3つの入力の役割を確認しましょう。Scaled Dot-Product Attention には、クエリ、キー、バリューの3種の入力があります。この中でもクエリが特に入力的な役割を果たし、キーとバリューはパラメーター的な役割を果たします。

実は、式(10.1.3) は、n 個の入力 $\vec{q}_1, \vec{q}_2, \ldots, \vec{q}_n$ を一気に処理 (バッチ処理) する数式です。ここでは、まず1つの入力の処理に注目するため、

$$
Attention\left(\vec{q}, K, V\right) = softmax\left(\frac{\vec{q}\,'K}{\sqrt{d}}\right)V \tag{10.1.4}
$$

について見ていくことにしましょう。この式(10.1.4) の中で最初に計算されるのは、$\vec{q}\,'K$ の部分です。これは、

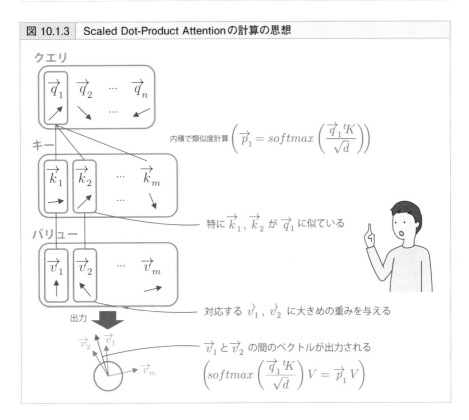

図 10.1.3　Scaled Dot-Product Attention の計算の思想

$$
\vec{q}\,{}^{t}K = \vec{q}\;{}^{t}\!\left(
\begin{array}{c}
\vec{k}_1 \\
\vec{k}_2 \\
\vdots \\
\vec{k}_m
\end{array}
\right).
$$

$$
= \vec{q}\left({}^{t}\vec{k}_1\;\; {}^{t}\vec{k}_2 \cdots {}^{t}\vec{k}_m\right)
$$

$$
= \left(\vec{q}\,{}^{t}\vec{k}_1\;\; \vec{q}\,{}^{t}\vec{k}_2 \cdots \vec{q}\,{}^{t}\vec{k}_m\right)
$$

$$
= \left(\vec{q}\cdot\vec{k}_1\;\; \vec{q}\cdot\vec{k}_2 \cdots \vec{q}\cdot\vec{k}_m\right)
$$

と計算できます。2 行目の $\left({}^{t}\vec{k}_1\;\; {}^{t}\vec{k}_2 \cdots {}^{t}\vec{k}_m\right)$ は縦ベクトルが横に並んだものであるため、これに左から横ベクトル $\vec{q}$ を掛けると、その結果は内積 $\vec{q}\cdot\vec{k}_j$ が並んだものとなります。ところで、内積はベクトルの類似度を表すのでした。よって、この $\vec{q}\,{}^{t}K$ は、

クエリ $\vec{q}_i$ とキー $\vec{k}_j$ との類似度が並んだ横ベクトルになります[5]。

次に、この横ベクトルが $\sqrt{d}$ で割られます。d は、クエリとキーのベクトルの次元 d_{model} です。一般に、次元が高いベクトルほど長さが長くなり、それらの内積は大きくなります。次元によって類似度のスケールが変わらないよう調整するため、この操作が加えられています。

続いて、この横ベクトルに対して softmax 関数が適用され、$softmax\left(\dfrac{\vec{q}\,'K}{\sqrt{d}}\right)$ を得ます。これを、$\vec{p}=\left(p_1\ p_2\cdots p_m\right)$ と書きましょう。この操作で、p_j の和が1に調整されます。この p_j の値は、$\vec{q}$ と $\vec{k}_j$ の類似度が高いほど大きな値になります。

最後に、$softmax\left(\dfrac{\vec{q}\,'K}{\sqrt{d}}\right)V=\vec{p}V$ が計算されます。この右辺を計算すると、$\vec{p}V=\sum_{1\le j\le m}p_j\vec{v}_j$ となります[6]。つまり、先ほど計算された重み p_j をバリューベクトル $\vec{v}_j$ に掛け、足し合わせたものが出力となるのです。

Scaled Dot-Product Attention の計算

Scaled Dot-Product Attention $softmax\left(\dfrac{\vec{q}\,'K}{\sqrt{d}}\right)V$ は

- $\vec{v}_j$ の重み付き和 $\sum_{1\le j\le m}p_j\vec{v}_j$ が出力である。

- 重みベクトル $\vec{p}=\left(p_1\ p_2\cdots p_m\right)$ は、$softmax\left(\dfrac{\vec{q}\,'K}{\sqrt{d}}\right)V$ で計算される。

- $\vec{q}\,'K$ で、クエリ $\vec{q}$ とキー $\vec{k}_j$ の内積を計算している。内積は類似度であるので、重みベクトル $\vec{p}$ はクエリとキーの類似度を並べたものである。

- 言い換えると、「$\vec{q}$ の処理時に j 番目の情報に注目すべき」＝「$\vec{q}$ と $\vec{k}_j$ が類似している」という思想のもと、内積を用いて計算される類似度を利用して、$\vec{v}_j$ の重みを計算していると言える。

---

[5] 特に Transformer では、入力が様々なタイミングで長さが1に正規化されています。長さを揃えることで、内積が類似度としての意味をより強く持つように調整する意図があると思われます。

[6] 実際に、$\vec{p}V=\left(p_1\ p_2\cdots p_m\right)\begin{pmatrix} v_{11} & \cdots & v_{1d} \\ \vdots & \ddots & \vdots \\ v_{m1} & \cdots & v_{md} \end{pmatrix}$ を直接計算するとわかります。これについては、次の動画で詳しく解説しています。

【Ax って何だろう？】行列とベクトルの積は電車の乗り継ぎ【行列②行列とベクトルの積】#131 #VR アカデミア #線型代数入門 - YouTube https://www.youtube.com/watch?v=xM_fYlreWCU）

元々の式(10.1.3)はこれの同時処理（バッチ処理）バージョンです。入力を

$$Q = \begin{pmatrix} \vec{q}_1 \\ \vec{q}_2 \\ \vdots \\ \vec{q}_n \end{pmatrix}$$

とすると、各 $\vec{q}_i$ に対する出力 $softmax\left(\dfrac{\vec{q}_i{}^t K}{\sqrt{d}}\right)V = p_{i1}\vec{v}_1 + p_{i2}\vec{v}_2 + \cdots + p_{im}\vec{v}_m$ を縦に並べたもの

$$softmax\left(\frac{Q^t K}{\sqrt{d}}\right)V = \begin{pmatrix} p_{11}\vec{v}_1 + p_{12}\vec{v}_2 + \cdots + p_{1m}\vec{v}_m \\ p_{21}\vec{v}_1 + p_{22}\vec{v}_2 + \cdots + p_{2m}\vec{v}_m \\ \vdots \\ p_{n1}\vec{v}_1 + p_{n2}\vec{v}_2 + \cdots + p_{nm}\vec{v}_m \end{pmatrix}$$

が出力となります[7]。言い換えると、バッチ処理では

$$softmax\left(\frac{Q^t K}{\sqrt{d}}\right) = \begin{pmatrix} p_{11} & \cdots & p_{1m} \\ \vdots & \ddots & \vdots \\ p_{n1} & \cdots & p_{nm} \end{pmatrix}$$

という行列を、バリューを並べた行列 $V = \begin{pmatrix} \vec{v}_1 \\ \vec{v}_2 \\ \vdots \\ \vec{v}_m \end{pmatrix}$ に掛けることで、各入力 $\vec{q}_i$

に対応した $\vec{v}_j$ の重みつき和を計算しているのです。

■ Multi-Head Attention

Scaled Dot-Product Attention は、入力クエリ $\vec{q}$ と似ているキー k_j に対応するバ

---

[7] softmax 関数の引数 $\dfrac{Q^t K}{\sqrt{d}}$ は行列なので、softmax を縦方向、横方向どちらに適用するか迷うところですが、上記の議論の通り、Transformer の Scaled Dot-Product Atttention の場合は横方向に適用します。

リュー $\vec{v_j}$ を中心とした重み付き和を出力するのでした。次に、Multi-Head Attention を見てみましょう。以下に Multi-Head Attention の数式を再掲します[8]。

$$Multi-Head\left(Q,K,V\right) = concat\left(head_l\right)W^O$$

$$head_l = Attention\left(QW_l^Q, KW_l^K, VW_l^V\right)$$

　これは、次の手順で計算されます。まず、2つめの数式で、$head_l$ を $l = 1, 2, ..., H$ について計算します。この $head_l$ は、Scaled Dot-Product Attention に QW_l^Q, KW_l^K, VW_l^V を代入して計算されます。ここに登場する W_l^Q, W_l^K, W_l^V はパラメータの行列で、QW_l^Q, KW_l^K, VW_l^V は行列同士の積です。こうして得られた $head_l$ を横方向に結合し、最後に行列 W^O をかけて計算完了です。

　一見複雑ですが、やっていることは、行列を掛けて、Scaled Dot-Product Attention を計算し、横方向に結合して、行列を掛けているだけです。1つ1つは既知の計算であり、何か新しい計算があるわけではありません。残りの部分では、この計算の意味を紹介して終わりにします。

　まずは、図 10.1.2 を見返してみましょう。(Masked) Multi-Head Attention と書かれている部分には、矢印が3つ刺さっています。これは、左から順に V、K、Q を表しています。ということは、Encoder の Multi-Head Attention と Decoder の Masked Multi-Head Attention は、Q にも K にも V にも同じものを入力していることになります。これをまとめて X と書くことにしましょう。この時、直接 $Attention(Q, K, V)$ を計算してしまうと、$Q = K = V$ なので、$\vec{q_i} = \vec{x_i}$ に一番似ているのは $\vec{k_i} = \vec{x_i}$ であるため、$\vec{v_i} = \vec{x_i}$ に大きな重みをつけることになり、出力は $\vec{x_i}$ と似たベクトルになります。やっていることがあまり賢くありません。

　ここで行列 W_l^Q, W_l^K, W_l^V の出番です。先に結論を述べると、これらの行列を右から掛け、各ベクトルに線形変換を施して回転させることで、どの $\vec{x_i}$ がどの $\vec{x_i}$ に注目するかを制御することができます。学習を通してこれらの行列を決定することで、入力 $\vec{x_i}$ たちの中で誰が誰に注目するかを制御し、巧みに情報を処理しているのです。これをまた細かく見てみましょう。

　まずは、$QW_l^Q = XW_l^Q$ を見てください。これを、謎の行列2つの積ではなく、次

---

8)　クエリの添字 i とかぶるので、ここでは添字を l に変更しました。

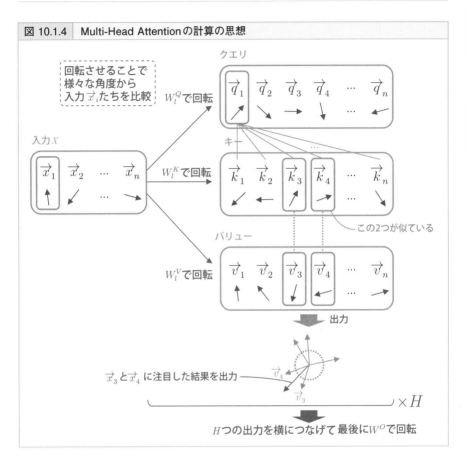

図 10.1.4   Multi-Head Attention の計算の思想

クエリ

回転させることで
様々な角度から
入力 $\vec{x}_i$ たちを比較

W_l^Q で回転

$\vec{q}_1$ $\vec{q}_2$ $\vec{q}_3$ $\vec{q}_4$ $\cdots$ $\vec{q}_n$

入力 X

$\vec{x}_1$ $\vec{x}_2$ $\cdots$ $\vec{x}_n$

W_l^K で回転

キー

$\vec{k}_1$ $\vec{k}_2$ $\vec{k}_3$ $\vec{k}_4$ $\cdots$ $\vec{k}_n$

この2つが似ている

バリュー

W_l^V で回転

$\vec{v}_1$ $\vec{v}_2$ $\vec{v}_3$ $\vec{v}_4$ $\cdots$ $\vec{v}_n$

出力

$\vec{x}_3$ と $\vec{x}_4$ に注目した結果を出力

$\vec{v}_4$

$\vec{v}_3$

$\times H$

H つの出力を横につなげて 最後に W^O で回転

のように見ると見通しが良くなります。

$$XW_l^Q = \begin{pmatrix} \vec{x}_1 \\ \vec{x}_2 \\ \vdots \\ \vec{x}_n \end{pmatrix} W_l^Q = \begin{pmatrix} \vec{x}_1 W_l^Q \\ \vec{x}_2 W_l^Q \\ \vdots \\ \vec{x}_n W_l^Q \end{pmatrix}$$

X は、入力の横ベクトル $\vec{x}_i$ たちを縦に並べたものでした。横ベクトルに右から行列を掛けることは、線形変換を施すことに他なりません。イメージをわかりやすくするため、線形変換を施すことを「回転」と呼ぶことにすると、$QW_l^Q = XW_l^Q$、$KW_l^K = XW_l^K$、$VW_l^V = XW_l^V$ を計算することで、入力の各ベクトル $\vec{x}_i$ たちに対し、

W_l^Q でクエリ用の回転を、W_l^K でキー用の回転を、W_l^V でバリュー用の回転を施しているのです。これを Scaled Dot-Product Attention に入力することで、どの $\bar{x}_i$ がどの $\bar{x}_j$ に注目すべきか、またどのような値を出力すべきかを制御しています。この処理を $l = 1, 2,..., H$ の H 種類だけ用意することによって、多様な処理を表現しているのです。

■ Decoder の Multi-Head Attention

Decoder にある Multi-Head Attention では、Decoder 内で計算されたベクトル列をクエリとし、キーとバリューに Encoder の出力であるベクトル列を渡しています。この部分で、Encoder から Decoder への情報の受け渡しが行われています。

ここでの計算の意味を考えてみましょう。Transformer は翻訳タスクを扱っているので、Decoder で処理されるベクトル列の i 番目のベクトルは、出力文の i 番目の単語に対応します。なので、i 番目のクエリのベクトルには、「i 番目の出力単語を何にしようか？」という想いが込められています。

これに対し、キーとバリューには Encoder の出力が用いられています。よって、ここの計算は「i 番目の出力単語を考えるには、どの入力単語に注目すべきか」をクエリとキーの類似度を用いて決定し、選ばれた入力単語の意味を表現したバリューベクトル（を回転したもの）の重み付き和を次の処理に渡しているのです。

■ Transformer のまとめ

以上が、深層学習の世界に革命を起こした Transformer と、その Multi-Head Attention の説明です。この処理は、一言で言えば「内積を用いた類似度計算を軸とした Attention 機構が肝である」と言えるでしょう。

Transformerまとめ

・Transformerの高精度は、Multi-Head Attention機構が支えている。

・Multi-Head Attentionは、回転と内積とsoftmaxだけでできている。

・Scaled Dot-Product Attentionが注目の仕組みを与える。

・W_l^QとW_l^Kが、どの単語がどの単語に注目すべきかを制御している。

・W_l^VとW^Oが出力を制御している。

・TransformerのEncoderのMulti-Head Attentionでは、入力単語の意味を理解するために周囲の単語を加味して情報を処理している。

・TransformerのDecoderのMulti-Head Attentionでは、出力単語を決定するため、入力のどの単語の意味に注目すべきかを考えながら情報を処理している。

10.2　BERT

■ BERTとは

BERTはBidirectional Encoder Representations from Transformers
の略で、2018年に登場して以降、幅広く応用されている分析モデルです。モデル
としてはTransformerのEncoder部分とほぼ同一である一方、その学習方法と利用
方法に特徴があります。

BERTの学習では、大規模データで事前学習した後、タスクに応じてファイン
チューニングする手法が用いられています。論文提出当時、11種の多様な自然言
語処理タスクに対する最高性能を記録し、以下の3つをはじめとする様々な驚き
をもたらしました。

・1つのアーキテクチャーで幅広いタスクをこなせる。

・事前学習をしっかり行えば、ファインチューニング用のデータは少なくて
　も良い。

・ファインチューニングは、1つのTPUで1時間、GPUでも数時間程度で完
　了する。

わかりやすく言い換えると、超巨大なデータセットがなくとも、大量の計算資
源を確保する資金力がなくとも、BERTの事前学習済みモデルを数時間ちゃちゃっ
とファインチューニングすれば、自分の解きたいタスクを解いてくれる高精度の
モデルが手に入るということです。もちろん現実はそこまで甘くないですが、BERT
以前より相当甘くなったことは間違いありません。本当にこれだけで解決してし
まう課題もあります。少なくとも、何でもかんでも「とりあえずBERT」を試す
方針は、強力な選択肢の1つであることに間違いありません。

■ 事前学習 & ファインチューニングというパラダイム

ではなぜ、こんなにもBERTは良い成果を収めたのでしょうか？

この理由は大きく分けて2つあり、1つはMulti-Head Attentionがデータを非常に上手く扱える仕組みであることです。そして、もう1つが事前学習とファインチューニングを用いた学習法にあります。

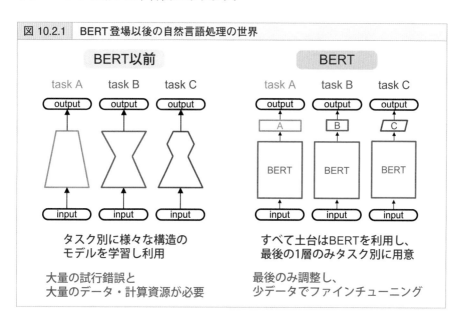

図 10.2.1　BERT登場以後の自然言語処理の世界

BERTでは、大規模データを用いた**事前学習 (Pre-Training)** を行い、その後、各タスクに応じて**ファインチューニング (Fine-Tuning)** を行います。大まかに言うと、事前学習でその言語の文法構造や、単語・文章の意味を理解した後、ファインチューニングで各タスク向けに細かい処理を調整するイメージです。人間に例えるなら、幼児期から様々な経験を通して成長していく過程が事前学習で、大人になってから特定のスキルを習得するために勉強することがファインチューニングだと言えるでしょう。

BERTの大きな特徴は、ファインチューニング用のデータが少なくとも、モデルが大規模であればあるほど性能が良いことです。例えば、GLUEベンチマーク

のMRPCというタスク[9]では、ファインチューニング用の教師データがわずか3600件であっても、モデルサイズが大きいほど性能が高くなることが示されています。この発見が、後の大規模言語モデルの探求の流れに繋がりました。

■ BERTのモデル

BERTのモデルはTransformerのEncoderとほぼ同一で、主な差分はモデルサイズ、入出力上の工夫、埋め込みの利用の3点です。これらのうち、ここでは入出力上の工夫を説明します。

BERTは、文章全体に対するseq→vec系のタスクと、単語レベルのseq→seq of vec系のタスクの双方に対応しています。この仕組みを見ていきましょう。BERTはTransformerのEncoderなので、入力の単語列と同じ長さのベクトル列が出力として得られます。そこで、BERTでは入力文章の単語列$x_1 x_2 ... x_N$に、$x_0 = $[CLS]という特殊単語を頭に挿入してから処理を行い、$N + 1$個のベクトルを計算します。これを、$C, T_1, T_2,..., T_N$と書きましょう。

例えば、BERTで文章の分類問題（seq→vec）に取り組む場合、Cを入力し、softmax関数を活性化関数とする全結合層を用いて各ラベルへの所属確率を計算します。また、NERなどの単語単位の分類問題（seq→vec of seq）の場合は、softmax関数を活性化関数とする全結合層を、$T_1, T_2,..., T_N$のそれぞれに適用し、N個の予測結果を得ます。このように、BERTを使って文章をベクトル（列）に変換した後、最後の1層だけを変更することで、多様なタスクに対応できます。これがBERTの基本的な利用法です。

また、BERTでは2文を入力し、その関係性を捉えるタスクも行います。例えば、**SQuAD**というタスク[10]では、1つめの文章が質問文、2つめの文章がWikipediaの一部分となっており、問いに対する答えとしてどこからどこまでを抽出するのが適当か（または答えがないか）を判定します。BERTのモデルへの入力は、入

---

9) GLUEはGeneral Language Understanding Evaluationの略で、自然言語理解に関する様々なタスクが提示されています。MRPCはその中のタスクの1つであり、Microsoft Research Paraphrase Corpusの略で、2つの文を入力とし、その2つの意味が同一かどうかを判定するタスクです。

10) SQuADはStanford Question Answer Datasetの略で、質問応答の研究で用いられるデータセットです。

力の2文のうち文1を $x_1 x_2 \cdots x_N$、文2を $x_1' x_2' \cdots x_M'$ と表した場合、[SEP]という新しい特殊単語で文の切れ目を表現して、[CLS] $x_1 x_2 \cdots x_N$ [SEP] $x_1' x_2' \cdots x_M'$ [SEP] とします。この場合も、タスクの性質に応じて出力のベクトル列を入力とする層を追加し、学習や推論を行います。

■ BERTの事前学習

BERTの事前学習タスクは様々なものが利用されていますが、ここでは論文中で利用されていた2種類を紹介します[11]。

(1) Masked Language Model (MLM), Cloze task

1つめは、単語穴埋め問題です。文章データの15%の単語をランダムに[MASK]に置換し[12]、もとの単語が何であったかを、その単語に対応する出力ベクトルから予測します。このタスクを通して、単語レベルの意味や、文法構造を学習していると考えられます。このタスクを **Masked Language Model (MLM)**[13]、または **Cloze task** と言います。

(2) Next Sentence Prediction

2つめが、**Next Sentence Prediction (NSP)** です。2文を入力とし、2文目が1文目の続きであるか否かを、[CLS]に対応するベクトル C を用いて判定します。教師データは、文章中の連続する2文と、ランダムに2文を組み合わせたものが50%ずつになるように用意します。これらの分類の学習を通して、文レベルの意味や、文同士の整合性を学習していると考えられます[14]。

---

11) これらのタスクは、文章のデータがあれば教師データを作れます。そのため、Web上の文章データから大量の教師データが生成できます。この大量の教師データが事前学習による精度向上を支えています。
12) 実際には、これらのうち80%が[MASK]に置換され、残り10%がランダムに別の単語に、残り10%は置換されずにそのままの単語が入れられます。
13) 通常、Language Model というと、直前までの単語から次の単語の登場確率を予測するモデルのことを指します。これは、左の単語から右の単語を予測するので、Left To Right (LTR)なモデルと言われます。一方、Transformerの Encoder は左右両方の単語を利用しているので、通常の Language Model とは異なります。この双方向性が BERTの精度向上の中心的役割の1つを果たしています。
14) NSPの性能向上への貢献は後の研究で疑問視されており、NSPを利用しない学習や、2文の順序判定を行う Sentence Order Prediction (SOP)を利用する学習などもあります。

10.3 Transformerの応用

■ Transformerの応用

　TransformerやそのMulti-Head Attentionは、自然言語処理タスクはもちろんのこと、それ以外の分野でも幅広く応用されています。Transformer以前の深層学習の研究では、そのタスクやデータセットに寄り添った形のモデルを作り、性能を検討していくことが中心的でした。一方、Transformer登場後の一時期は、何でもかんでもTransformerを適用したら最高性能を更新する現象が起こっていました。それほどまでに、このMulti-Head Attentionは、情報の効率的な処理が可能な機構なのだと考えられます。Tranformerの応用の全てを挙げきることはできませんが、有名なもの（2021年中頃時点）をいくつか紹介します[15]。

■ BERT

　Transformerの最大の応用の1つがBERTです。研究領域のみならず、様々なビジネスの場面で実戦投入されています[16]。最も業界を賑わせた利用の1つが、Google検索への利用でしょう。2019年に英語版の検索エンジンへ利用され、文章での検索の精度を大幅に向上させました。また、LEGAL BERTという、法律関係の文章を利用して事前学習されたモデルなど、特定のドメインで利用することが想定された事前学習モデルの公開、利用も始まっています。今後も、様々な領域で利用が広がっていくことが期待されています。

■ GPT

　GPTは**Generative Pretrained Transformer**の略で、OpenAIによって開発された、TransformerのDecoderをベースとしたモデルです。執筆時点では、2020

---

15) この後、執筆中にもどんどん新技術が登場しました。本書の出版後もその勢いは続くでしょう。ここに記載されていることとの差分を見ることで、この世界の発展の速さが体感できると思います。
16) 私が所属する株式会社Atraeでも、BERTが実戦投入され稼働しています。当時、データサイエンティストが私を含め2人しかいなかった時でも（だからこそ）、実戦で選択される技術なのです。

年に発表された**GPT-3**が非常に大きな話題となりました。1750億パラメーターを持つこのモデルの性能は凄まじく[17]、言葉で指示したデザインの通りのwebサイトのコーディングをやってのけたり、掲示板にて気づかれることなく人間と数ヶ月会話したり、GPT-3が書いたブログがランキングトップを取ったりと、非常に幅広い能力を見せつけてくれました。

　GPT-3の特徴の1つが、**Few-Shot Learning**という概念です。GPT-3では、もはやファインチューニングを行うことなく様々なタスクに対応できます。例えば、GPT-3に翻訳タスクを実行させる場合は「日本語から英語に翻訳してください。『これはペンです』→ "This is a pen"、『今日は晴れです』→」のように、タスクの説明、例、解きたい問題の順に入力すれば、"It is sunny today." という出力を得ることができるのです。例の個数が複数あればFew-Shot、1つの時は**One-Shot**、ない場合は**Zero-Shot**と言います。

　GPT-3の登場以降も事前学習済み巨大Transformerの競争は続いており、英語のみならず各国語で学習させたモデルが開発されています[18]。

■ ViT、DALL・E

ViTは**Vision Transformer**の略で、画像認識にTransformerを利用したモデルです。ViTでは極力工夫を加えずに、そのままのTransformerの利用に重点が置かれています[19]。このモデルで、ImageNetのデータセットやCIFAR-10、CIFAR-100で過去最高の精度やそれに類する精度を記録し、世界を驚かせました。

　実際のモデルでは、画像を16×16ピクセルの部分に分解し、$16 \times 16 \times 3$次元のベクトルの列に変換します。これを低次元に圧縮し、Positional Encodingを加え、Transformerに投入します。このようなモデルについて、数千万から数億の画像で事前学習することで、様々なタスクで高い精度を達成しました。

17) このサイズのモデルが学習できるのは、TransformerのMulti-Head Attention等の各種機構が並列計算に適していることも理由にあります。
18) 校正時点（2022年中頃）では、rinna株式会社による日本語GPT-2/BERTの事前学習モデルや、株式会社インフォマティクスによるRoBERTa（BERTの亜種の1つ）の日本語版事前学習モデルが話題でした。あなたが今読んでいる頃には、どんなモデルが話題でしょうか？
19) 実際のモデルは、Layer normalizationのタイミングなど若干の差異がありますが、本質的にはTransformer Decoderから変わっていません。また、別の研究では、CNNとTransformerの組み合わせがより高い精度を出すなど、精度改善が続いています。最終的にどのようなモデルが覇権を取るのか見ものです。

DALL・Eは、画像生成にTransformerを利用したモデルです[20]。例えば、「チュチュをはいて犬を散歩させる大根」や「アボカドの椅子」など、生成してほしい画像をテキストで入力すると、図 10.3.1 に提示した画像を生成することができます。

図 10.3.1　DALL·Eの出力[21]

これがDALL·Eの出力例です。上5つは「チュチュをはいて犬を散歩させる大根」、下5つは「アボカドの椅子」を生成させた場合の結果です。

DALL·Eのモデルは**dVAE (discrete Variational AutoEncoder)** と Transformer の組み合わせです。まず画像データを用いてdVAEを学習させ、画像を低次元トークンに圧縮する方法を得た後、Byte-Pair Encoding された入力テキストのトークンと画像トークンを並べたものに対してTransformerを適用し、同時分布を学習させることで、画像生成を実現しています。この方法で、教師データには（おそらく）存在しない「チュチュ」「犬」「大根」の組み合わせで、かつ、擬人化を含む画像もうまく生成することに成功しています。これは驚異的と言う他ありません[22]。

---

20) この名称は、サルバドール・ダリとピクサー作品のWALL-Eから来ているそうです。
　　DALL·E: Creating Images from Text https://openai.com/blog/dall-e/#fn1
21) DALL·E: Creating Images from Text https://openai.com/blog/dall-e/ より引用し、整列。
22) と思っていたら、校正時点（2022年中頃）には、より精度が高い DALL·E 2が世間を賑わせ、その直後にGoogleから発表されたImagenが更に高精度な画像の生成を見せてくれました。最近はどんなモデルが話題になりましたか？

■ 将棋への応用

　最後に面白い応用を1つ紹介します。将棋の世界ではコンピュータ将棋は欠かすことができない存在であり、2013年に山本一成氏らによるponanzaが初めてプロ棋士を破った後も進化を続け、2017年には名人のタイトルホルダーも破り、現在ではトッププロによる将棋の研究にも欠かせない存在となっています。そんな中、自らプロ棋士であり、研究者でもある谷合廣紀氏が、BERTを利用した将棋の強化学習モデルを用意し[23]、当時アマ4段クラスの実力を持つヨビノリのたくみ氏と対決する動画がYouTubeにアップロードされました[24]。

　従来、将棋AIでは、盤面（と持ち駒）を9×9の画像的なデータと見なし、ResNetなどCNNを用いた学習が行われておりました。一方、谷合氏のBERTを利用したモデルでは、盤面（と持ち駒）を95文字の文字列データとして扱っています。対戦結果については動画に譲ることとしますが、わずか2日の学習でかなり強いモデルの作成に成功しています。

　また、谷合氏は2022年の世界コンピューター将棋選手権への参戦し、将棋界、AI界双方から注目が集まっていました[25]。

---

23) ソースコードがGitHubに公開されています。nyoki-mtl/bert-mcts-youtube https://github.com/nyoki-mtl/bert-mcts-youtube

24) プロ棋士自作の将棋AIと戦ったら色々とヤバかった - YouTube https://www.youtube.com/watch?v=2Vl6Ao4GaSQ

25) Preludeと名付けられた谷合氏のモデルの結果は2次予選進出で、自然言語処理モデルのコンピューター将棋への応用で独創賞を受賞しました。

第10章のまとめ

- Transformer やその中心的な機構である Multi-Head Attention は、現在の深層学習界隈を席巻し、あらゆる領域で利用されている。
- Multi-Head Attention は、回転と内積による類似度評価を中心とした情報処理機構である。
- BERT での、事前学習とファインチューニングのパラダイムの成功以降、深層学習モデルが実応用で多用されるようになった。
- 自然言語処理においては、「とりあえず BERT」という方針も有効な考え方の1つである。
- Transformer は、ViT、DALL-E、将棋 AI をはじめとして多様な分野に応用されている。

統計的言語モデル
今でも実務では頻出のLSAとLDA

第10章までで紹介してきたとおり、自然言語処理のタスクにおいて、少サンプルでも深層学習モデルが好成績を上げ、中心的な役割を果たすようになりました。しかし、深層学習モデルの実運用にはハードルもあり、今なお古典的な統計的言語モデルの重要性は変わりません。

第11章では、統計的言語モデルの代表例として、LSAとLDAの2つを紹介します。

11.1 LSA

■ Bow再び

LSA (Latent Semantic Analysis / 潜在意味解析) はBoW（8.2節）ベース
の手法で、BoWに特異値分解を適用して文章や単語のベクトル化を行う手法です。
詳細に入る前に、ここで簡単に記法について復習しておきます。

単語w全体の集合をVと書き、その要素数を$|V|$と書きます。各単語$w \in V$につ
いて、$|V|$次元のone-hotベクトル$e_w \in \mathbb{R}^{|V|}$を対応させます。文章d全体の集合をD
と書きます。文章$d \in D$を単語の列$d = (w_1 w_2 ... w_l)$と見なした時、その文章ベク
トルを$v_d = \sum_i e_{w_i}$とします。これがBoWによる文章のベクトル化であり、正規化
やidfによる重み付けなど、様々な工夫が存在するのでした。

■ BoWの改善 – 特異値分解を用いた次元圧縮

BoWの弱点に、ベクトルの次元の高さがあります。単語のone-hotベクトルe_w
や文章のBoWベクトルv_dは$|V|$次元のベクトルですが、通常、単語数である$|V|$は
数万程度に及びます。一般に、高すぎる次元は**次元の呪い(curse of dimen-
sionality)**と呼ばれる様々な問題を引き起こすことが知られています。これを回
避するため、なるべく情報量を保ったまま低次元ベクトルに圧縮する方法が模索
されています。その手法の1つであるLSAでは、**特異値分解(Singular Value
Decomposition / SVD)**を用います。

LSAの詳細については以下の理論解析に譲るとして、ここでは道具としての機
能を紹介します。特異値分解を用いると、なるべく情報量を保ったまま、次元の
高いベクトルを好きな次元のベクトルに変換できます。この次元は、タスクに応
じて数百程度の数値が設定されることが一般的です。特異値分解は、おおらかに
言うと、「甲子園」「満塁」「ピッチャー」など、同じような文章に同時に登場する
単語たちを束ねて1つの次元に圧縮するアルゴリズムを提供します。また、特異
値分解の結果得られるベクトルは、各成分が互いに無相関になります。そのため、

続く分析において多重共線性（第21章）などの厄介な問題を回避することができます。

さて、ここから先は理論解析として、この特異値分解について詳しく解説していきます。かなり長くなってしまっていますが、背景の数学が非常に面白く、他の分析モデルへの応用も効くので、ぜひお付き合いください！

理論解析：特異値分解入門

特異値分解 (Singular Value Decomposition / SVD) とは、$n_2 \times n_1$ 行列 A で表される線形写像 $A: \mathbb{R}^{n_1} \to \mathbb{R}^{n_2}$ に対して、$n_2 \times n_2$ の直交行列 T、$n_1 \times n_1$ の直交行列 U と $\lambda_1 \geq \lambda_2 \geq \ldots \geq \lambda_m \geq 0$ $(m = \min(n_1, n_2))$ を用いて、$A = T\Lambda U^{-1}$ と積の形に分解することです。ここで、Λ は $n_1 \geq n_2$ と $n_1 \leq n_2$ の場合でそれぞれ

$$\Lambda = \begin{pmatrix} \lambda_1 & & & \mathbf{0} \\ & \lambda_2 & & \\ & & \ddots & \mathbf{0} \\ \mathbf{0} & & & \lambda_{n_2} \end{pmatrix}$$

$$\Lambda = \begin{pmatrix} \lambda_1 & & & \mathbf{0} \\ & \lambda_2 & & \\ & & \ddots & \\ \mathbf{0} & & & \lambda_{n_1} \\ & & \mathbf{0} & \end{pmatrix}$$

で定義される行列です。以下で、この特異値分解とは何かを見ていきます[1]。はじめに、この $A = T\Lambda U^{-1}$ の意味を検討しましょう。例として、$n_1 < n_2$ の場合で説明します。まず、$T = (t_1\, t_2 \cdots t_{n_2})$、$U = (u_1\, u_2 \cdots u_{n_1})$ と、行列を縦ベクトルの集まりと捉えることにしましょう。ここで、Au_i を計算してみると、

---

[1]　特異値分解については、数量化III類という分析モデルの文脈で解説するこちらの動画もおすすめです。
【数量化III類の数理①】相関係数を選好行列から計算する - 線形代数の演舞！【数量化理論 - 数理編 vol. 5】#116 #VRアカデミア - YouTube https://www.youtube.com/watch?v=49-dUOnzyTo

$$Au_i = T\Lambda U^{-1}u_i$$
$$= T\Lambda e_i$$
$$= T\lambda_i e_i$$
$$= \lambda_i T e_i$$
$$= \lambda_i t_i$$

となります[2]。特異値分解の真髄はここにあります。つまり、特異値分解は「線形写像 A に u_i を入れると $\lambda_i t_i$ になるよ」ということを教えてくれているのです。ここで登場する記号たちはそれぞれ、λ_i を（第 i）**特異値（i-th singular value）**、u_i を（第 i）**右特異ベクトル（i-th right singular vector）**、t_i を（第 i）**左特異ベクトル（i-th left singular vector）** と言います。

　次に直交行列について説明します。正方行列 O が直交行列であるとは、${}^tOO = O^tO = 1$ を満たすことと定義されます。ここで、1 は単位行列です。よって、U や T は ${}^tUU = 1$、${}^tTT = 1$ を満たすことになります。

　次に、この意味を見ていきましょう。${}^tUU = 1$ は、次のように書けます。

$$
{}^tUU = \begin{pmatrix} {}^tu_1 \\ {}^tu_2 \\ \vdots \\ {}^tu_{n_1} \end{pmatrix} \begin{pmatrix} u_1 & u_2 & \cdots & u_{n_1} \end{pmatrix} = \begin{pmatrix} 1 & 0 & \cdots & 0 \\ 0 & 1 & & 0 \\ \vdots & & \ddots & \vdots \\ 0 & 0 & \cdots & 1 \end{pmatrix}
$$

この行列の ij 成分は ${}^tu_i u_j = u_i \cdot u_j$ であり、u_i と u_j の内積になるので、

$$u_i \cdot u_i = 1$$

$$u_i \cdot u_j = 0 \ (i \neq j)$$

とわかります。つまり、U が直交行列であるとは、各列ベクトルの長さが 1 で、互いに直交しているということです。

---

[2]　2 つめの等号では、$U^{-1}u_i = e_i$ という事実を用いました。これは、単位行列を 1 と書いた時に、$1 = (e_1 \, e_2 \cdots e_n)$ と $1 = U^{-1}U = U^{-1}(u_1 \, u_2 \cdots u_{n_1})$ の各列を比較することで、$e_i = U^{-1}u_i$ と得られます。この事実は逆行列に関する「$\frac{1}{2} \times 2 = 1$」レベルの基礎公式なので、これから数式とも仲良くしたいと考えている人は確実におさえておきましょう。

　　ここで、$A = TAU^{-1}$ と $Au_i = \lambda_i t_i$ を見つめ直してみましょう。u_i と t_i はともに長さが1なので、A に u_i 方向のベクトルを入れると、長さが λ_i 倍された t_i 方向のベクトルになるということがわかります。しかも、この u_i と t_i たちはそれぞれ互いに直交しているのです。この事実を知ると、A がどのような線形写像であるのかを、かなり理解できた気分になれるのではないでしょうか[3]。

理論解析：BoWと特異値分解

　　ここからは、この特異値分解のBoWへの応用を考えていきます。文章に $d_1, d_2, ..., d_{|D|}$ と番号をつけ、$|V| \times |D|$ 行列 $A = \left(v_{d_1} v_{d_2} \cdots v_{d_{|D|}} \right)$ を考えると、これは線形写像 $A: \mathbb{R}^{|D|} \to \mathbb{R}^{|V|}$ を定めます。この線形写像は、$Ae_i = v_{d_i}$ を満たす写像であることを押さえておきましょう。

　　実は、この A に対する特異値分解 $A = TAU^{-1}$ を考えると、文章や単語の意味をベクトル化できます。これを用いた分析モデルがLSAです。この理由を探るために t_i、λ_i、u_i の計算を見てみましょう。まず、t_1、λ_1、u_1 を求めることを考えます。実は、u_1 は「$\|x\| = 1$ であるの中で、$\|Ax\|$ が最大のもの」と一致します。これを頼りに u_1 を求めてみましょう。

　　ここでは、次の2つの例を考えます。まずは、問題をずっと単純化して、

$|D| = 2$、$|V| = 3$、$A = \begin{pmatrix} 1 & 1 \\ 1 & 0 \\ 0 & 1 \end{pmatrix}$ の場合を考えましょう。この時に $\|Ax\|$ を最

大にする x を x_1、逆に $\|Ax\|$ が最小になる x を x_2 と書くと、

$$
x_1 = \begin{pmatrix} \dfrac{1}{\sqrt{2}} \\ \dfrac{1}{\sqrt{2}} \end{pmatrix}, x_2 = \begin{pmatrix} \dfrac{1}{\sqrt{2}} \\ -\dfrac{1}{\sqrt{2}} \end{pmatrix}
$$

とわかります。それぞれに対する Ax を計算してみると、

---

[3]　実際、$\mathbb{R}^n$ の基底 $u_1, u_2, ..., u_n$ と、$\mathbb{R}^{n_2}$ の基底 $t_1, t_2, ..., t_{n_2}$ を用意し、これらの基底での A の表現行列を計算すると A に一致します。A の表す線形写像は、それぞれのベクトルをただ λ_i 倍するだけの非常にシンプルな写像です。基底の取り替えという難しいことを行うと、線形写像がただの λ_i 倍写像のように簡単になるのです。

$$Ax_1 = \begin{pmatrix} \sqrt{2} \\ \dfrac{1}{\sqrt{2}} \\ \dfrac{1}{\sqrt{2}} \end{pmatrix}, Ax_2 = \begin{pmatrix} 0 \\ \dfrac{1}{\sqrt{2}} \\ -\dfrac{1}{\sqrt{2}} \end{pmatrix}$$

で、$\|Ax_1\| = \sqrt{3}$, $\|Ax_2\| = 1$ となります。このように、A の縦ベクトルの成分同士が互いに強め合うと $\|Ax\|$ は大きくなり、打ち消し合うと小さくなることがわかります。次に、$|D| = 4$, $|V| = 9$ で、

$$A = \begin{pmatrix} 1 & 1 & 0 & 0 \\ 1 & 1 & 0 & 0 \\ 1 & 0 & 0 & 0 \\ 0 & 1 & 0 & 0 \\ 0 & 0 & 1 & 1 \\ 0 & 0 & 1 & 0 \\ 0 & 0 & 1 & 0 \\ 0 & 0 & 0 & 1 \\ 0 & 0 & 0 & 1 \end{pmatrix}$$

の場合の例を見てみましょう。この場合、成分同士を強めあってくれるような x は、$x_1 = {}^t\left(\dfrac{1}{\sqrt{2}} \dfrac{1}{\sqrt{2}} 0\, 0 \right)$ か $x_2 = {}^t\left(0\, 0\, \dfrac{1}{\sqrt{2}} \dfrac{1}{\sqrt{2}} \right)$ のいずれかでしょう。これらに対して Ax を計算してみると、$Ax_1 = {}^t\left(\sqrt{2}\, \sqrt{2}\, \dfrac{1}{\sqrt{2}} \dfrac{1}{\sqrt{2}} 0\,0\,0\,0\,0 \right)$、

$Ax_2 = {}^t\left(0\,0\,0\,0\, \sqrt{2}\, \dfrac{1}{\sqrt{2}} \dfrac{1}{\sqrt{2}} \dfrac{1}{\sqrt{2}} \dfrac{1}{\sqrt{2}} \right)$ となります。それぞれの長さの2乗は5と3なので、x_1 が $\|Ax\|$ の最大値を与えます。この観察からわかることは、強め合う成分は多い方が $\|Ax\|$ は大きくなるということです。

　この特異値分解を、BoW の場合で考えるとどうなるでしょうか？
$A = \left(v_{d_1} v_{d_2} \cdots v_{d_{|D|}} \right)$ の場合で成分同士を強め合おうとすると、似たような単

語が登場する文章に対する比重を重く、それら単語が登場しない文章に対する比重を軽くすることになります。なので、右第1特異ベクトルu_1は、共通の単語が出現する文章を集め、その文章たちに対応する成分の値を大きくしたベクトルとなります。このように、同時に出現する関係を、**共起(cooccurrence)** と言います。集められる文章は共通の単語を含むので、共通の話題を含むことが期待できます。まとめると、LSAでは、特異値分解をBoWに適用することで、単語の共起関係を元に、似た意味の文章のグループをくくりだしていると表現できるでしょう。

次に、λ_2、u_2、t_2について考えてみます。実は、u_2は「$\|x\| = 1$かつ$x \perp u_1$である$x \in \mathbb{R}^{|D|}$の中で、$\|Ax\|$が最大のもの」であると知られています。直前の例では、$u_2 = x_2$となります。なので、u_2は、u_1とは異なる単語たちを共通して多く含む文章を集めたものになります。以降は同様に、u_3はまた別の単語を共通して多く含む文章の集まり、u_4は……といった具合に続きます。これを続けていくと、Aの特異値分解$A = T\Lambda U^{-1}$が得られます。

この特異値分解$A = T\Lambda U^{-1}$を用いて、文章のBoWベクトルv_{d_i}を再考しましょう。まず、$v_{d_i} = Ae_i$なので、

$$
\begin{aligned}
v_{d_i} &= Ae_i \\
&= T\Lambda U^{-1}e_i \\
&= T\Lambda\,^tUe_i \\
&= T\Lambda \begin{pmatrix} {}^tu_1 \\ {}^tu_2 \\ \vdots \\ {}^tu_{|D|} \end{pmatrix} e_i \\
&= T\Lambda \begin{pmatrix} {}^tu_1 e_i \\ {}^tu_2 e_i \\ \vdots \\ {}^tu_{|D|} e_i \end{pmatrix}
\end{aligned}
$$

$$= T \begin{pmatrix} \lambda_1 u_1 \cdot e_i \\ \lambda_2 u_2 \cdot e_i \\ \vdots \\ \lambda_{|D|} u_{|D|} \cdot e_i \end{pmatrix}$$

$$= \sum_{1 \le j \le |D|} \left(\lambda_j u_j \cdot e_i \right) t_j$$

となります。これを見ると $v_{d_i} = A e_i$ は、左特異ベクトル t_j に係数 $\lambda_j u_j \cdot e_i$ を掛けて足したものとわかります。実は、この内積 $u_j \cdot e_i$ には深い意味があります。例えば、u_1 と e_i の内積を考えてみましょう。この u_1 は、単語の共起をもとにして作った文章グループを表すのでした。ここで、$u_1 \cdot e_i$ はベクトル u_1 の第 i 成分なので、文章 d_i がそのグループの単語を含んでいれば大きな値に、含んでいなければ小さな値となります。まとめると、$u_1 \cdot e_i$ は、文章 d_i が 1 番目の話題を含むか否かを表す数値であると言えます。同様に、$u_2 \cdot e_i, u_3 \cdot e_i, ..., u_j \cdot e_i, ...$ は、文章 d_i が第 j 番目の話題を含む度合いを表す数値であると言えます。なので、$u_1 \cdot e_i, u_2 \cdot e_i, ..., u_j \cdot e_i, ...$ の値を順に見ていくと、文章 d_i の話題を大まかに理解できるでしょう。

　この計算を $j = 1, 2, ..., h$ まで続けると、h 個の数値 $u_1 \cdot e_i, u_2 \cdot e_i, ..., u_h \cdot e_i$ が手に入ります。これらを縦に並べたベクトルを

$$\widetilde{v_{d_i}} = \begin{pmatrix} u_1 \cdot e_i \\ u_2 \cdot e_i \\ \vdots \\ u_h \cdot e_i \end{pmatrix}$$

と書くことにしましょう。このように、BoW ベクトルに特異値分解を施して、指定した次元 h のベクトルを手にする操作が LSA です。まとめると、LSA は、BoW の行列の特異値分解を用いて文章 d_i に対し h 次元のベクトル $\widetilde{v_{d_i}}$ を与えることで、共起をもとにした意味抽出を行う手法なのです。

11.2 LDA

■ LDAとは

LDAはLatent Dirichlet Allocation（潜在ディリクレ配分法）の略で、（階層）ベイズモデル（19.2節）の一種です。LDAを利用することで、与えられた文章の集まりがどのようなトピック（話題）を含むか、また、各単語はどのトピックと関わりが深いかを教師なしで学習することができます。これを利用すると、手元の文章データに含まれる話題を大まかに把握できます（図11.2.1）。

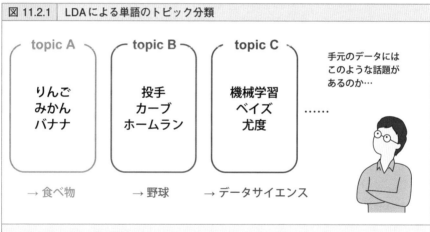

図 11.2.1　LDAによる単語のトピック分類

topic A	topic B	topic C	手元のデータにはこのような話題があるのか…
りんご みかん バナナ	投手 カーブ ホームラン	機械学習 ベイズ 尤度	……
→ 食べ物	→ 野球	→ データサイエンス	

LDAを用いると、単語をトピックごとにグルーピングできます。これを見ると、手元のデータセットにどのようなデータがあるかを理解できます。

LDAは教師なしでトピックを見出すことができます。なので、例えば手元の大量の文章データを分類したいと考えているものの、ラベルがついていないどころか、そもそも何種類のトピックが存在し、どう分類するべきなのかがわからないときにも有効です。適切なトピック数を選択してLDAを実行することで、分類方法にあたりをつけることができます。

■ LDAの分析モデル

LDAなどのベイズモデリングにおいては、「データがこういうルールで生まれたと仮定すると、パラメーターはどうあるのがベストだろうか?」という考え方をします。データの生まれ方に関する仮定を、**確率モデル(probabilistic model / stochastic model)** や **生成モデル(generative model)** と呼びます。

LDAの場合、文章は次のように生成されると考えます。まず、世の中にはK個のトピックがあると仮定します。次に、文dの中には、K種類のトピックが一定の割合で混ざっていると考えます。この文dに含まれるk番目のトピックの割合を$\theta_{d,k}$と書くと、

$$\theta_d = \begin{pmatrix} \theta_{d,1} \\ \theta_{d,2} \\ \vdots \\ \theta_{d,K} \end{pmatrix}$$

というベクトルで文dの中のトピックの割合を表現できます。これら$\theta_{d,k}$は$\theta_{d,k} > 0$と$\sum \theta_{d,k} = 1$を満たします。次にこのθ_dは、$Dirichlet(\alpha)$という確率分布に従って生成されるとします。これは**ディリクレ分布(Dirichlet distribution)** と呼ばれる確率分布で、

$$\alpha = \begin{pmatrix} \alpha_1 \\ \alpha_2 \\ \vdots \\ \alpha_K \end{pmatrix}$$

は$\alpha_k > 0$を満たすパラメーターであり、この確率分布の確率密度関数は

$$p_\alpha\left(\theta\right) = p_\alpha\left(\theta_1, \theta_2, \ldots, \theta_K\right) = \frac{1}{C}\theta_1^{\alpha_1} \cdot \theta_2^{\alpha_2} \cdots \cdots \theta_K^{\alpha_K}$$

で表されます。

　抽象的な設定が続いたので、この設定の意味をここで一度確認しておきましょう。私たちが文章を書く時は、書き始めの前に、だいたい何を書くかを想像してから書き始めるでしょう。書きたい文章 d について、「文章の中身のトピックはこれをこの割合で混ぜよう」という気持ちを表した変数が θ_d です。同じ人が文章を書いても、時と場合によって書く内容が変わります。LDAでは、これを θ_d が確率的に変動していると捉えています。そして、その θ_d を決める確率分布が $Dirichlet(\alpha)$ なのです。

　では、続けて文章の生成ルールを見ていきましょう。文章 d の中の i 番目の単語 $w_{d,i}$ は、次のステップで生成されたと考えます。まず、その単語がどのトピックから来ているかを θ_d にしたがって選択し、$z_{d,i}$ とします。つまり、$z_{d,i}$ は $1, 2, ..., K$ のいずれかで、その確率は $P(z_{d,i} = k) = \theta_{d,k}$ ということです。トピックを決めたら、次に単語を決めます。トピックが $z_{d,i} = k$ の場合、単語 $w_{d,i}$ は ϕ_k に従って生成します。ここで、ϕ_k は単語数 $|V|$ 次元のベクトル

$$
\phi_k = \begin{pmatrix} \phi_{k,w_1} \\ \phi_{k,w_2} \\ \vdots \\ \phi_{k,w_{|V|}} \end{pmatrix}
$$

であり、各 $\phi_{k,w}$ はトピック k で単語 w が選択される確率 $p(w_{d,i} = w \mid z_{d,i} = k)$ です。このベクトル ϕ_k も、別のディリクレ分布 $Dirichlet(\beta)$ からから生成されていると考えます。

　この部分の意味を確認しましょう。はじめにイメージした話題が複数ある時、その話題について順番に書くことになります。i 文字目を書いている時にどの話題を想像しながら書いているかを表す変数が $z_{d,i}$ で、これが θ_d をもとに選択されます。次に、$z_{d,i} = k$ の時、そのトピックの単語出現確率 ϕ_k を用いて、単語 $w_{d,i}$ を選択するのです。トピックが異なれば単語選択確率も異なります。これを、ϕ_k が確率的に変動していると捉えた時、$\phi_1, \phi_2, ..., \phi_K$ が従う確率分布が $Dirichlet(\beta)$ なのです。

もちろん、私たちが文章を書く時は確率的に単語を選んでいるわけではなく、論理の一貫性や文法などを意識して書いています。なので、LDAの生成モデルは完璧な再現になっているわけではありません。ですが、人間によるそのような繊細な作文技法から大幅に単純化して、「仮にこの生成ルールで文章が生成されているとすると、どのようなパラメーターが最適か？」という考え方をするのが、LDAです。

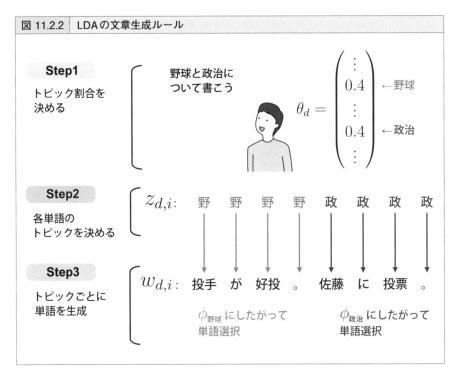

図 11.2.2　LDAの文章生成ルール

今までの議論を全て数式で表現すると、次の4式でまとめることができます。

$$\theta_d \sim Dirichlet(\alpha)$$
$$P\bigl(z_{d,i}=k\bigr)=\theta_{d,k}$$
$$\phi_k \sim Dirichlet(\beta)$$
$$P\bigl(w_{d,i}=w \,\big|\, z_{d,i}=k\bigr)=\phi_{k,w}$$

ここで、$x \sim P$という記法は、確率変数xが確率分布Pに従って生成されていると

いう意味です。これをまとめて、図 11.2.3 を用いて LDA を表現することもあります。このような図を、**プレート表記 (Plate notation)** と言います。○が変数を表していて、灰色のものが観測可能な変数、白色が観測できない**潜在変数 (latent variable)** を表します。繰り返し構造がある場合、□で囲って書きます。四角の右下には、その繰り返しの回数が記載されることもあります。

図 11.2.3 LDAのプレート表記

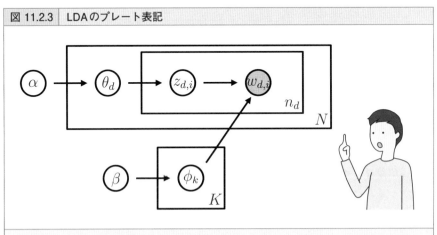

潜在変数を白丸、観測可能な変数を灰色の丸で描き、繰り返し構造を四角で囲んで表現します。

■ LDAの学習

LDAにおいては、上記のルールで文章が生成されたと考えます。すると、手元の文章集合のデータが得られる確率は

$$\prod_{1 \le d \le N} \left(\frac{1}{C} \theta_{d,1}^{\alpha_1} \theta_{d,2}^{\alpha_2} \cdots \cdots \theta_{d,K}^{\alpha_K} \prod_{1 \le i \le n_d} \left(\sum_{1 \le k \le K} \theta_{d,k} \phi_{k,w_{d,i}} \right) \right) \prod_{1 \le k \le K} \left(\frac{1}{C'} \phi_{k,w_1}^{\beta_1} \phi_{k,w_2}^{\beta_2} \cdots \cdots \phi_{k,w_{|V|}}^{\beta_{|V|}} \right) \quad (11.2.1)$$

と書き表すことができます[4]。この確率を、**事後分布 (posteriori distribution)** と言います。この確率に従って文章が生成されたと仮定した時、手元にある文章デー

---

[4]　数式中のΣを含む項は、文章 d のトピック分布 θ_d が与えられたもとで、i 番目の単語が $w_{d,i}$ である確率を表します。実際、$w_{d,i}$ は 1 から K のいずれかのトピック k から ϕ_k によって定まる確率で単語が選択されるので、k にわたる和で $\sum_{1 \le k \le K} \theta_{d,k} \phi_{k,w_{d,i}}$ と表すことができます。

タに最も合致するパラメーターは何かを考えることがLDAの学習にあたります[5]。学習法は様々にありますが、基本的には、α、βをハイパーパラメーターとして予め固定し、$w_{d,i}$をデータによって与えた上で、事後分布が大きくなるθ_dやϕ_kの値を探すことになります。

■ LDAの結果の解釈

ここでは、LDAの解釈を3つ紹介します。まずは、ϕ_kの解釈について考えてみましょう。ϕ_kはk番目のトピックにおける単語の登場確率を表しています。よって、$\phi_{k,w}$の値が大きい順に単語wを並べると、図11.2.1のような単語リストが得られます。これを用いて、各トピックはどのような内容のトピックであるのかを理解できます。

次にθ_dを見てみましょう。これは、文章dに含有される各トピックの割合です。したがって、その文章がどのような内容を扱っているのかを知ることができます。また、各トピックkについて、$\theta_{d,k}$の値が大きい文章を集めて眺ることで、改めて各トピックがどのような内容を含むのかを理解することができます。

このように、LDAを教師なしクラスタリング（第16章）の手法として利用することで、分類タスクのためのラベル作りができます。

LDAの学習が終わると、$p(z_{d,i} \mid w_{d,i}, \theta_d)$が計算できます。これは、パラメーター$\theta_d$を持つ文章$d$中に単語$w_{d,i}$が登場した場合、その単語はどのトピックから生成された単語なのかを表す条件付き確率です。同じ単語であっても、登場する文脈が変われば違う意味を持つことがあります。実際、単語$w_{d,i}$が同一でも、文章dが異なれば条件付き確率$p(z_{d,i} \mid w_{d,i}, \theta_d)$も変わるので、LDAは単語の意味の文脈依存性を捉えることができると言えます[6]。

---

[5] LDAの学習方法には非常に多様で深い理論があり、ここにベイズ統計のベイズ統計たる所以が詰まっているのですが、本書の範囲を超えるので全て割愛します。詳しく知りたい方は、書籍『トピックモデルによる統計的潜在意味解析』（佐藤一誠、奥村学、コロナ社）を参照してください。

[6] 前の脚注で挙げた書籍や、そこで引用されている次の論文では、"play" という単語が、文脈に応じて「音楽」「演劇」「スポーツ」の意味で用いられている例が紹介されています。
Steyvers, Mark, and Tom Griffiths. "Probabilistic topic models." Handbook of latent semantic analysis. Psychology Press, 2007. 439-460.

■ LDAの発展① － 他の確率モデルとの End2End 学習

LDAは全体が確率モデルの言葉で記述されているので、他の確率モデルと合わせて全体を一体として学習させることができます。例えば、各文章dに数値y_dが与えられていて、これを予測するタスクを行いたい場合を考えましょう。この場合、回帰分析に関する尤度関数を式(11.2.1)に掛け合わせた新しい事後確率分布

$$\prod_{1 \leq d \leq N} \left(\frac{1}{C} \theta_{d,1}^{\alpha_1} \theta_{d,2}^{\alpha_2} \cdots \theta_{d,K}^{\alpha_K} \prod_{1 \leq i \leq n_d} \left(\sum_{1 \leq k \leq K} \theta_{d,k} \phi_{k,w_{d,i}} \right) \right) \prod_{1 \leq k \leq K} \left(\frac{1}{C'} \phi_{k,w_1}^{\beta_1} \phi_{k,w_2}^{\beta_2} \cdots \phi_{k,w_{|V|}}^{\beta_{|V|}} \right)$$

$$\times \prod_{1 \leq d \leq N} \left(\frac{1}{\sqrt{2\pi\sigma^2}} \exp\left(-\frac{\left(y_d - \left(a_1 \theta_{d,1} + a_2 \theta_{d,2} + \cdots + a_K \theta_{d,K} + b \right) \right)^2}{2\sigma^2} \right) \right)$$

を考え[7]、この事後確率の最大化を行えば、LDAのパラメーターと回帰分析のパラメーターを同時に学習することができます。この方法では、y_dのデータも利用した上でθ_dやϕ_kの値を最適化できるので、より良い推定値を得られることが期待できます。

より発展的な例は、書籍『心を知るための人工知能－認知科学としての記号創発ロボティクス－』（谷口忠大、共立出版）に数多く登場します。ここでは、人間の認知がどのように形成されうるかについて、LDA含む様々なモデルを用いることで、定量的で批判可能な研究が行われています。

■ LDAの応用② － Bag-of-XXXX データへの利用

LDAの分析モデルでは、語順を考慮せず、各文章に各単語が何回出ているかという情報のみに基づいて全ての計算が行われています。そのため、BoWの発展形の手法と言っていいでしょう。よって、Bag-of-XXXX系のデータには、LDAの分析モデルを適用することができます。例えば商品の同時購入データからの購買行動のクラスタリングなどの応用があります。

---

7) 本来ならば回帰分析のために追加されたパラメーター$a_1, a_2, ..., a_K, b, \sigma^2$にも事前分布を設定し、この式にかけ合わせるべきですが、ここでは単純化のため省略しました。

第11章のまとめ

- LSA は BoW に特異値分解を適用し、低次元ベクトルを手にする分析モデルである。
- 特異値分解を BoW に適用すると、共起する単語を1つの次元にまとめることで意味を抽出することができる。
- LDA は階層ベイズモデルを用い、文章や単語の意味を教師なしで分類する分析モデルである。
- LDA は、他の確率モデルと一体として学習することが可能である。

付加構造があるデータの扱い

グラフ・ネットワーク、地理空間、3Dデータ

第2部の最後に、非定型データと定形データの中間に
位置する「付加構造のあるデータ」と、その扱いの概
要について見ていきます。付加構造のあるデータは非
常に多様な種類がありますが、その中でも実務で頻出
するグラフ・ネットワークデータ、地理空間データと、今
後重要度が高まると思われる3Dデータの分析手法に
限って、いくつかの分析モデルを紹介します。

12.1 グラフ、ネットワーク

■ グラフ、ネットワークとは

グラフ (graph) や**ネットワーク (network)** とは、**頂点 (vertex)** と**辺 (edge)** の集まりに関するデータです（図 12.1.1）。本書では統一してグラフと呼ぶことにします。例えば、SNSでのユーザーのフォロー・フォロワー関係、有機化合物の原子とその結合、電車の駅と路線、ECサイトにおける商品とユーザーの購買・被購買関係など、多様なデータをグラフで表現することができます。このように、グラフは実世界のデータ分析では頻出のデータ形式です。

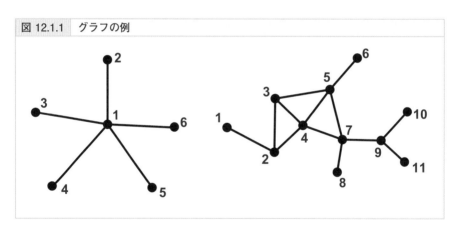

図 12.1.1　グラフの例

　グラフには様々な種類があります。例えば、SNSのフォロー・フォロワー関係では辺に向きがあると考えるのが自然ですし、有機化合物の場合は結合に向きはないと考えるのが自然でしょう。前者の様に、辺に向きがあるグラフを**有向グラフ (directed graph)**、後者の様に、辺に向きがないグラフを**無向グラフ (undirected graph)** と言います。また、電車の例では、同じ2つの駅（頂点）の組を複数の路線（辺）が結ぶ辺の重複が起こっていることもあるでしょうし、有機化合物の場合は、頂点（原子）や辺（結合）に種類があることもあるでしょう。

　このように、グラフには多様な種類がありますが、本書では辺に重複がない有向グラフと無向グラフを中心に考えます。有向グラフは、頂点 $v_1, v_2, ..., v_n$ と、v_i

からv_jへの辺e_{ji}たちの集まりで表現できます[1]。辺に重複がない場合、各辺はその始点と終点で指定できます。これを逆手に取って、「辺とは、頂点2つの組である」という考え方ができます。これを利用して、数学的には、グラフGは頂点集合Vと辺集合$E \subset V \times V$の組$G = (V, E)$であると定義されます。よく使われる定義ですし、実際のデータもこの形式であることが多いので、慣れておきましょう。

　無向グラフの場合、e_{ji}とe_{ij}に区別がありません。なので、無向グラフでは、頂点v_iと頂点v_jの間に辺がある場合、$e_{ji}, e_{ij} \in E$と定めることが一般的です。無向グラフの場合、Eの要素数は辺の数の2倍となることに注意しましょう。

■ グラフの分析タスク

　グラフデータの分析には次の3種類があります。

（1）グラフに対する分析

　グラフそのものを対象とした分析で、各グラフを入力とし、それに対する出力を与えることを目指します。例えば、有機化合物の構造式をグラフ形式で与えた時に、その毒性や薬効を予測する問題などが当てはまります。

（2）頂点に対する分析

　1つのグラフが与えられた時に、その頂点に対する分析を行うことがあります。例えば、SNSのフォロー・フォロワー関係のグラフを入力とし、どの人に発信力があるのか、どの人とどの人が似ているのかなどの分析が該当します。

（3）辺に対する分析

　1つのグラフが与えられた時に、その辺についての分析を行うこともあります。例えば、ECサイトの商品とユーザーの購買関係のグラフを入力とし、今は辺が存在していないが、辺が存在してもおかしくない場所の予測の問題[2]があります。

---

1)　iからjの向きのものを、ijではなくjiと書くことがあります。これは、行列Aのji成分が、単位ベクトルe_iの行き先Ae_iの第j成分を表していることや、xをyに変換する関数の書き方$y = f(x)$において、xが右、yが左にあることと対応しています。数学的にはこの方が便利なことが多々あるので、この表記が利用されることがあります。実際、行列の積は、このおかげで$(AB)_{ik} = \sum_j a_{ij} b_{jk}$と、隣り合う添字に渡って足す表式で表すことができます。

2)　今は辺が存在していない（＝そのユーザーがその商品をまだ買っていない）が、辺が存在してもおかしくない（＝購入の可能性が高い）ことがわかるので、この分析はレコメンドエンジンの作成に利用することができます。

■ グラフの分析手法

グラフの分析手法は様々ですが、大きく分けて、可視化、基礎分析、統計的分析、機械学習の4つに分類することができます。本書では、グラフの分析の雰囲気をお伝えすることを目的に、一部のみを紹介します。また、グラフの可視化は分析において非常に重要なのですが、本書の対象外なので省略します[3]。

■ グラフの基礎分析

グラフに対する基礎的な分析では、グラフにおける辺の密度の計算、連結成分の分離、クラスタやクリークなどのサブグループの検知、グラフ同士の類似度など、様々なアプローチが知られています。本書では、グラフの基礎分析のうち、頂点の中心性の話題を紹介します。

中心性 (centrality) とは、その頂点がグラフの中でどの程度中心的な存在であるかを表す指標です。中心的な頂点の発見は多くの分析において重要な課題であり、グラフの分析で頻出です[4]。この中心性には様々な定義があり、用途に応じて使い分けられると便利です。ここでは、次の3つの中心性を紹介します。

（1）次数中心性

次数中心性 (degree centrality) は、頂点の次数を中心性の度合いとして利用する方法です。頂点の**次数 (valency)** とは、その頂点と隣接する頂点の個数のことです。図 12.1.2 の左のグラフは頂点1が次数5で最大、右のグラフは頂点4,5,7が次数4で最大とわかります。次数中心性を基準とすると、これらの頂点が、各グラフの中心的な頂点であると判定されます。

---

3) 「ネットワーク　可視化」で検索すると、大量の資料に出会うことができます。「グラフ　可視化」で検索すると、棒グラフなどでの可視化の情報がヒットしてしまうので気をつけましょう。
4) 例えば、SNSのインフルエンサーの発見や、路線図における重要な乗換駅の決定などです。

図 12.1.2　中心的な頂点

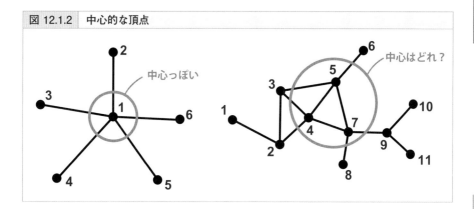

（2）固有ベクトル中心性

　固有ベクトル中心性 (eigenvector centrality) は、主に無向グラフに用いられる中心性の指標で、グラフの**隣接行列 (adjacency matrix)** を用いて定義されます。隣接行列 A の ij 成分 a_{ij} は、グラフの頂点集合を $V = \{v_1, v_2, ..., v_n\}$ とした時に、

$$a_{ij} = \begin{cases} 1 & (\text{頂点} v_i \text{と} v_j \text{の間に辺がある}) \\ 0 & (\text{そうでない場合}) \end{cases}$$

で定義されます。無向グラフの場合、隣接行列は対称行列となります[5]。この時、隣接行列 A の最大固有値の固有ベクトル x であって、長さが1で全ての成分が0以上であるものが存在します。この固有ベクトル x の第 i 成分を、頂点 v_i の固有ベクトル中心性と言います。

　図 12.1.2 のグラフでの計算結果を見ながら、意味を確認しましょう。左のグラフの隣接行列は次のようになります。

5）　有向グラフの場合、v_i から v_j に辺がある場合に $a_{ji} = 1$ と定義されます。文献によって、ij が逆の場合もあるので注意しましょう。

$$A = \begin{pmatrix} 0 & 1 & 1 & 1 & 1 & 1 \\ 1 & 0 & 0 & 0 & 0 & 0 \\ 1 & 0 & 0 & 0 & 0 & 0 \\ 1 & 0 & 0 & 0 & 0 & 0 \\ 1 & 0 & 0 & 0 & 0 & 0 \\ 1 & 0 & 0 & 0 & 0 & 0 \end{pmatrix}$$

このAの最大固有値の固有ベクトルで長さが1のものは、

$x = {}^t\left(\dfrac{1}{\sqrt{2}}, \dfrac{1}{\sqrt{10}}, \dfrac{1}{\sqrt{10}}, \dfrac{1}{\sqrt{10}}, \dfrac{1}{\sqrt{10}}, \dfrac{1}{\sqrt{10}}\right) \fallingdotseq {}^t(0.71, 0.32, \dots, 0.32)$です。よって、頂点 1の固有ベクトル中心性が0.71、他の頂点の固有ベクトル中心性が0.32とわかります。確かに、頂点1がグラフの中心であることが表現できています。

　右のグラフの固有ベクトル中心性は、下の表のようになります。次数中心性が最大であった頂点4,5,7に加えて、頂点3も大きな中心性の値を持ち、頂点7より中心性の値が大きくなります。また、最大の中心性の値を持つ頂点は、頂点4であるとわかります。

▼ 固有ベクトル中心性の数値

頂点	1	2	3	4	5	6	7	8	9	10	11
中心性	0.104	0.327	0.414	0.511	0.468	0.149	0.402	0.128	0.16	0.051	0.051

固有ベクトル中心性は、中心性が高い頂点と隣接する頂点の中心性が高くなる性質があります。確かに、頂点4は自身の次数が4であり、隣接する頂点の中心性も大きいため、固有ベクトル中心性が最大となっています。また、頂点7は中心性が低い頂点8や頂点9とも隣接している一方、頂点3は中心性が高い頂点ばかりと隣接しているので、数値の逆転が起こったのです。

　固有ベクトル中心性のこの性質は次のように証明されます。隣接行列をAとすると、ベクトルxに対して、Axの第i成分は、頂点iと隣接する頂点と対応するxの成分の和になります。ここで、xが固有値λの固有ベクトルの場合、$x = \dfrac{1}{\lambda}Ax$となるので、頂点iの固有ベクトル中心性は、隣接する頂点の固有ベクトル中心性の和に比例することがわかります。そのため、上記の性質を持つのです。

（3）ページランク (PageRank)

ページランク (PageRank) は、主に有向グラフに対して用いられる中心性で、古くはGoogleの検索エンジンにも利用されていました。ページランクでは、図12.1.3のように頂点間を確率的に遷移する点Pを考えます。

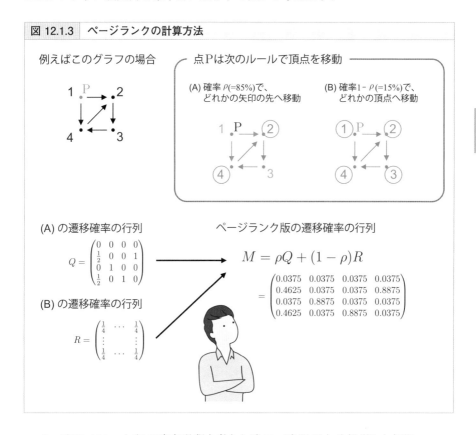

図 12.1.3　ページランクの計算方法

例えばこのグラフの場合

点Pは次のルールで頂点を移動

(A) 確率 ρ(=85%)で、どれかの矢印の先へ移動

(B) 確率 $1-\rho$(=15%)で、どれかの頂点へ移動

(A) の遷移確率の行列

$$Q = \begin{pmatrix} 0 & 0 & 0 & 0 \\ \frac{1}{2} & 0 & 0 & 1 \\ 0 & 1 & 0 & 0 \\ \frac{1}{2} & 0 & 1 & 0 \end{pmatrix}$$

(B) の遷移確率の行列

$$R = \begin{pmatrix} \frac{1}{4} & \cdots & \frac{1}{4} \\ \vdots & & \vdots \\ \frac{1}{4} & \cdots & \frac{1}{4} \end{pmatrix}$$

ページランク版の遷移確率の行列

$$M = \rho Q + (1-\rho)R$$

$$= \begin{pmatrix} 0.0375 & 0.0375 & 0.0375 & 0.0375 \\ 0.4625 & 0.0375 & 0.0375 & 0.8875 \\ 0.0375 & 0.8875 & 0.0375 & 0.0375 \\ 0.4625 & 0.0375 & 0.8875 & 0.0375 \end{pmatrix}$$

ページランクは、上記の確率過程を考えた時に、時間が十分経過した極限 $t \to \infty$ で点Pがその頂点に存在する確率で定義されます。実は、これは図 12.1.3 右下で定義された遷移確率の行列 M の最大固有値の固有ベクトルで、成分の総和が1のものの各成分に一致することが知られています。なので、固有ベクトル中心性の場合と同様、ページランクの大きい頂点から辺を受け取る頂点のページランクが大きいという性質があります。

■ グラフの統計的分析

グラフデータに対しても、多くの統計的分析があります。例えば、グラフの類似度の定量化であるQAP検定やCUG検定などはその一種です。多様な分析モデルの中で、本書ではグラフの辺の生成モデルであるp_1モデルを紹介します。

実際のグラフにおいては、頂点ごとに辺の持ちやすさが異なります。例えば、SNSのフォロー・フォロワーのグラフにおいて、フォロワーを集めやすい（有向辺を集めやすい）ユーザー、フォローをしやすい（有向辺を出しやすい）ユーザーなどが考えられます。この傾向をあぶり出す分析モデルがp_1モデルです。

頂点v_iと頂点v_jの間の有向辺のパターンは、「存在しない」「一方向のみある」「双方向ある」場合の4通りのいずれかになります。p_1モデルでは、頂点v_iと頂点v_jの間の有向辺は次の確率で生成されると設定します。

$$i \quad j : \frac{1}{Z_{ij}}$$

$$i \rightarrow j : \frac{1}{Z_{ij}} \exp\left(\alpha_i + \beta_j + \theta\right)$$

$$i \leftarrow j : \frac{1}{Z_{ij}} \exp\left(\alpha_j + \beta_i + \theta\right)$$

$$i \rightleftarrows j : \frac{1}{Z_{ij}} \exp\left(\alpha_i + \beta_j + \alpha_j + \beta_i + 2\theta + \rho\right)$$

ここで、$Z_{ij} = 1 + \exp(\alpha_i + \beta_j + \theta) + \exp(\alpha_j + \beta_i + \theta) + \exp(\alpha_i + \beta_j + \alpha_j + \beta_i + 2\theta + \rho)$は、この4つの総和を1にするための規格化定数です。

各変数を見てみると、θが大きいほど辺が存在する確率が上がり、α_iが大きいほど頂点v_iから辺が出ている確率が上がり、β_iが大きいほど頂点v_iが辺を受け取る確率が上がり、ρが大きいほど、双方向に有向辺がある確率が上がることがわかるでしょう。

この確率で各辺が生成されたと考えた場合に、最もふさわしいα、β、θ、ρの値を推定することで、各頂点の特徴や、ネットワークの特徴を理解することができます。例えばSNSの場合、フォローが多いユーザーはα_iが大きく、θが大きい

ほどフォロー・フォロワー関係が多く、ρが大きいほど相互フォロー率が高いなどの情報が読み取れます。

■ グラフニューラルネットワーク（Graph Neural Network）

近年、にわかに注目を集めている手法が、グラフに対する深層学習手法である**グラフニューラルネットワーク（Graph Neural Network、以降GNN)** です。GNNは多様な種類が知られていますが[6)]、ここでは**グラフ畳み込みネットワーク（Graph Convolutional Network、以降GCN)** を中心に紹介します。

画像のCNNでの情報処理では、特徴量マップの中で近くにある特徴量たちをひとまとまりに処理して、次の特徴量マップを計算していました。GCNでも同様の計算が行われます。

l番目の特徴量$x^{(l)}$に対してl層目の関数$f^{(l)}$を適用し、$l+1$番目の特徴量$x^{(l+1)}$を計算することを、

$$x^{(l+1)} = f^{(l)}\left(x^{(l)}\right)$$

と書くことにしましょう。例えば、第$l+1$層の、頂点v_iに対応する特徴量$x_i^{(l+1)}$は$x_i^{(l)}$と、頂点v_iと隣接する頂点v_jたちの特徴量$x_j^{(l)}$たちから計算することにすると、

$$x_i^{(l+1)} = f^{(l)}\left(x_i^{(l)}; x_{j_1}^{(l)}, x_{j_2}^{(l)}, \ldots, x_{j_m}^{(l)}\right)$$

という式で計算することになります。ここで、$j_1, j_2, \ldots, j_m$は頂点v_iと隣接する頂点の番号です。このように、隣接する頂点の情報を統合して処理することで、所望のタスクに利用できる良い特徴量を創り上げていきます。実際には、隣接する頂点のみならず、隣接する頂点に隣接する頂点（2つ隣の頂点）の情報を利用するなど、様々な工夫が行われています。これら一連の手法で作るGCNを spatial なGCNと言います。

GCNの別の構成法として、**spectral**な方法があります。数学的にやや高度な背景を持つので、詳細は次の理論解析に譲ります。大まかには、フーリエ変換を

---

6)　こちらのサーベイ論文によくまとまっています。
　Wu, Zonghan, et al. "A comprehensive survey on graph neural networks." *IEEE transactions on neural networks and learning systems* 32.1 (2020): 4-24.

用いて特徴量を周波数成分に分解し、それらを処理して畳み込みを実現します。

　他にも、**Deepwalk**ではグラフの頂点上のランダムウォークで頂点列を生成し、これを文章における単語列と見なして表現を学習します。このように、全く別の視点から分析を行うモデルも知られています。

理論解析★：spectralなGCN

　Fourier変換では、2つの関数の畳み込みのFourier変換は、元の関数のFourier変換の積と一致することが知られています。つまり、畳み込みを*、Fourier変換をFと書くと、

$$F(f*g)(\omega) = F(f)(\omega)F(g)(\omega) \tag{12.1.1}$$

という等式が成立します。グラフの各頂点に特徴量を作ることは、グラフの頂点上の関数を用意することに他なりません。よって、グラフの頂点上の関数のFourier変換が定義できれば、畳み込みが定義できることになります。

　ここで、$\mathbb{R}^n$上の関数や周期関数に対するFourier変換で用いられる関数は、Laplacianの固有関数であり、Laplacianの固有関数たちは様々な場面でL^2関数空間の完全正規直交系をなすという事実があります[7]。ですので、グラフに対してLaplacianが定義できれば、その固有関数展開をFourier変換と名付けるのは妥当でしょう。

　つまり、グラフ上の関数に対してLaplacianが定義できれば良いのです。実は隣接行列と次数を用いて定義される操作で、Laplacianと同様の良い性質を持つものが知られています。これは、**グラフLaplacian (graph Laplacian)** と呼ばれています。

　まとめると、グラフLaplacianの固有関数展開でグラフ上の関数のFourier変換を定義し、式(12.1.1)を用いてグラフ上の関数に対する畳み込みを定義する手法があります。これやその関連手法を利用するGCNを、spectralなGCNと呼びます。

---

[7]　例えば、compact oriented Riemann多様体のLaplace-Beltrami operatorなど。

12.2 地理空間データ

■ 地理空間データの種類

　位置と紐付いたデータを、**地理空間データ (geospatial data)** と言います。古くから都道府県、市区町村のデータや各地の天候・気候のデータなどが知られており、最近ではIoTやbigdataのキーワードが象徴するスマートフォンやセンサーのデータも出現してきました。まずは、これらのデータにどのような種類があるのかを見てみましょう。

（1）地球統計データ (geostatistical data)

　気温や風速など、空間の各点に対して連続的に値が決まるデータを、**地球統計データ (geostatistical data)** と言います。気象系のデータや土壌中の化学物質の濃度など、自然科学系のデータに多く見られます。観測データを元に、連続的な値の分布や、任意の地点での値の推定などに主な興味の1つがあります。

（2）格子データ (lattice data)

　空間中の領域ごとに集計されたデータを**格子データ (lattice data)** と言います。最も馴染みのある格子データは、天気予報で見る、四角く区切られた地域ごとの天気や降水量のデータでしょう。必ずしも格子状にデータが並ぶ必要はなく、市区町村単位でのデータなど、一定の区画で区切られて収集されたデータも含みます。格子データは、区画と区画の隣接関係などを元に分析されます。

（3）空間点過程データ (spatial point patterns)

　空間中の点の分布そのものがランダムに生じるデータを、空間点過程データと言います。交通事故や雷の発生地点など、ランダムに生じる事象の地点を記録したものが空間点過程データの代表例です。その点密度や、それと各地域のデータとの相関などが主な分析の対象となります。

　以上の3つが、地理空間データの分析の歴史の中での伝統的なデータの分類で

す[8]。これに加えて、近年新しい種類のデータが大量に生み出されています。

（4）bigdata時代に新たに出現してきているデータ

　携帯電話やスマートフォンの普及に加え、自動車や航空機に搭載されている各種センサーなどにより、IoT的な手法でリアルタイムに各地点のデータが大量に取得できるようになりました。また、店舗に設置されたカメラの映像から、顧客一人ひとりの動線の詳細な記録・分析が可能になるなど、情報収集、情報処理両面の発展により、新しいデータとその応用が次々と生まれています。

■ 地理空間データの分析タスク

　地理空間データの分析も、基本は回帰と分類のタスクが中心です。地球統計データの場合、対象としている量が空間的に、連続的にどのように分布しているかに興味があります。そのため、未観測点でどのような値を取るのかを推定することが重要なタスクの1つです。この課題に対しては、**クリギング (kriging)** と呼ばれる一連の分析モデル群が有名です。一方、格子点データの代表例である自治体ごとのデータでは、理解志向のデータ分析が中心的な興味にあります。**空間計量経済学 (spatial econometrics)** と呼ばれる分野では、統計的な分析モデルを用いる理解志向の分析が発展し、多様な理論が展開されています。

■ 可視化の重要性

　地理空間データは、空間的に近いデータに相関があることが多く、隣接するデータが似通ったり、特徴的なパターンを描いたりします。これらは可視化で直ちに発見できる一方、可視化なしではそもそも関連性の存在にすら気づかないこともあります。天気予報が、明日から一切地図を用いず、地点名と気象情報の読み上げだけになったら、どれほど情報を理解し難いか想像してみてください。地図による可視化が、いかに理解を助けているかがわかるでしょう。

---

8) 詳しくはこちらの書籍が参考になります。
　　『空間統計学：自然科学から人文・社会科学まで』（瀬谷創、堤盛人、朝倉書店）
　　Cressie, Noel. *Statistics for spatial data.* John Wiley & Sons, 2015.

連続的な推定値のヒートマップや、格子点データに対する**ボロノイ図 (Voronoi diagram)** や**コロプレスマップ (choropleth map)**、空間点過程データの散布図など、データの特性に合わせて様々な技法を駆使すると良いでしょう。また、携帯電話などから取得される人流データなど、時間的変化が重要なデータに対しては、アニメーションを利用した可視化も強力です。なお、可視化は地理空間データ分析の本質中の本質ではありますが、本書のテーマからは外れるので、詳細は他書に譲ります[9]。

■ 地理空間データの分析モデル

地理空間データの分析では、近隣のデータ同士の相関はフルに活用されます。この相関を、**空間的自己相関 (spatial autocorrelation)** と言います[10]。気温や風速、感染症の発生件数や事件・事故の発生件数、不動産価格など、どれも近隣のデータが似通うことは簡単に想像がつくでしょう。この空間的自己相関を考慮し、利用することで、深い分析が可能となります。

まずは、格子点データについて考えます。例として、市区町村ごとのデータを考えてみましょう。この場合、データは市区町村を表しているので、データ同士の隣接関係を定義することができます。市区町村を頂点、隣接を辺としてグラフと見なし、隣接行列 A を計算してやれば、グラフに対して利用可能な分析は全て利用可能になります。

ここでは、地理空間データでよく見られる分析モデルを見ていきましょう。まずは記号を用意します。この隣接行列 A を行標準化した行列を W とします。これは、A の各行を、その成分の合計が1になるように行ごとに定数倍したものです。グラフの分析同様、地点に番号を振り、地点1、地点2……と書くことにします。地点 i での被説明変数 y の値を y_i とし、それらを並べて得られるベクトル y について Wy を計算すると、Wy の第 i 成分は地点 i と隣接する全ての地点の y の平均と一致します。これを用いて、

---

9) 例えば、こちらの書籍が参考になります。
『地理空間データ分析(Rで学ぶデータサイエンス7)』(谷村晋、金明哲、共立出版)

10) 単に自己相関 (autocorrelation) と言えば、時系列データ分析における相関構造のことを言います。時系列分析については、21.5節にて簡単に解説しています。

$$y = \lambda W y + \alpha \mathbf{1} + \boldsymbol{\varepsilon} \qquad (12.2.1)$$

という方程式を考えてみましょう。ここで、$\mathbf{1}$は成分が全て1のベクトルです。このベクトルの方程式の第i成分を見てみると、左辺は被説明変数yの地点iでの値y_iであり、右辺は地点iと隣接する地点のyの値の平均のλ倍、定数α、誤差項ε_iの和になっています[11]。この方程式は、yの値がyによって決定されるので、**自己回帰 (autoregression)** と呼ばれます。特に、地理空間データの場合では、**空間自己回帰モデル (Spatial AutoRegression model / SAR model)** と呼ばれ、様々な種類の分析モデルが研究されています。

この分析モデルの最も一般的な形の1つが、

$$y = \lambda W y + X \boldsymbol{\beta}_{(1)} + W X \boldsymbol{\beta}_{(2)} + \boldsymbol{u} \qquad (12.2.2)$$

$$\boldsymbol{u} = \rho W \boldsymbol{u} + \boldsymbol{\varepsilon} \qquad (12.2.3)$$

で表される**SARARモデル (Spatial AutoRegressive with additional AutoRegressive error structure)** です。少し複雑ですが、順番に見ていくと、各項の役割がわかります。まず、式(12.2.2)の右辺第1項は、式(12.2.1)の右辺第1項と同じで、隣接する地点のyの値の平均の影響を表しています。第2項のXは各地点の説明変数を並べた行列で、そのij成分x_{ij}は地点iのj番目の説明変数の値を表します。また、$\boldsymbol{\beta}_{(1)}$は偏回帰係数を並べたベクトルです。これらの積である第2項は、各地点の説明変数の影響を表した項です。

第3項では、更に左からWがかけられています。これによって、WXはそのij成分が、地点iと隣接する地点におけるj番目の説明変数の平均値となります。これを、**空間ラグ付き説明変数 (spatially lagged explanatory variable)** と言います。これに偏回帰係数$\boldsymbol{\beta}_{(2)}$がかかることによって、第3項は周囲の地点の説明変数からの影響を表します。

第4項の$\boldsymbol{u}$は誤差項であり、次の式(12.2.3)で規定されます。この式の右辺第1項は隣接する地点のuの値の平均なので、誤差項uも空間自己相関を持つことが表現されています。最後の$\boldsymbol{\varepsilon}$は確率的に変動する項であり、各ε_iは互いに独立な確

---

11) この誤差項ε_iをコロプレスマップを用いて可視化すると、空間的に隣接している地点の誤差項が似たような値を持つ場合や、逆に隣接すると符号が反転しがちになる場合など様々な空間的自己相関の様相が見られます。

率変数であると仮定されます[12]。

要するに、SARARモデルでは、被説明変数yの値は、①隣接地点の被説明変数の値、②同地点の説明変数の値、③隣接地点の説明変数の値、④同地点の誤差項の値、⑤隣接地点の誤差項の値の5つの影響を受けることを許したモデルとなっています[13]。これは推定するにも解釈するにもやや複雑なモデルですが、様々なパラメーターを0に設定していくつかの影響を無視することで多様なモデルを表現できます。例えば、$\boldsymbol{\beta}_{(1)} = \boldsymbol{\beta}_{(2)} = \rho = 0$とすれば、式(12.2.1)と一致します。他にも、$\lambda = \rho = 0$と設定したモデルを**空間ラグ付き説明変数モデル(spatially lagged explanatory variable model)**、$\lambda = 0$と設定したモデルを**空間誤差モデル(Spatial Error Model / SEM)**、$\rho = 0$と設定したモデルを**空間ラグモデル(Spatial Lag Model / SML)**、または**空間ダービンモデル(Spatial Durbin (Error) Model / SDM, SDEM)**などと呼び、深く研究されています[14]。

他に代表的な分析モデルとして、**地理空間加重回帰分析(Geographically Weighted Regression / GWR)**があります。SARARモデルやその派生では、回帰係数やλ、ρの値は全地域で共通のものを用います。そのため、分析対象の地域のどこでも変数同士の関係性が一定であることが暗に仮定されています。しかし、変数間の依存性は地域によって異なっても良いはずです[15]。これを表現する分析モデルがGWRです。GWRでは、回帰分析のモデルの偏回帰係数を各地点それぞれで推定することで、地点ごとの回帰係数の変化を調べることができます。

例えば、手元に賃貸住宅のデータがあり、各条件が家賃に与える影響をGWRで調べているとしましょう。すると、地点ごとの偏回帰係数の変化を見ることによって、例えば、「駅に近い方が、駅からの距離が徒歩1分変化した時の家賃の変化が大きい」「地域の家賃相場に比例して各説明変数の家賃への影響が上下する」などの法則を見出すことができるでしょう。

---

12) 誤差項$\boldsymbol{u}$の各成分u_iには、互いに0でない相関を持たせたいのですが、独立でない確率変数を大量に用いることは一般に困難です。そこで、$\boldsymbol{\varepsilon}$の各成分は独立であるとしておきながら、式(12.2.3)を用いると、$\boldsymbol{u} = (1 - \rho W)^{-1}\boldsymbol{\varepsilon}$の各成分に0でない相関をもたせる工夫が行われているのです。

13) 厳密には、隣接地の隣接地、そのまた隣接地など、より多くの情報に間接的に依存することが表現されています。

14) こちらの書籍で、各モデルの詳細やその推定法について深く解説されています。『Rで学ぶ空間計量経済学入門』（Giuseppe Arbia著、堤盛人訳、勁草書房）

15) 例えば、家賃価格と駅からの距離の関係性は地域によって異なるのが普通です。

GWRでは、考えている地点に近い地点のデータの重みを重く、遠い地点のデータの重みを軽くし、**加重回帰分析 (Weighted Regression Analysis)** を行います。この距離の定義においては、物理的な距離のみならず、格子点データをグラフと見なした時の頂点距離や、交通手段を用いた移動時間や、それにかかる費用など、様々な指標を利用することができます。

12.3　3次元データ

■ 3次元データとは

　3次元データは、主に物体の立体構造を扱うデータの総称です。3Dモデルや人の姿勢、MRIによる体の輪切り画像の連続や、建物のスキャンデータなどが代表例です。この節では、今後さらなる活用が期待される3次元データについて、応用、データ形式、手法の3つの側面から紹介していきます。

■ 3次元データの応用

　3次元データは古くからロボットの制御や計測、CAD等を利用した設計などをはじめとした様々な分野で広く用いられてきました。2010年頃から、Kinectの登場と計算機の発展によって、リアルタイムの姿勢推定がゲームの入力に応用されるようになり、日常生活でも触れる機会が増加しました。**CG(Computer Graphics)** における三次元データの取り扱いも、同時期に劇的に発展しました。また、MRIによる輪切り画像のデータは、画像処理技術の発展と合わせて医療への応用が進んでおり、さらなる発展が期待されています。

　これに加え、AR、VR技術の流行により、3次元データを3次元のまま描画することが可能になりました。さらに、スマートフォンに3次元計測装置が搭載されるようになり [16]、一般の人が手軽に3次元データを撮影することが可能となりました。また、近い将来には自動運転車がリアルタイムで3次元計測のデータを大量に生み出す存在となるでしょう。まさに、IoTとbigdataの語義通りの意味において、今後大量の3次元データが生成・流通・利用されるようになり、産官学どの領域においても非常に重要なトピックとなっていくと期待されています。

---

16) 2020年版iPad Proに初めてLiDARが搭載され、その後iPhone12 Proにも搭載されました。

■ 様々なデータ形式と手法

3次元データの収集や分析は、ある程度手法が確立されている領域もあれば、登場したばかりで多様な手法が群雄割拠な領域もあります。執筆時点での基礎的な手法を私の知る範囲で紹介しますが、実施にあたっては最新の情報を確認するようにしてください。

(1) メッシュ (mesh)

メッシュデータ (mesh data) は3Dデータの最も基本的なフォーマットで、頂点、辺、面の情報で物体の三次元形状を表現します。いわゆる「3Dモデル」は基本的にこのデータで表現されることが多く、CADでも利用されています。分析に利用する場合は、頂点や辺のデータにグラフに対する手法を用いたり、2次元画像に変換して画像に対する手法を用いたり、メッシュ表面で点群をサンプリングして、点群に対する手法を利用するなどの方法があります（点群については後述します）。

(2) ボクセル (voxel)

2次元の画像データでは、位置座標 (x, y) を指定するごとに定まるピクセルでの色を指定することで、画像を表現することができました。同様に、3Dデータおいては、空間座標 (x, y, z) を指定するごとに定まる**ボクセル (voxel)**[17] ごとに値を決めることで、空間に広がる情報をデータ化することができます。例えば、物体の立体構造のボクセルでの表現[18] や、空間の各点ごとに計測した温度分布、風速分布などがあります。ボクセルデータに対する分析においては、画像処理でのフィルタリング、ハフ変換による物体検出など、2D画像に対する処理を3Dで行う例に加え、3次元のCNNなども利用することができます。

一方、ボクセルデータは、データ量が大きくなりがちという特徴があります。画像であれば、256×256 の画像を扱えれば詳細な分析を高速に実行できますが、$256 \times 256 \times 256$ のボクセルデータは、単純計算で1データあたり画像より256倍のサイズがあります。そのため、分析モデルを軽量に動作させることが1つの課題となっています。また、ボクセルデータでは、ほとんどの空間領域は「何もな

---

17) ボクセルの英単語voxelはvから始まります。このvは、volumeから来ています。
18) レゴブロックなどブロックの玩具は、ボクセルによる立体形状表現の例になっています。

い」部分となることがあります。この場合、このスパース性に対処するため、特殊な計算処理が必要になる場合もあります[19]。

（3）深度データ (depth / RGB-D)

深度データ (depth data) は、対象との距離を連続的に測定したデータです。Kinectで利用され、LiDARが計測するデータでもあります。画像データと連携して用いられることが多いので、その場合について紹介します。画像データに記録されている各ピクセルの色は、カメラのレンズから特定の方向にある物体の色を記録しています。これに対して深度データは、その物体までの距離を計測してデータ化したものであり、画像と似たフォーマットで記録されます。画像とともに深度データが記録されているデータは、各ピクセルに対して、そのピクセルと対応する方向にある物体の色(RGB)と距離(D)の4つの数値を保持するデータとなります。これは、**RGB-Dデータ**[20]と呼ばれます。

データ上は、各ピクセルに記録される数値が3つから4つに増えただけなので、分析に際しては画像用の手法が全て利用可能です。また、3次元データであることを利用した分析を行う場合、ボクセルや点群（後述）に変換して分析が行われる場合もあります。

（4）多視点画像 (Multi-View)

人間は2つの目の視差を利用して立体情報を把握します。これと似たことを行うのが、多視点画像データです。その名の通り、複数の点から記録された画像を統合して扱うことで、対象の立体的な構造を理解することを目指します。

分析においては、画像に対する手法を利用します。多視点画像の分析では、CNNへの**View Pooling**機構の追加や、どの視点に注目するかを選択するattention機構の利用などの工夫があります。

（5）点群 (point cloud)

点群データ (point cloud data) は物体表面の点をサンプリングしたデータです。点群データ中の1つ1つの点は、その点の位置を表す座標(x, y, z)と、その点

---

19) 近年では、NVIDIAによるkaolinやMinkowskiEngineに加え、PyTorch Sparseなど、スパースボクセルやスパースステンソルを効率よく処理するための手法・ライブラリの整備も進みつつあります。

20) Red, Green, Blue, Depth の略です。RGB-D画像などとも呼ばれます。

の情報（色など）を併せ持っています。最近では、スマートフォンでも簡単に計測できるようになったと共に、渋谷駅や東京藝術大学の点群データによる可視化などが話題を集めました。センサリングによるデータ取得のみならず、タンパク質や結晶中の各原子の位置とその原子の種類の情報も点群データの一種です。

　点群のデータ分析においては、最近傍探索などの基礎技術に加え、特徴点検出、特徴量抽出、物体や人物の検出などのテーマが中心的な話題をなしています。最近ではこの領域でも深層学習の応用が研究されており、**点群深層学習 (Deep Learning for Point Cloud)** という1つの分野を形成しています[21]。**PointNet** を始めとして、様々な手法が登場しています。

　また、**位相的データ解析 (Topological Data Analysis)** という、点群の幾何的形状を直接分析する手法も盛り上がりを見せています。

（6）表面形状 (surface)

　物体の表面の形状をデータ化する方法の1つに、表面形状を定義する関数を利用する方法があります。この一連の手法を、本書では**表面形状データ (surface data)** としてまとめて紹介します。

　NURBS(Non-Uniform Rational B-Spline) は、B-spline曲線の曲面バージョンであり、制御点と、その周囲での曲面の向きや曲がり方の情報から曲面全体を再構成する方法です。これは画像データフォーマットにおけるベクターデータ的なデータ形式です。これとは別に、**metaballs**、**SDF(Signed Distance Function)** という手法があります。これらは、関数 $f(x, y, z)$ をうまく定義し、曲面を $S_{f,\tau} = \{(x, y, z) \in \mathbb{R}^3 \mid f(x, y, z) = \tau\}$ と関数の等高面で定義する方法です。また、この関数を深層学習の関数を用いて構成する、**Implicit Neural Representation** という手法もあります。

　表面形状データは、任意視点からの見え方を再構成する**Novel View Synthesis** と相性が良く、この方面での研究も盛んに行われています。

（7）光線場・輝度場 (Light Field / Radiance Field)

　光線場 (Light Field) は、もともと物体の反射特性の計測などに用いられていた手法ですが、最近では Novel View Synthesis の文脈でも利用されるようになりま

---

21) 以前はPoint Cloud Deep Learningとも呼ばれていましたが、最近はこちらの名称が多いようです。"for"の部分には、"on"や"with"も用いられます。また、より広い分野を指し示すGeometric Deep Learningという言葉もあります。

した。画像データはそもそも、特定の位置（カメラのレンズなど）に入ってくる光線を足し上げた（積分した）[22]ものです。そのため、空間内にどのように光線が分布しているかを理解できれば、任意視点からの視覚情報の再構成が可能です。実際、光線場を計測できるセンサの登場と計算機の性能向上に伴い、構造色や半透明物体のような、従来のコンピュータビジョンの範疇では扱いにくい質感の物体も、その計測やCGでの再現が可能になりつつあります。

似た概念として、空間中の各点における**輝度（Radiance）**を記述することによって光の分布を記述する**輝度場（Radiance Field）**を用いる手法も提案されています。この手法は**ボリュームレンダリング(volumetric rendering)**と呼ばれるCG作成方法として知られており、フォグや半透明な素材などの描画において活躍しています。シーン情報からカメラ画像を生成する順問題である**レンダリング(rendering)**と、カメラ画像からシーン情報を推定する逆問題である**シーン理解(3D Scene Understanding)**があり、その双方に光線場や輝度場を利用することができます。後者の例として、**NeRF(Neural Radiance Fields)**などが知られています[23]。

これらのNeRFベースの手法を用いたシーンの再構成は、多視点のカメラ画像のみから直接行うことができます。そのため、三次元計測が不要で、手軽に実世界のシーンをモデル化できるという特徴があります。この手法は、Instant NGPというモデルの登場で大幅に計算時間が短縮され、いよいよ実用に近づきつつあります。この技術はNVIDIA社が推し進めるNVIDIA Omniverseプラットフォームの一部として組み込まれています。このプロジェクトは写実的で物理現象に忠実なデジタルツイン環境の実現を目指したものであり、今後のCV、CG、ロボティクスなどの広い分野の研究に幅広く利用されることが期待されています。

---

22) これを支配する方程式をレンダリング方程式と言います。Computer Graphics (CG)はレンダリング方程式を計算機で積分し画像を出力する行いであるのに対し、Computer Vision (CV)はカメラにより積分された自然画像を分析して構成要素を推定することであるので、CGとCVは裏表の関係にあると言われることもあります。

23) 逆問題への深層学習の適用は、レンダリングパスを微分可能にしたNeural Mesh Rendererがブレイクスルーとなり、その後この発展型の1つとしてNeRFが登場しました。NeRFについては、こちらの動画が参考になります。NeRFの紹介【#VA創立記念祭】【#VRアカデミア】- YouTube https://www.youtube.com/watch?v=GKn6vJdYOKY

第12章のまとめ

・付加構造があるデータとして、グラフ、地理空間データ、3次元データを紹介した。

・グラフに対する分析は、「頂点についての分析」「辺についての分析」「グラフについての分析」の3つに大別される。

・地理空間データには3つの分類（地球統計データ、格子データ、空間点過程データ）があるとともに、IoT時代に新たに生じているデータがある。

・地理空間データ分析において、可視化は非常に重要である。

・3次元データには様々なフォーマットがあり、それぞれに対して様々な分析モデルが発展している。

第2部のまとめ

第2部では、非定型データである画像、自然言語データに対する分析モデルとして、深層学習のモデルを中心としつつ、統計的な手法も紹介しました。また、付加構造があるデータとして、グラフ、地理空間データ、3次元データとその分析モデルを紹介しました。実務において頻出であるデータ形式は、ほとんど網羅されたと言って良いでしょう。

なお、Transformerで導入されたMulti-Head Attentionは今や全分野に応用されている非常に重要な機構なので、確実に押さえておきましょう。

ポイントは？

・画像に対してはCNNが有効であり、畳み込み層は内積を利用した類似パターン検出器である。

・自然言語処理においては、文章データを読み込み、単語のカウントを行うだけでも深い洞察が得られる事が多い。

・RNNには、vec→seq、seq→vec、seq→seqの用法がある。また、LSTMはその代表例である。

・Transformerで紹介されたMulti-Head Attentionは、回転と内積を利用したデータ処理機構である。

・付加構造があるデータに対しては、その構造に寄り添った分析モデルがたくさん開発されている。

次の第3部では雰囲気をガラッと変えて、強化学習について紹介します。要求するデータ量の多さや学習の困難さゆえ、現在は活用の範囲が限定的と考える向きもありますが、この認識が過去のものとなり、広く活用される時代も近いと考えています。そこで、この強化学習の基礎概念を整理しつつ重要な分析モデルを紹介していきたいと思います。

第 3 部

強化学習

第3部では、近年にわかに注目を集めている分野である強化学習を紹介します。強化学習では、環境から与えられる報酬を最大化する方策（行動の選択方法）の学習という形で問題が定式化されます。これが非常に幅広い応用を持ち、ロボットの制御、レコメンドへの利用をはじめとして、囲碁や将棋などのボードゲームAIの作成などにまでも用いられています。本書では、基本コンセプト、強化学習の基礎的分析モデル、深層強化学習の分析モデルについて解説していきます。

第 13 章

強化学習とは
強化学習の全体像を把握する

●

強化学習は、何をやったらいいのか（what）はわかっているけど、どうやったらいいのか（how）がわからないタイプのタスクに対する非常に強力な機械学習技法です。執筆時点ではまだ専門家以外が実務適用することは多くない技術ですが、今後より広い分野で積極的に応用される可能性が高い技術なので、本書でも紙幅を割いて紹介します。

第13章では、まず強化学習の基礎概念と全体像を整理していきます。

13.1 | 強化学習

■ 強化学習の目的

　強化学習 (Reinforcement Learning) は、最適制御やロボットの制御、ゲームAIやレコメンドなど幅広い分野で応用されている技術です。特に、強化学習を用いて開発された囲碁AIのAlphaGoが、2016年に世界チャンピオンのLee Sedol氏を破ったことは、大きなニュースとなりました。現在では、囲碁・将棋共にトップ棋士が研究にAIを積極的に用いていることも有名です。また、YouTubeやNetflixなどの動画視聴プラットフォームにおけるレコメンド技術にも応用されており、私たちの生活に密着した技術でもあります。

　強化学習の目的は、**環境 (environment)** と相互作用し得られる**報酬 (reward)** の累積和である**収益 (return)** を最大化する**方策 (policy)** を見つけることです。
　強化学習では新しい概念が大量に登場します。本章では、これらの概念の区別や位置づけをなるべく明確にしながら説明していきます。そして、強化学習の分野の全体像を理解し、その特徴や強力さに加え、困難点と対処方針を理解することを目指します。

■ 強化学習のすごさと難しさ

　強化学習は、何をやったらいいか(what)はわかっているけど、どうやったらいいか(how)はわからないというタイプのタスクに対して威力を発揮します。例えば、ロボットの制御を例に考えてみましょう。ロボットを歩いて移動させたい場合、やるべきこと(what)は、各関節の角度を制御しながら、転ばないように、ロボットを所定の位置へ移動させることです。レコメンドの場合、ユーザーにコンテンツを推薦し、クリック数などの指標を最大化すれば良いでしょう。囲碁・将棋などのボードゲームの場合は、初期局面から合法手を繰り返し、ルールで定義された勝利局面に遷移すれば良いのです。ただ、どれをとっても、具体的な実行方法(how)を見つけることは非常に困難でしょう。

このようなタスクに対する非常に優れたアプローチの1つが、強化学習なのです。

一方、強化学習の勉強や実践にはいくつかの困難が伴います。代表的なものとして、以下の3つが挙げられます。

（1）強化学習の勉強が難しい

強化学習は非常に広大な分野であり、性質の異なるタスクや技術が大量に存在しています。そのため、初めて勉強するときはほぼ間違いなく混乱する分野です。本書では、この多様な概念の関係性をなるべく区別し、分離しながら伝えることを心がけました。

（2）強化学習の実践が難しい

強化学習は非常に強力な技術です。ゆえに、学習に非常に長い時間がかかる場合もあります。また、様々な変数をうまく調整しないと、全く学習が進まないこともあります。さらに、他の機械学習と同様に解釈可能性や制御可能性が低い場合も多く、実務への適用までには工夫と努力が必要な場合もあります。

（3）大量のデータと計算資源の確保が難しい

深層学習を用いた強化学習である**深層強化学習 (Deep Reinforcement Learning)**においては、教師あり学習のアプローチと比較して、学習が十分進むまでに必要なデータと計算資源が多い傾向があります。これも実務への適用を妨げている理由の1つです。

本書では主に（1）の困難点がなるべく解消されている形で、強化学習の基礎を伝えることを目指します。強化学習の確固たる理解は、（2）での試行錯誤の役に立つでしょう。

> **強化学習とは**
>
> ・強化学習の目的は、環境と相互作用し得られる報酬の累積和である収益を最大化する方策を見つけること。
> ・強化学習は、何をしたら良いかはわかっているが、どうやったら良いかが不明なタスクに向いている。
> ・強化学習は勉強が難しい。その原因の1つは多様な概念の混同であり、本書の目的の1つはこの混乱の解消にある。

13.2 マルコフ決定過程と方策

■ 状態、行動、報酬

　この節では、強化学習の問題設定を理解することを目標とします。今までに例で挙げたレコメンド、囲碁・将棋、ロボットの制御は全て共通の構造を持ちます。それは、「今の**状態 (state)** に応じて、**行動 (action)** を決定し、その結果として成功や失敗などのフィードバックがあり、次の状態に移る」という構造です。このフィードバックは、**報酬 (reward)** という数値で定式化されます。この時、行動の決定を行う主体を**エージェント (agent)** と言い、状態の遷移や報酬などを与える主体を**環境 (environment)** と言います。例を通じて、具体的に確認してみましょう。

　動画視聴サイトのレコメンドの場合、エージェントの役割は訪問してきたユーザーに対する動画の推薦です。「とあるユーザーがサイトに来た」という状態に対して、推薦する動画を選択します。この動画の選択が行動です。そして、推薦した動画が視聴されたり、別の動画が選ばれたり、ユーザーが離脱したりなどの結果が数値化され、報酬として受け取ります。そして、またこのユーザーに推薦する場面が来た時は、このユーザーは前とは別の状態になっています。

　囲碁・将棋などのボードゲームでは、現在の局面に対し、次の一手を選択すると、新たな局面へと遷移します。これらの局面が状態で、手の選択が行動です[1]。そして、ゲームの終了時に勝敗が決定し、これを報酬として受け取ります。

　ロボットの歩行制御では、ロボットの状態を元にモーターなどを制御すると、次の瞬間に別の状態になります。この制御が行動です。一連の制御の結果、転んだり、移動に成功したりします。そして、この結果を報酬として受け取ります。

　このように、強化学習のタスクにおいては、状態に応じた行動の選択と、その結果としての報酬と状態遷移の構造が共通しています。実は、現実世界の多くの

1）　局面は、盤面（盤上の石や駒の配置）に様々な情報を加えた概念です。例えば将棋の場合、盤面、持ち駒、次の着手が先手か後手かの情報の組のことです。

問題は、この構造で定式化することができます。この枠組みの柔軟性が、強化学習が強力な手法たり得る1つの要因となっています。

　以降、本書では、レコメンド、囲碁・将棋、ロボット制御の3つを例に挙げながら解説していきます。この三者とも、強化学習の枠組みの整理前から豊かな理論が発展しており、手法によっては本書とは異なる枠組みや用語を利用する場合もあります。実践や、より深い学習の際にはお気をつけください。

図 13.2.1　状態・行動・報酬

■ マルコフ決定過程

　強化学習に現れる状態、行動、報酬という構造は、数学的には**マルコフ決定過程(Markov Decision Process / MDP)** を用いて定式化されます。まずマルコフ決定過程を数学的に定義してから、その意味を解説します。

　強化学習の第13～15章では、集合を *S*, *A*, *R* などの太字の大文字で、その要素

をs, a, rなどの小文字で、確率変数をS, A, Rなどの大文字で表して解説します。

マルコフ決定過程は、次の5つの組のことを言います。

（1）状態の集合S

あり得る全ての状態を集めた集合を、Sと書きます。一つひとつの状態は$s \in S$と小文字のsで記します。状態の確率変数は大文字のSで記します。

（2）行動の集合A_s

各状態sについて、その状態で選択可能な行動全体の集合をA_sと書きます。全ての状態sでA_sが共通の場合や、状態の区別が重要でない場合は、単にAと書くこともあります。

（3）報酬の確率分布$p(r \mid s, a)$

マルコフ決定過程では、行動を選択した後、報酬と呼ばれる数値$r \in \mathbb{R}$が手に入ります。状態sで行動aを選択した時の報酬rの確率分布を、$p(r \mid s, a)$と書きます。

（4）状態遷移の確率分布$p(s' \mid s, a)$[2]

マルコフ決定過程では、行動を選択した後、次の状態に遷移します。状態sで行動aを選択した時の、次の状態s'の確率分布を$p(s' \mid s, a)$と書きます。

（5）初期状態の確率分布$p(s_0)$

マルコフ決定過程は初期状態s_0から始まります。この初期状態s_0の確率分布を、$p(s_0)$と書きます。

マルコフ決定過程が与えられると、次のような状態遷移が考えられます。

まず、$p(s_0)$にしたがって初期状態s_0が決定されます。そこで、A_{s_0}から行動$a_0 \in A_{s_0}$を選択すると、確率分布$p(r \mid s_0, a_0)$に従って報酬r_0が手に入り[3]、確率分布$p(s_1 \mid s_0, a_0)$に従って次の状態s_1が決まります。これを繰り返していくことで、

---

[2]　厳密には、報酬の確率分布と状態遷移の確率分布の記号を分けて、$p_r(r \mid s, a)$や$p_s(s' \mid s, a)$のように書く必要がありますが、本書では省略します。次の$p(s_0)$についても同様です。

[3]　状態s_tでの行動a_tの結果得られる報酬rは、r_tと書く流儀と、r_{t+1}と書く流儀が併存しています。前者はs, a, rに同じ添字を与えることを重視し、後者は同じタイミングで手に入るsとrに同じ添字を与えることを重視していて、どちらの主張にも説得力があります。複数の文献や論文を参照する際は注意しましょう。

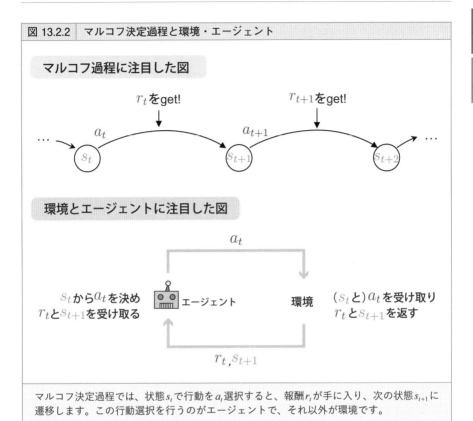

図 13.2.2　マルコフ決定過程と環境・エージェント

マルコフ過程に注目した図

r_tをget!　　　　r_{t+1}をget!

a_t　　　　a_{t+1}

s_t　　　s_{t+1}　　　s_{t+2}

環境とエージェントに注目した図

a_t

s_tからa_tを決め
r_tとs_{t+1}を受け取る　　エージェント　　　環境　　$(s_t$と$)a_t$を受け取り
r_tとs_{t+1}を返す

r_t, s_{t+1}

マルコフ決定過程では、状態s_tで行動をa_t選択すると、報酬r_tが手に入り、次の状態s_{t+1}に遷移します。この行動選択を行うのがエージェントで、それ以外が環境です。

$s_0, a_0, r_0, s_1, a_1, r_1,..., s_t, a_t, r_t,...$ という状態、行動、報酬の列が得られます。

　この模式図が図 13.2.2 です。この列を**軌道 (trajectory)** と言い、長さが有限の場合は**エピソード (episode)** と言います。例えば、囲碁・将棋なら1つの対局に1つのエピソードが対応します。局面の推移は$s_0, s_1,..., s_t,..., s_T$で知ることができ、着手の履歴（棋譜）は$a_0, a_1,..., a_t,..., a_{T-1}$を見ればわかります。

■ マルコフ決定過程の具体例

　3つの例で、マルコフ決定過程を確認してみましょう。動画視聴サイトのレコメンドの例においては、Sはユーザーのあり得る状態全体の集合です。年齢、性別などの属性データや、過去の行動データなどが状態sを構成します。行動の集合A_sは、推薦可能な全ての動画の集合です。これはユーザーごとに変わらないの

で、Aと書いても良いでしょう。

　クリック数最大化を目指す場合、報酬rはクリックされたら1、されなければ0と設定するのが良いでしょう。この時、$p(1 \mid s, a) = P(R = 1 \mid s, a)$は、ある状態$s$のユーザーに動画$a$を推薦した場合のクリック率となります。この推薦の後、推薦された動画をクリックしたり、他の動画をクリックしたり、離脱して数日後に戻ってきたりすることで別の状態s'になります。この遷移確率が、$p(s' \mid s, a)$です。

　囲碁・将棋の場合、Sは可能な局面全体の集合であり、$s \in S$は特定の局面を表します。A_sは、その局面sにおいて着手可能な合法手全体の集合です。状態の遷移に確率的な要素はないので、$p(s' \mid s, a)$はs'が局面sでaという手を選択した次の局面である時に1で、そうでない時は0となる確率分布になります。

　報酬の設定は、レコメンドの時ほど自明ではありません。よく利用されるのが、勝利したら報酬+1を、敗北したら報酬−1を与え、それ以外は全ての報酬を0と設定する方法です[4]。

　ロボット制御の場合、例えばSはロボットの位置や可能な関節角度などの全体で、Aは各モーターの制御部に与える司令（トルクや位置など）の全体などになります。これらの集合は無限集合であるため、他の例とは別の強化学習手法が必要になります。$p(s' \mid s, a)$は、sが表す姿勢からaという制御をした次の瞬間に、どのような姿勢s'に遷移するかを表す確率密度です。

　報酬は、囲碁・将棋の場合よりもさらに非自明です[5]。囲碁・将棋の時のように、歩行での移動に成功したら+1、失敗したら−1という報酬を設定すると、学習初期のうまく制御できていない時期に得られる報酬の全てが−1となり、全く学習ができません。そのため、この報酬に加え、目的地に近づいたら微小な正の報酬を与え、姿勢が傾いたら微小な負の報酬を与えるなどのヒントを出してあげる必要があります。実際のタスクにおいては、この報酬設計も学習の成否に大きな影響

---

[4]　囲碁・将棋などのボードゲームの場合は、着手ごとに報酬はなく、終局時に1回だけ与えられます。このような場合には、終局時以外の報酬は0だと設定するのが一般的です。

[5]　報酬が非自明な場合に、熟練者の行動からその熟練者たちは何を良しとするかを分析する手法があります。これは、熟練者の行動から逆に報酬の値を推定する問題として定式化され、逆強化学習(Inverse Reinforcement Learning)と呼ばれる分野をなしています。また、熟練者の行動を模倣する模倣学習(Imitation Learning)という分野もあります。

を与える重要な要素です[6]。

マルコフ決定過程と強化学習

・強化学習は、「今の状態に応じて行動を決定し、その結果として成功や失敗などのフィードバックがあり、次の状態に移る」という構造を利用して定式化される。

・フィードバックは、報酬と呼ばれる数値で定式化される。

・状態をsで書き、状態全体の集合をSで書く。

・行動をaで書き、状態sでとりうる行動全体の集合をA_sで書く。

・報酬をrで書く。rは実数である。

・状態sで行動aを選択した結果、フィードバックとして報酬rをもらう。

・この報酬rは確率的にランダムに決まる場合もあれば、行動が同じなら毎回同じ報酬が貰える場合もある。どちらにしても、状態sで行動aを選択した後の報酬rの確率分布$p(r \mid s, a)$を用いて考える。

・状態sで行動aを選択した結果、次の状態s'に移る。

・この状態s'は確率的にランダムに決まる場合があれば、行動が同じなら毎回同じ状態に遷移する場合もある。どちらにしても、状態sで行動aを選択した後の状態s'の確率分布$p(s' \mid s, a)$を用いて考える。

・初期状態s_0は、確率的にランダムに決まる場合があれば、毎回同じ状態から始まる場合もある。どちらにしても、初期状態の確率分布$p(s_0)$を用いて考える。

・これらのS、A_s、$p(r \mid s, a)$、$p(s' \mid s, a)$、$p(s_0)$の5つの組を、マルコフ決定過程と言う。

・マルコフ決定過程の設定を変えることで、多様なタスクを強化学習で扱えるようになる。

■ マルコフ決定過程の種類

囲碁・将棋の例では、全ての試合は有限の手数を持って終了し、対局を1局、2

---

6)　強化学習においては、報酬の累積和の最大化が行われます。そのため、報酬の設定によっては、「確かに報酬は多く得られるが、タスクは全く解かれない」状態に至ることがあります。これはreward hackingと呼ばれる問題として知られています。

局と数えることができます。このような1つ1つのまとまりを**エピソード (episode)**
と言い、有限長のエピソードからなるマルコフ決定過程を、**エピソード的タスク
(episodic task)** と言います。エピソードタスクには、特定の状態に至ったらエ
ピソードが終了するものや、時間制限Tがあり、$t = T$となったらエピソードが終
了するものがあります。前者の特定の状態のことを、**終端状態 (terminal state)**
と言います[7]。

　一方、レコメンドの場合は、退会しない限り推薦は何度も行われます。このよ
うに、終わりがない軌跡を扱うマルコフ決定過程を、**連続タスク (continuous task)**
と言います。

　また、マルコフ決定過程のうち、状態集合も行動集合も有限集合のものを**有限
マルコフ決定過程 (finite MDP)** と言い、そうでないものを**無限マルコフ決定過
程 (infinite MDP)** と言います。本書では、主に有限マルコフ決定過程に対する
分析モデルを紹介します。

■ 方策とは

　ここからは、エージェントの定式化である方策について説明します。エージェ
ントは、各状態$s \in S$において、行動$a \in A_s$を選択します。この仕組を数学的に定
式化したものが**方策 (policy)** です。方策πは、各状態$s \in S$に対して、行動$a \in A_s$を
選択する確率分布を与える関数$\pi(a|s)$として定式化されます。

　方策πが確率分布であることには、いくつかの理由があります。まず、マルコ
フ決定過程が確率を含む概念なので、方策も確率的な概念を用いるのが自然だと
いうのが一番の理由です。また、実践的にも次の理由があります。良い方策がま
だわかっていない間は、各状態sで様々な行動を試してみる必要があります。こ
のような探索のためランダムに行動を選択する場合もあります。これを扱うため、
方策は確率分布として定義しているのです。また、ロボット制御など行動の選択
肢が連続的な場合は、その行動の良さも連続的に変化することが期待できます。
この場合、確率密度関数を用いて、一定の範囲の行動を連続的に選択する方策を
用いると、うまく最適化することができるという理由もあります。

---

7) 議論が一部複雑になるので、本書では、制限時間がある場合は扱いません。

■ 環境とエージェントとその境界

　強化学習の実務課題への適用では、どこまでを環境とし、どこまでをエージェントとするのかの境界を設定する必要があります。基本的には、充分に制御できる部分のみをエージェントとし、それ以外全てを環境とするのが王道です。

　強化学習では、学習が完了した後、得られる方策πを用いて行動を選択することとなります。方策πはベストな行動を教えてくれますが、それが実行不可能では意味がありません。そのため、全ての行動が正しく実行できるよう、エージェントは充分に制御できる部分のみとするのです。

　例えばロボットの制御の場合、直感的には、エージェントはロボット、環境は地面や壁の位置、風向きなどと設定したくなるでしょう。しかし、ロボットの姿勢は直接制御できない場合があります。方策の指定する次の時点の姿勢がロボットの動力で実現不可能であれば、その制御は破綻するでしょう。その場合は、エージェントはモーターのトルクなど、充分に制御できる部分のみとし、それ以外はロボットの姿勢も含めて全て環境に設定することがあります。

▼ エージェントと環境の境界

	エージェント：制御可能な部分	環境：エージェント以外全て
レコメンド	推薦する動画の選択	どんなユーザーが来るか？ ユーザーはクリックするか？ ……
囲碁・将棋	着手の選択	ゲームのルール、局面
ロボット制御	回路の電圧 モーターのトルクなど	ロボットの姿勢 物理法則 部屋の状態 ……

エージェントと環境

・行動の決定を行う主体をエージェント、それ以外を環境と言う。

・エージェントがとる行動は方策によって決められている。

・問題を強化学習で定式化する際、エージェントは充分に制御可能な部分とし、それ以外は全て環境とすることが一般的である。

・環境はマルコフ決定過程によって決められている。

13.3 価値関数と最適方策

収益と価値関数

強化学習の目的は、環境と相互作用して得られる報酬の累積和である収益を最大化する方策を見つけることでした。ここでは、最適化の対象である収益やその条件つき期待値である価値関数を紹介します[8]。

最大化したいのは報酬の累積和なので、

$$g = \sum_{t \geq 0} r_t$$

を最大化すれば良さそうです。しかし、r_t や g が確率的に変動するため、その最大化は単純ではありません。この問題への代表的な対処法が、これらの期待値を最大化することです。これらの確率変数を G や R_t と書いて、

$$G = \sum_{t \geq 0} R_t$$

の期待値である

$$E\left[G\right] = E\left[\sum_{t \geq 0} R_t\right] = \sum_{t \geq 0} E\left[R_t\right]$$

の最大化を考えましょう。この期待値は方策 π によって変わるので、利用中の方策 π を強調する場合は、$E^\pi[G]$ と書きます。

この期待値の和は無限和なので、発散する可能性があります[9]。これを回避するために、**割引率 (discount rate)** γ という、$0 \leq \gamma \leq 1$ となる数値を用いて[10]、

---

8) 数学的な注です。以降、極限やその交換が頻繁に登場します。これらの厳密な議論には注意が必要ですが、発展的な話題を含むので、本書ではその手の議論は全て省略することとします。

9) 「発散の可能性」なんて数学者向けの細かい話で、実務には関係ないと思うかもしれませんが、特に強化学習においてはそうはいきません。数学的に収束が保証されていない一部のアルゴリズムでは、学習が著しく遅いなど、実用上も不便なことがあるのです。証明を理解する必要はありませんが、頭の片隅に留めることは重要です。

10) 発散する可能性がある場合は、$\gamma < 1$ とする必要があります。一方、発散の問題が起こらない場合は $\gamma = 1$ と設定することも多いので、ここでは γ の範囲を $0 \leq \gamma \leq 1$ としました。

$$G = \sum_{t \geq 0} \gamma^t R_t$$

の期待値である

$$f_0(\pi) = E^\pi \left[G \right] = E^\pi \left[\sum_{t \geq 0} \gamma^t R_t \right] = \sum_{t \geq 0} \gamma^t E^\pi \left[R_t \right]$$

の最大化を目指します[11]。この G を**割引累積報酬 (discounted cumulative reward)**、または**割引収益 (discounted return)** と言い、その期待値 $E^\pi[G]$ を**期待割引累積報酬 (expected discounted cumulative reward)**、または**期待割引収益 (expected discounted return)** と言います。以降、特に断らない限り、単に収益と言えば期待割引収益を指すことにします。

　少し抽象的な議論が続いたので、この期待値 $E^\pi[G]$ の定義を確認しておきましょう。マルコフ決定過程では、確率分布 $p(s_0)$ を元に初期状態 s_0 が決まります。次に、方策 π によってその場で選ばれる行動 a_0 が確率的に決まり、マルコフ決定過程の $p(r \mid s, a)$ と $p(s' \mid s, a)$ を元に、報酬 r_0 と次の状態 s_1 が決まります。さらに、この状態 s_1 から方策 π によって確率的に行動を選択し、マルコフ決定過程によって報酬 r_1 が確率的に決まります。これの繰り返しで、r_t が確率的に決まります。これらの r_t に割引率 γ を掛けて足したものが割引収益で、その期待値が $E^\pi[G]$ です。

　この時、特に初期状態が $s_0 = s$ であった場合の条件付き期待値[12]を

$$V^\pi(s) = E^\pi \left[G \mid S_0 = s \right]$$

と書き、**状態価値関数 (state value function)** と言います。また、初期状態が $s_0 = s$ であり、そこで行動 $a_0 = a$ を取った場合の条件付き期待値を

$$Q^\pi(s, a) = E^\pi \left[G \mid S_0 = s, A_0 = a \right]$$

---

11) 収束させるために $\gamma < 1$ なる数値を用いることは不自然に思われるかもしれませんが、遠い将来の価値を割り引く発想はファイナンスにおいては基本的です。仮に金利が1%だとすると、今手元に100万円あれば、これを無リスクで1年後に101万円にできるため、今の100万円と1年後の101万円は同じ価値となります。逆に、1年後の100万円は、現在の価値に割り引くと $\frac{100}{101}$ 倍の990,099円の価値しかありません。同様に考えると、$\gamma = \frac{100}{101}$ とすれば、n 年後の100万円は、現在では $\gamma^n \times 100$ 万円の価値ということです。この文脈ではむしろ、割引収益を考えるほうが自然でしょう。実際、株価の算出理論の1つであるDCFではこの考え方が利用されています。

12) 厳密には、囲碁・将棋の場合など、初期状態になり得る状態が限られている場合、この定義は問題があります。興味がある人は定義を修正してみてください。

と書き、**行動価値関数 (action value function)** と言います[13]。それぞれ、方策 π を強調する必要がない場合は、$V(s)$ や $Q(s, a)$ と書きます。状態価値関数 $V^\pi(s)$ は、状態 s から方策 π に従って行動した時に、どの程度の収益が手に入るかを表す関数であり、行動価値関数 $Q^\pi(s, a)$ は、状態 s から行動 a を取ってみた後、方策 π にしたがって行動したらどの程度の収益が手に入るかを表す関数です。強化学習の目的は収益の最大化なので、状態価値関数と行動価値関数は本質的に用いられていくことになります。

図 13.3.1 | **収益と価値関数の全体像**

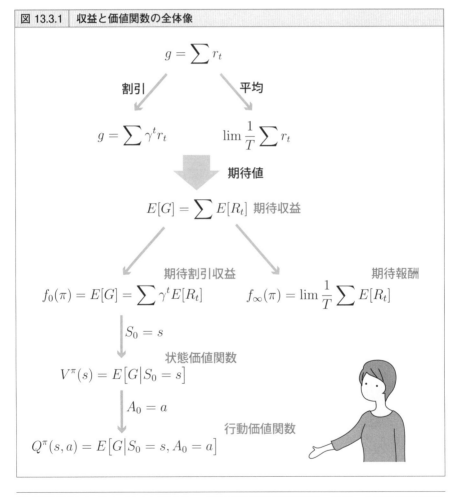

---

13) 時間制限があるエピソードタスクの場合は、一般にある時点以降の期待収益は、エピソードの残り時間に依存します。そのため、これらを区別して扱う必要があります。本書ではこの場合は扱いません。

割引率とは別の方法で発散を回避する方法もあります。それが、

$$f_\infty(\pi) = \lim_{T \to \infty} \frac{1}{T} E\left[\sum_{0 \le t < T} R_t\right] = \lim_{T \to \infty} \frac{1}{T} \sum_{0 \le t < T} E\left[R_t\right]$$

で定義される**期待報酬 (expected reward)** であり、こちらもよく用いられます。

ここまで、$f_0(\pi)$、$V^\pi(s)$、$Q^\pi(s,a)$、$f_\infty(\pi)$ の4つの関数を紹介してきました。これらはすべて報酬の和である収益の定式化です。強化学習は収益の最大化なので、以降に登場する全ての分析モデルは、これらを何とか最大化しようとする手法です。

価値関数と最適方策

実は、ある方策 π^* が存在して、その方策 π^* を利用すると、各状態での収益が最大となります。つまり、全ての状態 s について $V^{\pi^*}(s) = \max_\pi V^\pi(s)$ が成立します。この π^* を、**最適方策 (optimal policy)** と言います。実は、同じ π^* が行動価値関数も最大にします。つまり、任意の状態 s と行動 a に対して、$Q^{\pi^*}(s,a) = \max_\pi Q^\pi(s,a)$ が成立します。また、最適方策 π^* では、状態 s で選択される行動 a は常に $Q^{\pi^*}(s,a) = \max_{a'} Q^{\pi^*}(s,a')$ を満たし、また、$V^{\pi^*}(s) = \max_a Q^{\pi^*}(s,a)$ が成立します。これらの価値関数 V^{π^*}, Q^{π^*} を最適状態価値関数、最適行動価値関数と言います。

以上より、強化学習の究極の目標は、この最適方策を見つけることだと言えます。現実的に最適方策の発見が不可能な場合は、なるべく最適方策に近い、価値関数の値が大きい方策を見つけることが目標となります。これを、最適方策の近似と言います。

価値関数の具体例

またも抽象的な議論が続いたので、ここで具体例を見ていきましょう。タスクによっては、報酬の合計がある一定の値より大きくならない場合があります。この時は割引率を用いる必要がなく、$\gamma = 1$ と設定することも多いです。この場合、期待収益は単に報酬の合計の期待値となります。例えば、囲碁・将棋の場合、期

待収益 $E[G]$ は勝率、$V^\pi(s)$ は局面 s での勝率と同じ意味の数値となります[14]。

▼ 価値関数の具体例

タスク	価値関数
レコメンド	（割引）期待累積クリック数
囲碁・将棋	勝率
ロボット	明確な意味はなし

価値関数と最適方策

・強化学習の目的は、報酬の累積和である収益の最大化する方策を見つけることである。

・報酬の無限和の期待値は発散する可能性があり、実用には不向きである。そのため、割引率か平均を用いてこの無限和を収束させ、最適化に利用する。

・割引率を用いた期待割引収益が $f_0(\pi) = E^\pi[G]$ であり、初期状態が s である条件付き期待値が状態価値関数 $V^\pi(s)$、初期状態 s で行動 a を選択したという条件付き期待値が行動価値関数 $Q^\pi(s, a)$ である。

・平均を用いて収束させた期待報酬 $f_\infty(\pi)$ もよく用いられる。

・強化学習の分析モデルは、これらのいずれかを最大にする方策 π を探すために開発されている。

・全ての状態、行動について、価値関数の値を最大にする方策 π^* が存在する。これを最適方策と言う。

---

14) 引き分けがない場合、勝率を p とすると、$E[G] = 1 \times p + (-1) \times (1-p) = 2p - 1$ となります。一般に、$E[G]$ は -1 から $+1$ の数値となり、勝ちやすさを表します。

13.4 強化学習の学習プロセス

■ 強化学習の全体の流れ

強化学習を実施する際の典型的な流れは以下です。

（1）方策 π や価値関数 V, Q を初期化する

（2）方策 π にしたがって行動を選択し、データをためる

（3）得られたデータを元に、方策 π や価値関数 V, Q を更新する

（4）以下、（2）と（3）を学習が十分進むまで繰り返す

このように、方策を学習し、その方策を用いて行動選択をして、溜まったデータでまた方策を更新することを繰り返します。

学習初期の方策は、全くでたらめな行動を選択する傾向にあります。そのため、実環境に適用してデータを集めることが不可能な場合もあります。例えばレコメンドの場合、既存データで学習を十分に済ませてから実戦投入するのが良いでしょう。また、ロボット制御の場合は、シミュレーション環境で学習させてから実機に適用するなど、タスクに応じて様々な工夫が行われています。

■ 良い方策の見つけ方

強化学習の目的は、最適方策の発見です。この方法には大きく分けて、良い方策 π を直接見つける方法と、価値関数 V, Q を経由する方法の2つがあります。

直接的な方法の1つが、方策勾配法（15.3節）です。方策勾配法では、$f_0(\pi)$ や $f_\infty(\pi)$ を目的関数とし、これを最大化します。これらの勾配 $\dfrac{\partial f_0}{\partial \pi}$ や $\dfrac{\partial f_\infty}{\partial \pi}$ を効率的に計算する公式を用いて、確率的勾配降下と同じ方法で $f_0(\pi)$ や $f_\infty(\pi)$ が大きい方策 π を学習します [15]。

---

15) 勾配を計算する公式を、方策勾配定理と言います。深層学習と対比すると、方策勾配定理が誤差逆伝播に対応し、データによる勾配の近似は確率的勾配降下に対応します。

2つめは、価値関数を経由する方法です。仮に、Q が精度よく計算できたとしましょう。この時、状態 s で Q が最大になる行動 a を確率1で選択する方策 π を作れば、良い方策が手に入ることが期待できます。この方策は、

$$
\pi(a\,|\,s) = \begin{cases} 1 & \left(a = \underset{a'}{argmax}\, Q(s,a') \right) \\ 0 & (otherwise) \end{cases}
$$

と書けます[16]。このようにして行動価値関数 Q から得られる方策 π を、$\pi = argmax\ Q$ と書くことにしましょう。この発想を利用して、まず精度高く行動価値関数 Q を推定し、それを用いて良い方策 π を得る方法があります。

■ On-Policy と Off-Policy

精度良く行動価値関数 Q を推定する方法は、大きく2種類に分けられます。1つめは、現在利用中の方策 π から得られたデータを元に、この方策 π についての行動価値関数 Q^π の推定を中心に据える方法です。これは **On-Policy** な手法と呼ばれ、SARSA（14.6節）などの手法があります。

2つめの手法では、利用中の方策とは関係なく最適方策 π^* の行動価値関数 Q^{π^*} を推定します。これは **Off-Policy** な手法と呼ばれ、Q学習（14.5節）などの手法があります。

どちらの手法でも、行動価値関数の推定がある程度進んだら、

$$
\pi^{new} = \varepsilon\text{-}greedy\ Q
$$

として新しい方策 π^{new} を手にし、この方策を用いてまたデータ取得を再開します。ここで、$\varepsilon\text{-}greedy\ Q$ とは、確率 ε でランダムな行動を選択し、確率 $1 - \varepsilon$ で行動価値関数 Q が最大になる行動を選択する方策です。これは、**ε貪欲 (ε-greedy)** な手法と呼ばれます[17]。このように、データ収集、価値関数の推定値の更新、方策の

---

16) 行動価値関数 Q の最大値を与える行動 a が複数ある場合は、1つの方策だけの確率を1にするか、最大値を与える行動を等確率で取る方策を採用することが一般的です。

17) 学習の途中では Q の精度が高くないため、Q が最大となる行動以外も選択できる方が望ましいです。そのため、argmax ではなく $\varepsilon\text{-}greedy$ など、確率的に行動を選択する方策が用いられます。$\varepsilon\text{-}greedy$ 以外にも、ボルツマン方策(Boltzmann policy)などの方策作成方法が知られています。

更新を繰り返す手法を、**Generalized Policy Iteration (GPI)** と言います。

　Off-Policyの手法は、その時に利用中の方策がどんなものであっても、最適行動価値関数を直接推定できます。一方、データ生成に利用する方策 π と、価値関数を推定しようとしている最適方策 π^* が異なるため、学習が安定しないデメリットがあります。前者の方策を**行動方策 (behavior policy)**、後者の方策を**目的方策 (target policy)** と言います。

　逆に、On-Policyの手法は行動方策と目的方策が一致しているため、学習が安定しやすい性質があります。しかし、On-Policyの手法では、方策 π の行動価値関数 Q^π の推定には方策 π で集めたデータしか使えません。そのため、サンプル効率が悪いという課題もあります。

▼ On-Policy と Off-Policy

	On-Policy	Off-Policy
推定する価値関数	利用中の方策 π の価値関数 Q^π を推定する。	どんな方策 π を用いていても、最適行動価値関数 Q^{π^*} を推定できる※。
学習の安定性	目的方策と行動方策が一致しており、学習が安定する。	目的方策と行動方策が一致しておらず、学習が不安定になりうる。
サンプル効率性	方策 π の価値関数 Q^π を推定する際には、方策 π で集めたデータしか利用できず、サンプル効率が悪い。	どんな方策を用いたデータでも学習に利用可能で、サンプル効率が良い。

※一般的には、利用中の方策と異なる方策の価値関数を推定できる手法は、Off-Policyと言います。ここでは単純化のため、最適価値関数で説明しました。詳細は続く理論解析と、14.6節の理論解析にて説明します。

　On-Policyと Off-Policyのどちらを利用すればいいかという問いには、簡単な解はありません。それぞれの手法のメリット・デメリットを認識した上で、有利そうな方を選択したり、最終的には実験で試して良いものを採用したりすることになるでしょう。

・強化学習では方策や価値関数を初期化した後、データ収集と、方策や価値関数の更新の繰り返しで学習を進めていくことが一般的である。
・最適方策を見つける方法には大きく分けて2つあり、1つが方策を直接求める方法、もう1つが価値関数を経由する方法である。
・価値関数を経由する方法には、利用中の方策の価値関数を推定するOn-Policyな手法と、利用中の方策に関わらず最適価値関数を推定できるOff-Policyな手法がある。

理論解析★：On-PolicyとOff-Policyの定義は？

On-Policy、Off-Policyという名称を見ると、OnとOffの区別には明確な定義があり、全ての手法はOnかOffかに分類ができそうに感じるでしょう。ですが、実際には、全実践者に共有される明確な定義はなく、On-Policy寄りの手法からOff-Policy寄りの手法まで、様々な手法が連続的に分布しているとの理解が良いのではないかと考えています。

実際、OnとOffの定義には様々なバリエーションがあります。特に、次の2つはよく目にするのでないでしょうか。

・目的方策と行動方策が一致するものがOn-Policy、そうでないものがOff-Policy
・価値関数の更新方法[18]が利用中の方策πに依存するものがOn-Policy、そうでないものがOff-Policy

本書に登場するほとんどの分析モデルは、どちらの定義を利用してもOnとOffの判断が食い違うことはありません。ですが、14.5節に登場するn-step Q-learningは、前者の定義ではOff-Policy、後者の定義ではOn-Policyとなり、判断が食い違ってしまいます。また、最新の論文で提示される手法など、基礎から離れるに従って、On-PolicyとOff-Policyのどちらと認識すべきか判断が難しいものが増えていく印象です。

---

18) これは、データで近似しているベルマン作用素など想定しています。ベルマン作用素については14.1節で詳述しています。ベルマン作用素のデータ近似については、14.6節の理論解析で紹介しています。

　本書執筆時の議論の結果、おそらく実践者の間では、

・価値関数の更新に特定の方策πを用いて集めたデータしか利用できないものがOn-Policy、そうでないものがOff-Policy

という認識が一般的なのではないかという仮説に至りました。

　本書では、On-PolicyとOff-Policyの区別についてはこれ以上踏み込みません。初学者としては、基本の分析モデルがOn-PolicyかOff-Policyかを判断できるようになるとともに、これらの性質の違いをしっかり把握することが重要でしょう。

　その後、最先端に踏み出す時には、On-PolicyとOff-Policyには明確な境界線はないことを理解した上で、その場の空気を読んで議論についていくことが肝要でしょう。

13.5 強化学習の特徴

■ 強化学習の特徴とは

強化学習は、その他の機械学習技法とは本質的に異なる点がいくつかあります。この違いを理解することで、強化学習の適材適所な利用が可能になるとともに、強化学習の勉強の支えにもなるでしょう。

具体的な強化学習技法に入る前に、ここで強化学習の特徴をまとめておきます。強化学習の技法を早く知りたい場合は、以降の節を飛ばして第14章に進むことも可能です。

■ 遅延報酬

強化学習で最大化する収益は、$\sum \gamma^t r_t$ の形をしています。このため、収益を最大化するには、行動の直後の報酬のみならず、何ステップも先に得られる報酬 r_t も加味した最適化を行う必要があります。教師あり学習の問題であれば、分類や回帰をした直後に正誤（≒報酬）がわかることと対照的です。方策による行動の選択から数ステップ先の報酬の確定までに時間的な遅延があるので、これを**遅延報酬 (delayed reward)** と言います。

これは、レコメンドにおいて顕著な違いをもたらします。例えば、レコメンドした動画がクリックされるか否かを機械学習の技法で判定し、その結果を用いて動画の推薦を行ったとしましょう。この場合、クリックされやすい動画を推薦することになりますが、その後の満足度などは一切加味されません。一方、強化学習では長期的なクリック数の総和を最適化するため、レコメンドの信頼度を高め、次もクリックしたいと思わせるような動画が推薦されることになります。

遅延報酬の概念は、最適化上の困難も生み出します。とある状態 s で、行動 a を選択した時の期待収益は、その後の行動にも依存します。例として、現在の方策 π では、行動 a を選択した後の行動は洗練されているが、行動 a' の後の行動は未熟

図 13.5.1 | 機械学習と強化学習の性格の違い

教師あり学習が選択

クリックはするが
満足度△

短期のクリック最大化

強化学習が選択

満足度◎
また動画を
見たくなる

→長期的な最大化

であった場合を考えましょう。仮に、最適方策ではa'を選択すべきであったとしても、現状の方策ではaを選択する方が高い収益が得られる可能性があります。結果として、データも行動aを選択するものが多くなり、行動a'の価値$Q^{\pi}(s, a')$やその後の方策の学習も遅くなってしまうことがあるのです。

これは、囲碁・将棋で考えるとわかりやすいでしょう。囲碁や将棋には様々な戦法があります。戦法Aが得意だが戦法Bは苦手な場合、仮にトッププロの中では戦法Bの方が良いとされていたとしても、実際にその人が高い勝率を出せるのは戦法Aでしょう。そして、そうである限りその人は戦法Aを好んで選択し、戦法Aは上達するでしょうが、かなり強い意思を持って勉強しない限り、戦法Bは上達しないはずです。これは、後に紹介する探索と適用のトレードオフとも関係する、強化学習における深いテーマの1つです。

■ 根本的に異なる2種の領域

強化学習においては、状態数や行動数の大小によって、根本的に異なる2種の領域があると言えます。状態数や行動数が小さい場合、VやQの値を全ての状態や行動について精度良く計算することが可能です。したがって、期待収益を最大化する最適方策π^{*}を求めることもできます。これらの手法については、第14章で扱います。

一方、状態数や行動数が大きい場合、上記の方針は根本的に不可能です。例えば、将棋の局面数は10^{60}以上、囲碁の局面数は2.1×10^{210}程度あることが知られています。そもそもこんな量のデータを保持することすら不可能で、ましてや最

適方策の発見など望むべくもありません[19]。

あるいは、ロボットの制御の場合、そもそも状態や行動は連続であるため、選択肢が無限にあり得ることになります。この場合、関数近似など何らかの工夫が必須であり、状態数や行動数が小さい場合とは大きく異なる手法が用いられます。この話題については第15章で扱います[20]。

■ データ収集

強化学習の大きな強みの1つは、集めるデータを直接制御できる点です。例えばレコメンドにおいて、とあるユーザーにとある商品を推薦した時、クリックしてくれるかどうかのデータがなかったとします。そのデータが必要ならば、実際に推薦してみるだけで、そのデータを手に入れることができます。

また、囲碁・将棋の場合、自己対局と呼ばれる手法でデータを大量に生成できます。これは、現在作成中のAI同士で対局させ、その手筋と勝敗のデータを集める方法です。ロボット制御の場合、実機での実験のみならず、シミュレーション環境を用いることで大量の試行を重ねてデータを集めることができます。このように、データを大量に生成できるタスクは特に強化学習との相性が良く、困難なタスクが続々と解決されてきています。

■ 探索と適用のトレードオフ

収集するデータを制御できることは、新たな悩みももたらします。高い収益を狙うのであれば、その時に最適と考えられている行動を取り続ければ良いでしょう。ただし、これでは集まるデータが同質のものばかりになってしまい、未知の状態や行動についてのデータは集まりません。他に良い行動がある場合、その発見が遅れてしまうため、機会損失に繋がります。

これを回避するため、一定の確率で最適とは限らない行動をランダムに選択し、

---

[19] ムーアの法則が続くと強く信じ、1.5年で半導体の性能が2倍になるとすれば、性能が10倍になるのにおよそ5年なので、将棋は約300年後、囲碁は約1000年後には完全解析が可能になるかもしれません。ですが、私には待てません。

[20] 教材によっては、第14章の分析モデルしか扱われていない場合があります。もしあなたが「すごいAI」を強化学習で作りたいのであれば、第15章の分析モデルの勉強を行う必要があります。もちろん、前者の内容を理解しないと後者は理解できないので、前者を基礎としてしっかり理解した後、早々に後者の勉強を開始することがおすすめです。

データの多様性を確保することがあります。ただ、この場合は悪い行動も一定確率で選択してしまうので、短期的な収益は低下してしまいます。

　このように、その段階で良いと思われている方策の利用を**活用 (exploitation)**、最適とは限らない行動を選択し、情報を集めることを**探索 (exploration)** と言います。活用の度合いが高すぎると、短期的な収益は高いものの長期的には機会損失が発生する可能性があります。逆に、探索の度合いが高すぎると長期的には収益が高まるものの、短期的収益が毀損する可能性があります。これを、**探索と活用のトレードオフ (The exploration-exploitation trade-off)** と言います。

　これは何も難しい話ではありません。あなたはおいしいご飯が食べたいとしましょう。今日、美味しいご飯を食べたいのであれば、一番のお気に入りのレストランに行けばいいですよね。しかし、毎回そのレストランに行っていては、他のおいしい食べ物の存在に気づけません。かといって、初めて入るレストランでは、おいしい料理が出されない可能性もあります。これが、探索と活用のトレードオフです[21]。

　効率の良い学習のためには、探索と活用のバランスが非常に重要になります。そして、効果的な探索と活用の手法が開発されたからこそ、強化学習を用いて非常に困難な問題も解けるようになったのです。

---

21) 近年注目を集めている経営哲学である「両利きの経営」では、探索（新規事業の開発）と深化（既存事業のさらなる改善）の相反する2つの活動を高いレベルで両立させることが重要だと説かれます。この2者を英語ではexplorationとexploitationと言い、これらの間のトレードオフはThe exploration-exploitation trade-offと全く同じ用語を用います。この手のトレードオフは、強化学習にとどまらず、人間の営みにおいて極めて普遍的に存在するものなのかもしれません。

13.6 強化学習の全体像

■ 強化学習の勉強の難しさ

強化学習は多様な概念と手法が有機的に結びついて全体を成す複雑な分野であり、混乱がかなり生じやすい分野です。そこで、ここでは見通しを良くするため、強化学習の全体像を主要な4つの対象と5つのタスクを軸に整理します。

これらを明確に区別し、今どのタスクについて考えていて、それにはどの対象がどういう位置づけで関わっているのかが明確であれば、かなり見通しよく学べるでしょう。

なお、本質をなるべくシンプルに整理することを目指したため、この節の主張には反例が存在する場合が多々あります。初学者の方はあまり細かいことは気にせずに読み、プロの方は全てにツッコミを入れながら読んでみてください。

■ 4つの対象

強化学習には、大きく分けると次の4つの考察対象があります。データ、方策、価値関数、マルコフ決定過程です。以降、それぞれ「data」「π」「V, Q」「p, r」と略記します。ここで言うデータとは、エージェントと環境の相互作用を通して生まれた軌跡やエピソード $s_0, a_0, r_0, s_1, a_1, r_1,..., s_t, a_t, r_t,...$ の集まりです。マルコフ決定過程では、特に未知であることが多い報酬の確率分布 $p(r \mid s, a)$ と、状態遷移の確率分布 $p(s' \mid s, a)$ が考察の対象の中心となります[22]。

例えば、データから方策を直接学習する場合は「data → π」という依存関係になっていると表現し、方策 π を調整して探索させ、多様なデータを集めることを試みる場合は「π → data」という関係であると表現できます。

---

[22] マルコフ決定過程については、状態遷移の確率分布 p と報酬 r に興味があることが多いので、「p, r」と略記することにしました。初期状態の確率分布 $p(s_0)$ への興味はタスクにより性質が変わります。囲碁・将棋の場合、初期局面は決まっているので $p(s_0)$ は既知です。一方、自己対局を行う場合や、ロボットのシミュレーションの場合、様々な状況に対応できるよう、$p(s_0)$ を人為的に設定し、様々な状態から始めるエピソードを生成することがあります。レコメンドにおいては、$p(s_0)$ は、新規登録者はどのような属性でどのような趣向を持つかを表す確率分布であり、推定の対象となります。

■ 5つのタスク

強化学習には、本質的に異なる5種類のタスクがあります。これらはうまく組み合わせることで、非常に強力な性能を発揮します。そのため、最新の分析モデルはこれらのタスクの組み合わせになっています。注意しながら学んでください。

（1）方策πを直接学習する

最適方策π^*や、それをよく近似するπを直接学習することを目指します。この手法としては、方策勾配法やそれを利用したREINFORCEなど（15.3節）が代表的です。これは「○○ → π」のタイプの問題であると表現できます。○○の部分には方策の推定に使う対象が入り、例えばREINFORCEの場合は、「data → π」のタイプと表現できます。

（2）最適行動価値関数Q^{π^*}の学習を経由して方策を学習する（Off-Policy）

最適行動価値関数Q^{π^*}や、それをよく近似するQを見つけることを目指します。良いQが見つかれば、$\pi^{new} = \mathrm{argmax}\ Q$や$\pi^{new} = \varepsilon\text{-}greeedy\ Q$とすることでより良い方策を見つけることができます。これは、「○○ → V, Q」のタイプの問題であると表現でき、Q学習法やDeep Q-Network(DQN)など、様々な手法が開発されています。

（3）方策πの価値関数V^π, Q^πの学習を経由して方策を学習する（On-Policy）

手にしている方策πに対して、その価値関数V^π, Q^πの計算を目指すタスクです。これは**方策評価(policy evaluation)**とも呼ばれます。基本的に、得られた推定値は$\pi^{new} = \mathrm{argmax}\ Q^\pi$や$\pi^{new} = \varepsilon\text{-}greeedy\ Q^\pi$を通して、より良い方策$\pi^{new}$を得ることに利用されます。また、方策勾配法では$Q$の値を用いることもあるので、方策勾配法の部分問題として利用されることもあります。これも、「○○ → V, Q」のタイプの問題と書けます。

ここまでの3つのタスクは、現在の方策πでのデータ収集、得られたデータを元に価値関数V, Qや方策πの更新、新しい方策でのデータ収集……を繰り返す、Generalized Policy Iteration（13.4節）と合わせて利用され、最適方策の探索に用いられることが一般的です。

（4）探索

　強化学習の最大の特徴の1つが、集めるデータを選択できることであり、探索を通したデータのコントロールは強化学習の非常に重要なテーマの1つです。Atariというゲーム機の攻略研究の最終段階では、探索手法の改善が本質的な性能向上をもたらしました。これには、楽観的な初期値やUCB法、内発的報酬など、様々な手法が知られています。これは、「○○ → data」のタイプの問題です。

（5）マルコフ決定過程の推定

　強化学習のタスクは、マルコフ決定過程で定式化されます。この時、$p(r|s,a)$ と $p(s'|s,a)$ は未知であることが多いです。これらの推定がうまく行けば、価値関数 V^π, Q^π の計算に利用することができるなど、幅広い応用ができます。

　このように、マルコフ決定過程を推定し、その情報を利用する手法を**モデルベース (model-based)** の手法と言い、**モンテカルロ法 (Monte-Carlo method)** から **World Models**、**SimPLe(Simulated Policy Learning)** など様々な分析モデルがあります[23]。これは「○○ → p, r」のタイプの問題です。逆に、マルコフ決定過程の情報を利用しない手法を、**モデルフリー(model free)** の手法と言います。

▼ 強化学習5つのタスク

種別	概要
タイプ1：πを学習	方策 π を直接学習する。
タイプ2：V^π, Q^π 経由で学習	最適行動価値関数 Q^π を学習し、$\pi^{new} = \text{argmax } Q$ や $\pi^{new} = \varepsilon\text{-}greeedy\ Q$ で方策を更新する（Off-Policy）。
タイプ3：V^π, Q^π 経由で学習	方策 π に対する価値関数 Q^π を学習し、$\pi^{new} = \text{argmax } Q$ や $\pi^{new} = \varepsilon\text{-}greeedy\ Q$ で方策を更新する（On-Policy）。
タイプ4：探索	データが不足している状態や行動を観測すべく、行動選択を行う。
タイプ5：環境を学習	マルコフ決定過程の未知数（とくに $p(r\|s,a)$, $p(s'\|s,a)$）を推定する。

---

23) World Modelsは、以下の論文で紹介された分析モデルのことを指す場合と、$p(s'|s,a)$ のモデルを用いたモデルベース手法全般のことを指す場合があります。
　　Ha, David, and Jürgen Schmidhuber. "World models." *arXiv preprint arXiv:1803.10122* (2018).

■囲碁・将棋AIでの強化学習の利用法

実は、現代の囲碁・将棋AI開発では、強化学習は上記で紹介した枠組みと別の考え方も用いられています。

環境が既知の場合に良い方策を見つける手法を、**プランニング (planning)** と言います。MCTSというプランニング手法を用いると、現在の方策 π より強い方策 π' を作ることができます。AlphaGoのシリーズでは、これを用いて、π が π' に近づくよう学習させ、強いAIを作っています。これは15.5節で紹介します[24]。

強化学習の全体像

- 強化学習には4つの考察対象として、データ（data）、方策（π）、価値関数（V, Q）、マルコフ決定過程（p, r）がある。
- 強化学習には5つのタスクとして、方策 π の直接学習、最適行動価値関数 Q^{π^*} 経由の学習、方策 π についての行動価値関数 Q^π 経由の学習、探索、マルコフ決定過程の推定がある。
- 前半の3つは、データ収集と方策更新をくり返すGeneralized Policy Iterationと組み合わせ、最適方策 π^* の近似に用いられる。
- 多様な概念が複雑に関わり合っているため、初学習時は混乱しやすい。

---

[24] プランニングには、他にも様々な手法があります。例えば、将棋プロ棋士も愛用している人が多い将棋ソフトの水匠は、そのエンジン部分(探索部)にやねうら王が採用されています。このやねうら王では、Alpha-Beta法（を基礎としたアルゴリズム）が用いられています。

第13章のまとめ

- 強化学習とは、環境と相互作用して得られる報酬の累積和である収益を最大化する方策を見つけることである。
- 強化学習は非常に多くの種類のタスクを内包する概念であり、それぞれで特有の課題がある。
- 環境は、数学的にはマルコフ決定過程で定式化される。
- 実際に最大化される収益には、期待割引報酬、状態価値関数、行動価値関数、期待報酬などいくつかの種類がある。
- 強化学習の基本的な方針は、方策を用いたデータ収集と、データを用いた方策・価値関数の更新の2つの繰り返しで最適方策探索を行うGeneralized Policy Iterationである。
- 強化学習は、遅延報酬によって長期的な最適化を行う傾向がある。
- 強化学習には、主要な4つの対象と5つのタスクがある。

強化学習の技法
ベルマン方程式からTD(λ)法までと探索技法

●

第14章では、状態の集合Sや行動の集合A_sが小さい場合で特に活躍する分析モデルを扱います。これらは基本的な問題に対処できるのみならず、最先端の分析モデルの基礎ともなっています。また、全ての技法について、4つの対象、5つのタスクとどのような関係にあるかも明示しながら紹介していくので、これらを明確に意識しながら読むようにしてください。

14.1 ベルマン方程式とベルマン作用素

■ 4種類の価値関数

　ここから先は、価値関数の正しい値を V, Q と書き、推定値には ^ をつけて $\hat{V}, \hat{Q}$ と書きます。両者は別物なので、区別しながら読みすすめてください。

　多くの強化学習の分析モデルでは、価値関数 V や Q の推定値である $\hat{V}$ や $\hat{Q}$ をなるべく精度良く求め、$\pi^{new} = \mathrm{argmax}\,\hat{Q}$ や $\pi^{new} = \varepsilon\text{-}greeedy\,\hat{Q}$ などで方策を更新する Generalized Policy Iteration の方針がとられます。よく用いられる価値関数は、方策 π に対する状態価値関数 V^{π}、行動価値関数 Q^{π} と、最適方策 π^* に対する価値関数である最適状態価値関数 V^{π^*}、最適行動価値関数 Q^{π^*} の4つです。最後の2つは、以降 $V^* = V^{\pi^*}, Q^* = Q^{\pi^*}$ と書くことにします。

　それぞれの定義式は、以下の通りでした。

$$V^{\pi}(s) = E^{\pi}\left[G\,\middle|\,S_0 = s \right] = E^{\pi}\left[\sum_{t \geq 0} \gamma^t R_t\,\middle|\,S_0 = s \right]$$

$$Q^{\pi}(s,a) = E^{\pi}\left[G\,\middle|\,S_0 = s, A_0 = a \right] = E^{\pi}\left[\sum_{t \geq 0} \gamma^t R_t\,\middle|\,S_0 = s, A_0 = a \right]$$

$$V^*(s) = E^{\pi^*}\left[G\,\middle|\,S_0 = s \right] = E^{\pi^*}\left[\sum_{t \geq 0} \gamma^t R_t\,\middle|\,S_0 = s \right]$$

$$Q^*(s,a) = E^{\pi^*}\left[G\,\middle|\,S_0 = s, A_0 = a \right] = E^{\pi^*}\left[\sum_{t \geq 0} \gamma^t R_t\,\middle|\,S_0 = s, A_0 = a \right]$$

　第14章で紹介する分析モデルは、状態価値関数 V の全ての行動 s についての値や、行動価値関数 Q の全ての行動 a についての値を推定する方法です。全ての推定値を並べると表のようになることから、**表形式の手法 (tabular method)** と呼ばれます。

■ ベルマン方程式

　ここからは、価値関数の推定手法を見ていきます。上記の価値関数は無限和で定義されており、直接の計算が困難です。そこで用いられるのが、ベルマン方程式です。ベルマン方程式は、価値関数を単にR_tの無限和の期待値と捉えるのではなく、マルコフ決定過程で起こることに思いを馳せて導出されます。図14.1.1を見ながら、状態s_0での状態価値関数$V^\pi(s_0)$の計算を考えてみましょう。

| 図 14.1.1 | ベルマン方程式のイメージ |

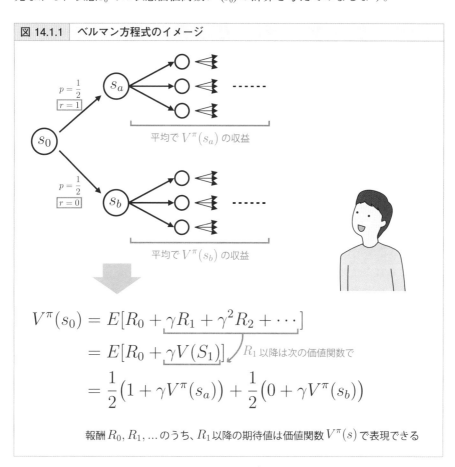

$$V^\pi(s_0) = E[R_0 + \underbrace{\gamma R_1 + \gamma^2 R_2 + \cdots}]$$
$$= E[R_0 + \underbrace{\gamma V(S_1)}] \quad R_1 \text{以降は次の価値関数で}$$
$$= \frac{1}{2}\big(1 + \gamma V^\pi(s_a)\big) + \frac{1}{2}\big(0 + \gamma V^\pi(s_b)\big)$$

報酬$R_0, R_1, \ldots$のうち、R_1以降の期待値は価値関数$V^\pi(s)$で表現できる

　状態s_0では行動は2通りあり、現在の方策πではそれぞれを等確率で選択するとします。それぞれの行動の後の報酬を1, 0とすると、$E[R_0] = \frac{1}{2} \times 1 + \frac{1}{2} \times 0 = \frac{1}{2}$となります。そしてその後、行動に応じて状態$s_a$か$s_b$に遷移します。例えば状態$s_a$

に遷移した場合、これ以降の期待割引累積報酬の期待値は$V^{\pi}(s_a)$となるはずです。これは状態s_bの時も同じなので、$E[R_1]$以降の期待値をV^{π}を用いて計算すると、次の式が得られます（図14.1.1）。

$$V^{\pi}(s_0) = \frac{1}{2}\Big(1 + \gamma V^{\pi}(s_a)\Big) + \frac{1}{2}\Big(0 + \gamma V^{\pi}(s_b)\Big)$$

このように、状態価値関数$V^{\pi}(s_0)$の計算に状態価値関数$V^{\pi}(s_a)$, $V^{\pi}(s_b)$を用いると、無限和を回避することができます。これを一般的な形で表現すると、

$$V^{\pi}(s) = \sum_{a \in A_s} \pi(a \mid s)\left(\sum_{r} p(r \mid s,a)r + \gamma \sum_{s' \in S} p(s' \mid s,a)V^{\pi}(s') \right) \quad (14.1.1)$$

となります。これを、状態価値関数の**ベルマン方程式(Bellman equation)**と言います。

このベルマン方程式(14.1.1)を解読していきましょう。

右辺全体は、状態sで選択可能な行動$a \in A_s$についての和になっており、括弧の中にまた和が2つあります。まずは括弧の中を見ていきます。

括弧の中身の左のΣは、状態sで行動aを選択した時の報酬rの期待値です。右のΣは、状態sで行動aを選択した時の次の状態s'の、価値関数の値$V^{\pi}(s')$の期待値です。これがR_1以降の全ての（割引）報酬の和の期待値を、価値関数V^{π}を用いて表したものです。この2つを合わせると、行動aを選択した後の期待割引累積報酬となります。これに、方策πで行動aを選択する確率$\pi(a \mid s)$を掛けて足すことで、右辺は割引累積報酬の期待値、つまり、状態価値関数$V^{\pi}(s)$に一致します。

以上をまとめると、ベルマン方程式は、状態sでの価値関数の値$V^{\pi}(s)$は「直後の報酬の期待値」と「割引率×次の状態の価値関数$V^{\pi}(s')$の期待値」の和に等しいことを意味しています。

この式(14.1.1)は、$V^{\pi}(s)$を$V^{\pi}(s')$たちの1次式で表した式を見ることができます。なので、ベルマン方程式は価値関数の値$V^{\pi}(s)$たちの連立1次方程式と見ることができます。実は、割引率γが$\gamma < 1$であるなどの条件を満たす時、この方程式には解がただ1つ存在します。（状態が多すぎない場合は）この方程式を直接解くことで、価値関数を求めることができます。

他にも、行動価値関数に対するベルマン方程式を考えることができ、

$$Q^{\pi}(s,a) = \sum_{r} p(r\,|\,s,a)r + \gamma \sum_{s' \in S} \left(p(s'\,|\,s,a) \sum_{a' \in A_{s'}} \pi(a'\,|\,s') Q^{\pi}(s',a') \right) \quad (14.1.2)$$

となります。また、VをQ、QをVで表すこともでき、

$$V^{\pi}(s) = \sum_{a \in A_s} \pi(a\,|\,s) Q^{\pi}(s,a) \quad (14.1.3)$$

$$Q^{\pi}(s,a) = \sum_{r} p(r\,|\,s,a)r + \gamma \sum_{s' \in S} p(s'\,|\,s,a) V^{\pi}(s') \quad (14.1.4)$$

となります。それぞれ言語化すると、式(14.1.3)は「状態価値関数は行動価値関数の期待値」、式(14.1.4)は「行動価値関数は、直後の報酬の期待値と、次の状態の状態価値関数の期待値の和」となります。

なお、最適価値関数$V^{*}(s)$、$Q^{*}(s, a)$についても同様で、次の式が成立します。

$$V^{*}(s) = \max_{a \in A_s} \left(\sum_{r} p(r\,|\,s,a)r + \gamma \sum_{s' \in S} p(s'\,|\,s,a) V^{*}(s') \right) \quad (14.1.5)$$

$$Q^{*}(s,a) = \sum_{r} p(r\,|\,s,a)r + \gamma \sum_{s' \in S} p(s'\,|\,s,a) \max_{a' \in A_{s'}} Q^{*}(s',a') \quad (14.1.6)$$

$$V^{*}(s) = \max_{a \in A_s} Q^{*}(s,a) \quad (14.1.7)$$

$$Q^{*}(s,a) = \sum_{r} p(r\,|\,s,a)r + \gamma \sum_{s' \in S} p(s'\,|\,s,a) V^{*}(s') \quad (14.1.8)$$

式の各所で方策π^{*}についての期待値が、最大値を取る操作に変わっています。これは、最適方策は価値関数が最大になる行動を取るからです。この式(14.1.5)と式(14.1.6)を、**ベルマン最適方程式 (Bellman optimality equation)** と言います。

14.2 価値反復法

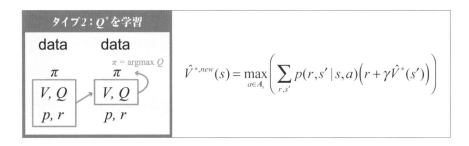

タイプ2：Q^* を学習

data　data

π　π

$\pi = \mathrm{argmax}\, Q$

V, Q　V, Q

p, r　p, r

$$\hat{V}^{*,new}(s) = \max_{a \in A_s}\left(\sum_{r,s'} p(r,s'\,|\,s,a)\left(r + \gamma \hat{V}^*(s')\right)\right)$$

■ 価値反復法とは

ここからは実際に、強化学習の様々な分析モデルを見ていきます。各節の最初には、分析モデルの要約を図でまとめてあります。左上にタスクの5分類、左下に4つの対象のどれからどれを計算するかの模式図、右側に主要な数式を記載しています。強化学習の全体像の中での、各手法の位置づけをイメージしながら読むと理解が早いでしょう。

まずは、環境 p, r が既知の場合の分析モデルです。

環境が既知の状況で良い方策を探すことを、プランニングと言うのでした。**価値反復法 (Value Iteration)** は、価値関数を反復的に計算し、最適価値関数の推定値 $\hat{V}^*$ を計算する方法です。その後、$\hat{V}^*$ から式 (14.1.8) を利用して $\hat{Q}^*$ を計算し、$\pi = \mathrm{argmax}\,\hat{Q}^*$ で方策を求めます。以下に詳細を紹介します。

価値反復法では、まず推定値の値を適当に初期化します。そして、$\hat{V}^*(s)$ をベルマン最適方程式 (14.1.5) の右辺に代入し、その結果を新しい推定値 $\hat{V}^{*,new}(s)$ とします。これを全ての s について計算して、価値関数の推定値を更新します。

この更新は、$p(r\,|\,s,a)$ と $p(s'\,|\,s,a)$ を合わせた確率分布を $p(r,s'\,|\,s,a)$ と書くと、次の式で表されます。

$$\hat{V}^{*,new}(s) = \max_{a \in A_s} \left(\sum_{r,s'} p(r,s' \mid s,a)\left(r + \gamma \hat{V}^*(s')\right) \right)$$

この $\hat{V}^*$ から $\hat{V}^{*,new}$ を作る操作を、**ベルマン最適作用素(Belman optimality operator)** と言います。この操作を何度も適用する極限をとると（$\gamma < 1$ などの条件を満たす場合）、最適価値関数 V^* に収束することが知られています。これは、右辺で $\hat{V}^*$ が γ 倍されることにより、誤差も γ 倍されることに由来します[1]。この事実を背景に、価値反復法ではベルマン最適作用素を何度も適用し、最適価値関数 V^* の精度の高い推定値を手に入れるのです。

ベルマン最適作用素をたくさん適用すると、徐々に $\hat{V}^*$ の値の変化が少なくなります。予めしきい値 $\varepsilon > 0$ を決めておき、例えば $\max_s \left| \hat{V}^{*,new}(s) - \hat{V}^*(s) \right| < \varepsilon$ などとなったら更新を終了します。最後に、式(14.1.8)を利用して $\hat{V}^*$ から $\hat{Q}^*$ を計算し、$\pi = \mathrm{argmax}\, \hat{Q}^*$ で方策を求めます。これで価値反復法の完了です。

価値反復法での各登場人物の関係性を確認しておきましょう。

ベルマン最適作用素は、強化学習の4つの対象のうち、価値関数 V の推定値と環境 p, r から価値関数 V の新しい推定値を計算する手法です。冒頭の図では、これを V, Q と p, r から V, Q への矢印で表現しています。最後に、Q の推定値から方策 π を計算するので、V, Q から π への曲がった矢印を付しました。

■ 価値反復法の弱点と方策反復法

価値反復法の後半では、$\hat{V}^*$ の値の更新量が小さくなります。そのため、ある一定のタイミングより先では、$\pi = \mathrm{argmax}\, \hat{Q}^*$ は変わらないのに価値関数の推定値の更新だけが続くことになります。これでは、計算量が無駄になってしまいます。

また、ε の設定が大きすぎると、価値関数の推定値 $\hat{V}^*(s)$ と実際の価値関数の値 $V^*(s)$ の値の乖離が大きく、$\pi = \mathrm{argmax}\, \hat{Q}^*$ が最適方策と一致しない可能性もあります。

これらの問題を解消するのが、次に紹介する方策反復法です。

---

1) 厳密な証明は『強化学習』（森村哲郎、講談社）にあります。

14.3 方策反復法

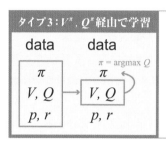

タイプ3：V^π, Q^π経由で学習

$$\hat{V}^{\pi,new}(s) = \sum_{a \in A_s} \pi(a \mid s)$$

$$\times \left(\sum_{r,s'} p(r,s' \mid s,a)\left(r + \gamma \hat{V}^\pi(s')\right) \right)$$

$$\pi^{new} = argmax \, \hat{Q}^\pi$$

■ 方策反復法とは

方策反復法 (Policy Iteration) では、価値関数の推定と方策の更新を交互に行います。

まず適当に方策 π を初期化し、その価値関数 V^π を推定します。状態数が小さい場合は、ベルマン方程式(14.1.1)を直接解いて求めます。それが難しい場合、価値反復法と同様、価値関数の推定値 $\hat{V}^\pi$ を初期化し、ベルマン方程式を用いた次式での更新をくり返して推定値を求めます。

$$\hat{V}^{\pi,new}(s) = \sum_{a \in A_s} \pi(a \mid s)\left(\sum_{r,s'} p(r,s' \mid s,a)\left(r + \gamma \hat{V}^\pi(s')\right) \right)$$

この $\hat{V}^\pi$ から $\hat{V}^{\pi,new}$ を作る操作を、**ベルマン作用素 (Bellman operator)** と言います。ベルマン作用素も、何度も繰り返す極限で（$\gamma < 1$ などの条件を満たす場合は）価値関数 V^π に収束します。

価値関数の推定精度が十分高まったら、式(14.1.4)で Q^π を求め、$\pi^{new} = argmax \, Q^\pi$ で方策を更新します。その後、新しい方策についての価値関数を推定し、十分精度が高まったら方策を更新する操作を繰り返します。

この繰り返しで、良い方策とその価値関数を手にする方法を方策反復法と言います。方策反復法も、（適切な条件下で）方策 π が最適方策 π^* に収束することが知られています。

14.4 TD法

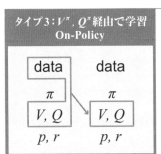

タイプ3：V^π, Q^π経由で学習
On-Policy

$$\hat{V}^{\pi,new}(s) = \hat{V}^\pi(s) + \alpha\left(r + \gamma\hat{V}^\pi(s') - \hat{V}^\pi(s)\right)$$

■ TD法とは

TD法(Temporal Difference method) は、データから価値関数を推定する手法で、数多くの分析モデルの基礎となっています。TD法では、適当に$\hat{V}^\pi(s)$を初期化した後、方策πを用いて集めたs_t, a_t, r_t, s_{t+1}のデータを利用して、

$$\hat{V}^{\pi,new}(s_t) = \hat{V}^\pi(s_t) + \alpha\left(r_t + \gamma\hat{V}^\pi(s_{t+1}) - \hat{V}^\pi(s_t)\right)$$

の式で、状態s_tでの価値関数の推定値$\hat{V}^\pi(s_t)$を更新します。これを手持ちのデータについて何度も反復することで、V^πの推定値を精度良く求めることを目指します。ここで、更新式の右辺の括弧の中身である

$$\delta_t = r_t + \gamma\hat{V}^\pi(s_{t+1}) - \hat{V}^\pi(s_t)$$

を、**TD誤差 (TD error)** と言います。

次に、この更新式の意味を見ていきましょう。右辺は、$\hat{V}^\pi(s)$を$r_t + \gamma\hat{V}^\pi(s_{t+1})$の方へ$\alpha$の分だけ寄せる式になっています[2]。なので、TD法では$\hat{V}^\pi(s_t)$より$r_t + \gamma\hat{V}^\pi(s_{t+1})$の方が正確だと信じて、価値関数の推定値を修正しているのです。この修正の度合いを表すパラメーターαを、**学習率(learning rate)** と言います。

---

[2]　実際、$\alpha = 0$の時の右辺は$\hat{V}^\pi(s)$で、$\alpha = 1$になると右辺は$r_t + \gamma\hat{V}^\pi(s_{t+1})$となります。$\alpha = 0.5$の時はこの両者の平均になり、$\alpha = 0.01$なら、$\hat{V}^\pi(s_t)$を$r_t + \gamma\hat{V}^\pi(s_{t+1})$の方へ1%寄せた数値となります。

では、「$\hat{V}^\pi(s_t)$ より $r_t + \gamma \hat{V}^\pi(s_{t+1})$ の方が正確」という信念は正しいのでしょうか?

後者の期待値をとってみると、

$$E\left[R_t + \gamma \hat{V}^\pi\left(S_{t+1}\right) \middle| S_t = s_t\right] = \sum_{a \in A_{s_t}} \pi\left(a \middle| s_t\right)\left(\sum_{r,s'} p\left(r,s' \middle| s_t, a\right)\left(r + \gamma \hat{V}^\pi(s')\right)\right)$$

となり、この右辺はベルマン方程式(14.1.1)の右辺に一致します。本来ならこの期待値が利用できればベストですが、今は $p(r, s' \mid s_t, a)$ が未知なのでこの値が計算できません。そのため、代わりにデータを用いて計算しているのです。これを、TD法はベルマン作用素のデータによる近似であると表現します。ベルマン作用素を適用した方が誤差が小さくなる傾向があるので、「$\hat{V}^\pi(s_t)$ より $r_t + \gamma \hat{V}^\pi(s_{t+1})$ の方が正確」という信念もうなずけるでしょう。この近似を用いていても、適切な条件下でこの推定値は正しく V^π に収束することが知られています[3]。

---

3) ロビンス・モンローの条件など、深層学習における確率的勾配降下法でも用いられている考え方が登場します。詳細な条件は、『強化学習』(森村哲郎、講談社)にあります。

14.5 Q学習

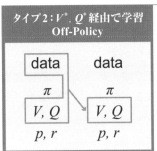

タイプ2：V^*, Q^* 経由で学習
Off-Policy

data data

π π

V, Q V, Q

p, r p, r

$$\hat{Q}^{*,new}(s,a) = \hat{Q}^*(s,a)$$
$$+ \alpha\left(r + \gamma \max_{a' \in A_{s'}} \hat{Q}^*(s',a') - \hat{Q}^*(s,a)\right)$$
$$\pi^{new} = \varepsilon\text{-}greedy\,\hat{Q}^*$$

■ Q学習とは

Q学習 (Q-learning) は、価値反復法とTD法をあわせた分析モデルです。Q学習では、方策 π と最適行動価値関数の推定値 $\hat{Q}^{\pi^*}$ を適当に初期化した後、集まった s_t, a_t, r_t, s_{t+1} の組のデータを利用して、

$$\hat{Q}^{*,new}\left(s_t, a_t\right) = \hat{Q}^*\left(s_t, a_t\right) + \alpha\left(r_t + \gamma \max_{a' \in A_{s_{t+1}}} \hat{Q}^*\left(s_{t+1}, a'\right) - \hat{Q}^*\left(s_t, a_t\right)\right)$$

と行動価値関数の推定値を更新します。この推定値の更新は、TD誤差を

$$\delta_t^Q = r_t + \gamma \max_{a' \in A_{s_{t+1}}} \hat{Q}^*\left(s_{t+1}, a'\right) - \hat{Q}^*\left(s_t, a_t\right)$$

としたTD法を行動価値関数に適用しているものと考えられます。

$\hat{Q}^*$ の学習が充分に進んだら、定期的に $\pi^{new} = \varepsilon\text{-}greedy\ \hat{Q}^*$ などで方策を更新し、新しい方策を作ります。新しい方策を用いてデータ収集を行い、得られたデータでさらに $\hat{Q}^*$ の学習を進めます。このように、価値関数の推定値の更新と、方策の更新を交互に行う学習方法は、Generalized Policy Iteration というのでした。Q学習はその一例になっています。

Q学習のTD誤差の期待値を計算すると、

$$E\left[\delta_t^Q\right] = E\left[R_t + \gamma \max_{a' \in A_{s_{t+1}}} \hat{Q}^*\left(S_{t+1}, a'\right) - \hat{Q}^*\left(S_t, A_t\right) \,\middle|\, S_t = s_t, A_t = a_t\right]$$

$$= \sum_r p\left(r \middle| s_t, a_t\right) r + \gamma \sum_{s' \in S} p\left(s' \middle| s_t, a_t\right) \max_{a' \subset A_{s'}} Q^*\left(s', a'\right) - \hat{Q}^*\left(s_t, a_t\right)$$

となり、第1項と第2項はベルマン最適方程式(14.1.6)の右辺に一致します。Q学習は、ベルマン最適方程式のデータによる近似なのです。そのため、適切な条件下では、推定値が最適行動価値関数 Q^π に収束することが知られています。なので、Q学習は Off-Policy に分類されます。

■ 過大評価バイアスと収束性

Q学習では、行動価値関数の値を大きめに見積もる特徴が知られています。例えば、全ての行動に対し、報酬 r が平均0分散1の正規分布で決まるマルコフ決定過程を考えてみましょう。

収益の期待値は0なので $Q^*(s, a) = 0$ ですが、学習の初期段階でたまたま大きな r_t あると、$\hat{Q}^*\left(s_t, a_t\right)$ は大きな値となります。Q学習のTD誤差は行動価値関数の最大値を利用するので、状態 s_t に至る行動の推定値も高く推定されます。これが連鎖することで、学習初期の推定値が大きくなってしまう傾向があるのです。

一方、十分な時間が経過すれば、適切な条件下ではQ学習の推定値も最適行動価値関数に収束することが証明できます[4]。

---

4) 深層強化学習における Deep Q-Network (DQN) の場合、過大評価バイアスは消えずに残ります。これについては第15章で扱います。

14.6 SARSA

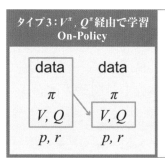

タイプ3：V^π, Q^π経由で学習
On-Policy

data　data

π　　π

V, Q　V, Q

p, r　p, r

$$\hat{Q}^{\pi,new}(s,a) = \hat{Q}^\pi(s,a)$$
$$+ \alpha\left(r + \gamma\hat{Q}^\pi(s',a') - \hat{Q}^*(s,a)\right)$$

$$\pi^{new} = \varepsilon - greedy\,\hat{Q}^\pi$$

■ SARSAとは

SARSAは、TD法を行動価値関数$\hat{Q}^\pi$の推定に応用した手法です。方策πを用いて収集されたデータの中のs_t, a_t, r_t, s_{t+1}, a_{t+1}を用いて、

$$\hat{Q}^{\pi,new}(s_t,a_t) = \hat{Q}^\pi(s_t,a_t) + \alpha\left(r_t + \gamma\hat{Q}^\pi(s_{t+1},a_{t+1}) - \hat{Q}^\pi(s_t,a_t)\right)$$

で行動価値関数の推定値を更新します。用いるデータの頭文字をとって、SARSAと呼ばれています。

右辺の括弧の中の第1,2項の期待値を計算すると

$$E\left[R_t + \gamma\hat{Q}^\pi(S_{t+1},A_{t+1})\,\middle|\,S_t = s_t, A_t = a_t\right]$$
$$= \sum_r p(r\,|\,s_t,a_t)r + \gamma\sum_{s'\in S}\left(p(s'\,|\,s_t,a_t)\sum_{a'\in A_{s'}}\pi(a'\,|\,s')\hat{Q}^\pi(s',a')\right)$$

となり、右辺はベルマン方程式（14.1.2）の右辺と一致します。このため、SARSAの更新式もベルマン方程式のデータによる近似になっています。SARSAは、方策πを用いて収集されたデータを用い、方策πについての行動価値関数の推定値$\hat{Q}^\pi$を計算しているので、On-Policyの手法に分類されます。SARSAも、価値関数の推定値更新と$\pi^{new} = \varepsilon\text{-}greedy$などの方策更新と交互に行うGeneralized Policy Iterationを行うと、（適切な条件下で）方策πが最適方策π^*に収束します。

　今まで、タイプ2とタイプ3の分析モデルを紹介してきました。実は、方策の更新を行わずとも、Off-Policy手法であるQ学習での行動価値関数の推定値は、最適行動価値関数Q^*に収束します。一方、On-Policy手法であるSARSAでは、方策の更新がない場合、推定値は利用中の方策πの行動価値関数Q^πに収束します。この違いは、更新式の期待値にあります。

　例えば、Q学習のTD誤差の期待値を計算すると、

$$E\left[\delta_t^Q\right]=\sum_r p\left(r|s_t,a_t\right)r+\gamma\sum_{s'\in S}p\left(s'|s_t,a_t\right)\max_{a'\in A_{s'}}Q^*\left(s',a'\right)-\hat{Q}^*\left(s_t,a_t\right)$$

となり、第1項と第2項はベルマン最適方程式(14.1.6)の右辺に一致します。つまり、Q学習の推定値が最適行動価値関数に収束するのは、Q学習の更新式がベルマン最適方程式のデータによる近似だからです。

　一方、SARSAの場合は直前に見たように、TD誤差の第1,2項の期待値はベルマン方程式(14.1.2)の右辺に一致します。（方策の更新を行わない場合に）SARSAでの推定値が利用中の方策πの行動価値関数に収束するのは、SARSAの更新式がベルマン方程式のデータによる近似だからです。

　以上のように、各手法の収束先は、そのTD誤差の期待値が支配します。これを利用すると、利用中の方策πでも、最適方策π^*でもない方策の価値関数の推定も可能です。データ収集に利用中の方策をπ_b、推定対象の方策をπ_eとした時、SARSAの更新式を

$$\hat{Q}^{\pi,new}\left(s_t,a_t\right)=\hat{Q}^\pi\left(s_t,a_t\right)+\alpha\left(r_t+\frac{\pi_e\left(a_{t+1}|s_{t+1}\right)}{\pi_b\left(a_{t+1}|s_{t+1}\right)}\gamma\hat{Q}^\pi\left(s_{t+1},a_{t+1}\right)-\hat{Q}^\pi\left(s_t,a_t\right)\right)$$

と変更すれば、右辺の括弧の中身の第1,2項の期待値は、方策π_eについてのベルマン方程式の右辺と一致します。したがって、（方策の更新を行わない場合に）この推定値の収束先は、π_eの行動価値関数Q^{π_e}となります。これもOff-Policyの手法の1つで、**重点サンプリング(importance sampling)**と呼びます。また、更新式中の比$\frac{\pi_e\left(a_{t+1}|s_{t+1}\right)}{\pi_b\left(a_{t+1}|s_{t+1}\right)}$は**重点サンプリング比(importance sampling ratio)**と言います。この時、データ収集に利用中の方策π_bは**行動方策(behavior policy)**と呼ばれ、推定対象の方策π_eは**目的方策(target**

14.6 SARSA

policy) と呼ばれます。

　重点サンプリングは、探索を重視する行動方策を用いて幅広いデータを集めつつ、目的方策の価値関数を推定する用途や、過去に別の方策で集めたデータを学習に利用する用途などで用いられます。

第3部

第14章

強化学習の技法

311

14.7 | n-step TD 法

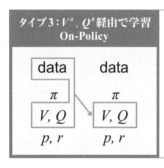

タイプ3：V^{π}, Q^{π} 経由で学習
On-Policy

$$\hat{V}^{\pi,new}(s_t) = \hat{V}^{\pi}(s_t)$$
$$+ \alpha\left(r_t + \gamma r_{t+1} + \cdots + \gamma^{n-1} r_{t+n-1}\right.$$
$$\left. + \gamma^n \hat{V}^{\pi}(s_{t+n})\right)$$

■ *n*-step TD 法とは

n-step TD 法 (n-step TD method) は、TD法の一般化で、TD誤差を

$$\delta_t^{(n)} = r_t + \gamma r_{t+1} + \cdots + \gamma^{n-1} r_{t+n-1} + \gamma^n \hat{V}^{\pi}(s_{t+n}) - \hat{V}^{\pi}(s_t) \tag{14.7.1}$$

と修正する方法です。n-step 先の報酬まで考慮することから命名されました。

n-step TD法では、$\hat{V}^{\pi}$ が γ^n 倍されるので、$\hat{V}^{\pi}$ の誤差が大きい学習初期でも安定した学習が可能です。また、報酬が稀にしか得られないスパースな場合でも、1回の報酬を何度も学習に利用できるため、学習が高速化されます。逆に、n個の報酬の和 $r_t + \gamma r_{t+1} + ... + \gamma^{n-1} r_{t+n-1}$ の分散が大きくなり、学習が不安定になる場合もあります。

なお、$\hat{V}^{\pi}(s_t)$ の更新に s_{t+n} の情報を用いるので、nが大きい場合には更新に時間がかかります。n-step TD法を用いる場合、様々なnで精度や学習速度を評価し、最適なnを選択すると良いでしょう。

さらにn-step TD法と同様に、n-step Q学習やn-step SARSAなど、他の手法のn-step版も考えることができます。

14.8 TD(λ)法

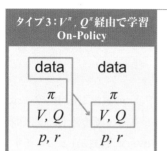

タイプ3 : V^π, Q^π経由で学習
On-Policy

$$\hat{V}^{\pi,new}(s_t) = \hat{V}^\pi(s_t) + \alpha\delta_t^{[\lambda]}$$

$$\delta_t^{[\lambda]} = \begin{cases} (1-\lambda)\displaystyle\sum_{n\geq1}\lambda^{n-1}\delta_t^{(n)} & (\lambda < 1\text{の時}) \\ \delta_t^{(\infty)} & (\lambda = 1\text{の時}) \end{cases}$$

■ TD(λ)法とは

TD(λ)法 (TD(λ) method) は、n-step TD法を全てのnで同時に行う方法です。価値関数の更新は、TD誤差$\delta_t^{[\lambda]}$を用いて次の式で行われます。

$$\hat{V}^{\pi,new}(s_t) = \hat{V}^\pi(s_t) + \alpha\delta_t^{[\lambda]}$$

このTD誤差$\delta_t^{[\lambda]}$は、$0 \leq \lambda \leq 1$なるパラメーターλを用いて、n-step TD誤差$\delta_t^{(n)}$を減衰させながら足し合わせた、

$$\delta_t^{[\lambda]} = (1-\lambda)\left(\delta_t^{(1)} + \lambda\delta_t^{(2)} + \cdots + \lambda^{n-1}\delta_t^{(n)} + \cdots\right) \tag{14.8.1}$$

で定義されます[5]。$\lambda = 1$の場合は、右辺の$\lambda \to 1-0$の極限が$\delta_t^{(\infty)}$に一致するので、

$$\delta_t^{[1]} = \delta_t^{(\infty)}$$

と定義されます。このパラメーターλは、**エリジビリティ減衰率 (eligibility trace decay)** と言います。

TD(λ)法では、将来全ての情報を利用しつつ、λを用いてその重みを減衰させることで、長期的な視点と更新のタイムリーさという相反する2つの目的を両立させています。

---

[5] 頭についている係数$1-\lambda$は、n-step TD誤差たちの係数の総和が1になるためにつけられています。実際、$1+\lambda+\lambda^2+\cdots = \dfrac{1}{1-\lambda}$なので、$1-\lambda$倍すれば係数の総和が1になります。

■ 前方観測と後方観測のTD(λ)法

TD(λ)法のTD誤差の式(14.8.1)は無限和なので、計算機で実際に計算することはできません。エピソード的タスクであれば、エピソード終了まで待てば計算できますが、それではタイムリーな更新ができません。この問題の解決策の1つとして、TD誤差の無限和を有限和で打ち切って近似し、

$$\delta_t^{[\lambda]} \coloneqq (1-\lambda)\left(\delta_t^{(1)} + \lambda\delta_t^{(2)} + \cdots + \lambda^{n-1}\delta_t^{(n)}\right)$$

を用いて推定値$\hat{V}^\pi(s_t)$を更新する方法があります。$\hat{V}^\pi(s_t)$の値を更新するために時刻tより未来のデータを利用するので、式(14.8.1)の有限和での近似を用いるTD(λ)法を、**前方観測的なTD(λ)法 (the forward view of TD(λ))** と言います。

しかし、λが1に近いと、良い$\delta^{[\lambda]}$の近似値を得るために必要な和の数が大きくなるため、n-step TD法と同様に推定値がタイムリーに更新されなくなります。

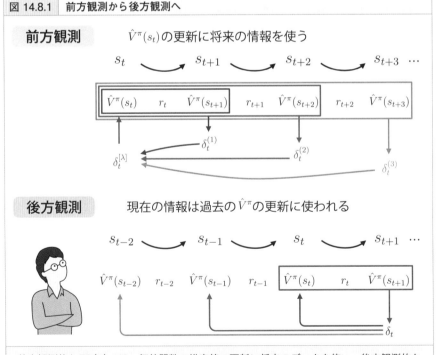

図 14.8.1　前方観測から後方観測へ

前方観測的なTD(λ)では、価値関数の推定値の更新に将来のデータを使い、後方観測的なTD(λ)では今のデータを過去の価値関数の推定値の更新に用います。

ここで発想を転換します。前方観測的なTD(λ)法では、時刻tでの状態に関する推定値$\hat{V}^\pi(s_t)$を更新するため、時刻tより将来の時刻$T\,(T \geq t)$に得られる報酬r_Tの情報を用いていました。逆に考えると、時刻Tの報酬r_Tの情報は、時刻Tより過去の時刻$t\,(t \leq T)$での状態に関する推定値$\hat{V}^\pi(s_t)$の更新に用いられます。

この視点を利用すると、時刻Tで報酬r_Tが得られたタイミングで、それ以前の全状態の推定値$\hat{V}^\pi(s_0), \hat{V}^\pi(s_1), \ldots, \hat{V}^\pi(s_T)$を更新することで、無限和が登場することを避けながらTD(λ)法を実行することができます。これを、**後方観測的なTD(λ)法 (the backward view of TD(λ))** と言います。この詳細な方法は続く理論解析にて紹介します。

後方観測的なTD(λ)法は、報酬が得られたタイミングですぐ推定値を更新できるタイムリーさを持ちながら、TD(λ)法特有の長期視点での最適化も可能な優れたアルゴリズムです。

理論解析：後方観測TD(λ)と適格度トレース

後方観測TD(λ)は、**適格度トレース(eligibility trace)** という値を用いて、推定値の更新が効率化できます。適格度トレース$z_t(s)$は、状態sと時刻tの組に対し、

$$z_t(s) = \sum_{\substack{0 \leq k \leq t \\ s_{t-k}=s}} \left(\lambda\gamma\right)^k \tag{14.8.2}$$

と定義されます[6]。そして、これとTD誤差$\delta_t = r_t + \gamma\hat{V}^\pi\left(s_{t+1}\right) - \hat{V}^\pi\left(s_t\right)$を用いて、全ての状態$s$について次の式で推定値を更新します。

$$\hat{V}^{\pi,new}(s) = \hat{V}^\pi(s) + \alpha z_t(s)\delta_t$$

以下では、この更新ルールがTD(λ)法（の近似）になっていることを証明します。まず、n-step TD誤差$\delta_t^{(n)}$は

$$\begin{aligned}
\delta_t^{(n)} &= r_t + \gamma r_{t+1} + \cdots + \gamma^{n-1}r_{t+n-1} + \hat{V}^\pi(s_{t+n}) - \hat{V}^\pi(s_t) \\
&= r_t + \gamma\hat{V}^\pi(s_{t+1}) - \hat{V}(s_t) \\
&\quad + \gamma\left(r_{t+1} + \gamma\hat{V}^\pi(s_{t+2}) - \hat{V}^\pi(s_{t+1})\right)
\end{aligned}$$

---

6)　この和は、t以下のkであって$s_{t-k} = s$となるkについての$(\lambda\gamma)^k$を足したものです。

$$+ \gamma^2 \left(r_{t+2} + \gamma \hat{V}^\pi(s_{t+3}) - \hat{V}^\pi(s_{t+2}) \right)$$

$$+ \cdots + \gamma^{n-1} \left(r_{t+n-1} + \gamma \hat{V}^\pi(s_{t+n}) - \hat{V}^\pi(s_{t+n-1}) \right)$$

$$= \delta_t + \gamma \delta_{t+1} + \gamma^2 \delta_{t+2} + \cdots + \gamma^{n-1} \delta_{t+n-1}$$

と、TD誤差 δ_t の和で表現できます。よって、

$$\delta_t^{[\lambda]} = (1-\lambda) \left(\delta_t^{(1)} + \lambda \delta_t^{(2)} + \lambda^2 \delta_t^{(3)} + \cdots \right)$$

$$= (1-\lambda) \Big(\delta_t$$

$$+ \lambda \left(\delta_t + \gamma \delta_{t+1} \right)$$

$$+ \lambda^2 \left(\delta_t + \gamma \delta_{t+1} + \gamma^2 \delta_{t+2} \right)$$

$$+ \cdots$$

$$+ \lambda^n \left(\delta_t + \gamma \delta_{t+1} + \gamma^2 \delta_{t+2} + \cdots \right) + \cdots \Big)$$

$$= (1-\lambda) \Big(\left(1 + \lambda + \lambda^2 + \cdots \right) \delta_t$$

$$+ \left(\lambda + \lambda^2 + \lambda^3 + \cdots \right) \gamma \delta_{t+1}$$

$$+ \left(\lambda^2 + \lambda^3 + \lambda^4 + \cdots \right) \gamma^2 \delta_{t+2} + \cdots \Big)$$

$$= \delta_t + \lambda \gamma \delta_{t+1} + \left(\lambda \gamma \right)^2 \delta_{t+2} + \cdots + \left(\lambda \gamma \right)^k \delta_{t+k} + \cdots$$

とわかります。なので、δ_{t+k} は $\delta_t^{[\lambda]}$ の中に $(\lambda\gamma)^k$ 倍されて入ることになります。添字をずらすと、δ_t は $\hat{V}^\pi(s_{t-k})$ の更新に用いられる $\delta_{t-k}^{[\lambda]}$ の中に $(\lambda\gamma)^k$ 倍されて入ることがわかります。よって、状態 s について、$s_{t-k} = s$ となる k を $k_1, k_2, \ldots$ と書くと、δ_t は $\hat{V}^\pi(s)$ の更新の中で $(\lambda\gamma)^{k_1}\delta_t + (\lambda\gamma)^{k_2}\delta_t + \cdots$ だけ入ります。この δ_t の係数を抜き出したものが適格度トレース $z_t(s)$ です。

　ちなみに、適格度トレースを式 (14.8.2) で計算するのはコストが高いので、実際には

$$z_{-1}(s) = 0$$

$$z_t(s) = \begin{cases} 1 + \lambda\gamma z_{t-1}(s) & (s_t = s \text{の時}) \\ \lambda\gamma z_{t-1}(s) & (s_t \neq s \text{の時}) \end{cases}$$

と逐次更新で計算されます。

14.9 楽観的な初期値

■ 楽観的な初期値とは

ここからは、探索を促す方法を2つ紹介します。

最もシンプルな方法が**楽観的な初期値 (optimistic initial value)** と呼ばれる方法で、TD法以降に紹介した手法には全て適用可能です。この方法では、推定値の $\hat{V}$ や $\hat{Q}$ の初期値を大きな値に設定します。たったこれだけの工夫で、エージェントが積極的に探索を行うようになるのです。

訪問回数が少ない状態や選択回数が少ない行動は、推定値の更新回数が少ないために、推定値が本来の期待収益より高い状態にとどまります。基本的に、方策 π は期待収益が高いと思われる行動を優先的に選択するので、訪問・選択回数が少ない状態・行動が優先的に選択されます。結果として、多様なデータが収集できるようになるのです。

このように、選択回数の少ない行動に加点して探索を促す考え方を、**不確かな時は楽観的に (optimism in the face of uncertainty)** と言います。

14.10 UCB法

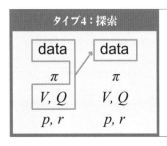

タイプ4：探索

$$\hat{Q}^{UCB}(s,a) = \hat{Q}(s,a) + \alpha\frac{1}{\sqrt{n_a}}$$

■UCB法とは

多腕バンディット問題という問題に対して提案された**UCB1法(Upper Confidence Bound)** では、次の$\hat{Q}^{UCB1}$を用いて行動を選択します。

$$\hat{Q}^{UCB1}(s,a) = \hat{Q}(s,a) + \alpha\sqrt{\frac{\log n_s}{n_a}}$$

ここで、n_aは行動aの選択回数、n_sは状態sの訪問回数です。右辺第2項はn_aが小さいほど大きいので、選択回数が少ない行動が選ばれ、探索につながります。

分子の$\log n_s$は、探索を辞めさせない役割をもちます。探索が進み、全てのn_aが大きくなると、右辺第2項は小さくなります。結果、Qの推定値$\hat{Q}$が最大の行動aばかりが選択されるようになります。すると、それ以外の行動a'の$n_{a'}$は増えず、n_sだけ増えることになります。結果、いつか右辺第2項が大きくなり、再び行動a'が選択される時が来るのです。

UCB1法の他にも、UCB2やUCRLなど様々な手法が知られています。

第14章のまとめ

- 状態価値関数、行動価値関数はベルマン方程式を満たし、最適状態価値関数、最適行動価値関数はベルマン最適方程式を満たす。
- 環境 p, r が既知の場合は価値反復法や方策反復法などの手法がある。状態や行動の種類が少ない時は、現実的な時間で最適方策を見つけることができる。
- 環境 p, r が未知の場合の手法として、TD法やその発展形が用いられる。
- TD法はベルマン方程式をデータで近似した分析モデルで、効率的に価値関数を学習できる。
- Q学習は、最適行動価値関数のベルマン最適方程式のデータ近似である。
- SARSAは、行動価値関数のベルマン方程式のデータ近似である。
- n 地点先の報酬まで加味する n-step TD法や、それを統合する TD(λ) 法がある。
- 「不確かな時は楽観的に」という方針で探索を促すことができる。

第 15 章

深層強化学習の技法
強化学習で難題を解くための最新手法の入り口

●

近年の強化学習の成果の多くは、深層学習を強化学習に用いた深層強化学習によって達成されています。深層強化学習の分析モデルの中には、第14章で紹介した技術に深層学習を組み込んだ分析モデルに加え、深層強化学習特有の技法や、そこで生じる問題点への対策が発展しています。本章の最後に、深層強化学習のボードゲームへの応用例としてAlphaGoを紹介します。

15.1 関数近似と深層強化学習

■ 関数近似を用いた手法

　第14章で紹介した手法は、πやV, Qの値の全てを計算する表形式の手法でした。しかし、実務で扱う強化学習の問題では、状態の集合Sや行動の集合A_sの要素数が非常に大きく、これらをメモリに保持することすらできない場合もあります。表形式の手法は、画像の分類問題に例えれば、全てのあり得る画像データに対する推論結果の学習に等しく、不可能なだけでなく効率的でもありません。

　画像の分類問題の場合に深層学習などの関数近似手法が活躍したのと同様に、強化学習でも関数近似手法として深層学習が活躍しています。そこで本章では、深層学習を用いた強化学習手法である**深層強化学習(Deep Reinforcement Learning)**について紹介していきます。

■ 深層強化学習の学習法

　深層学習の時と同様、深層強化学習における学習は**確率的勾配降下(Stochastic Gradient Descent / SGD)**が用いられます。これを簡単に紹介します。

　まずは方策πや価値関数Qを、パラメーターθの関数で表します。そして、それらの良さを表す関数$L(\pi)$や$L(Q)$を用意し、これが大きくなるθを探します。この良さ関数Lはθの関数$L = L(\theta)$となるので、Lの値が大きいパラメーターθを見つけたいのであれば、Lの勾配$\nabla_\theta L$を計算し、

$$\theta^{new} = \theta + \alpha \nabla_\theta L$$

とθの値を逐次更新していけばいいでしょう。ですので、深層強化学習の技法においては、この勾配計算が非常に重要です。

　深層強化学習の紹介では、「○○という手法は$L = \square\square$という手法です」「○○という手法は$\nabla_\theta L = \triangle\triangle$という手法です」のように、関数や勾配のみが記されて紹介される場合があります[1]。これは、勾配さえ計算できてしまえば学習の再現が可能であり、その手法を実際に試してみることができることに由来します。

---

1)　これは「Q学習は$\delta^Q = r + \gamma \max Q(s', a') - Q(s, a)$という手法です」という紹介と同じです。

15.2 DQN (Deep Q-Network)

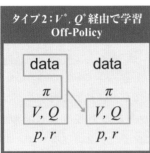

タイプ2：V^*, Q^* 経由で学習
Off-Policy

$$L(\theta) = E\left[\frac{1}{2}\left(R + \gamma \max_{a' \in A_{s'}} Q_{\bar{\theta}}(S', a') - Q_{\theta}(S, A) \right)^2 \right]$$

$$\nabla_{\theta} L = E\left[-\left(R + \gamma \max_{a' \in A_{s'}} Q_{\bar{\theta}}(S', a') - Q_{\theta}(S, A) \right) \nabla_{\theta} Q_{\theta}(S, A) \right]$$

■ DQNとは

DQN(Deep Q-Network) はQ学習の深層学習版です。元々、Q学習では、

$$\hat{Q}^{*,new}(s_t, a_t) = \hat{Q}^*(s_t, a_t) + \alpha\left(r_t + \gamma \max_{a' \in A_{s_{t+1}}} \hat{Q}^*(s_{t+1}, a') - \hat{Q}^*(s_t, a_t) \right)$$

を用いて行動価値関数の推定値を更新していました。これは、$\hat{Q}^*$ を $r + \gamma \max \hat{Q}^*$ に近づける修正です。同じことを深層学習で再現するため、この両者の差分の2乗の期待値

$$L(\theta) = E\left[\frac{1}{2}\left(R_t + \gamma \max_{a' \in A_{s_{t+1}}} Q_{\bar{\theta}}(S_{t+1}, a') - Q_{\theta}(S_t, A_t) \right)^2 \right]$$

を最小にする問題として定式化した[2] ものがDQNです。

　　実際の学習においては、この L の勾配

$$\nabla_{\theta} L = E\left[-\left(R_t + \gamma \max_{a' \in A_{s_{t+1}}} Q_{\bar{\theta}}(S_{t+1}, a') - Q_{\theta}(S_t, A_t) \right) \nabla_{\theta} Q_{\theta}(S_t, A_t) \right]$$

---

2)　誤差の2乗和なので、これは方策の「悪さ」を表します。DQNは方策の悪さの最小化問題なので、パラメーターの更新は $\theta^{new} = \theta - \alpha \nabla_{\theta} L$ となります。

をデータで近似し、

$$\theta^{new} = \theta - \frac{\alpha}{n} \sum_t - \left(r_t + \gamma \max_{a' \in A_{s_{t+1}}} Q_{\bar{\theta}}\left(s_{t+1}, a'\right) - Q_{\theta}\left(s_t, a_t\right) \right) \nabla_{\theta} Q_{\theta}\left(s_t, a_t\right)$$

を用いてパラメーターの更新が行われます[3]。

■ ターゲットネットワーク

　DQNの二乗誤差では、$\max Q_{\bar{\theta}}$という値が用いられており、θとは異なるパラメーター$\bar{\theta}$が用いられています。これは、**ターゲットネットワーク(target network)**と呼ばれており、深層強化学習では非常に重要なテクニックです。仮にターゲットネットワークを用いず、ともに同じパラメーターθを用いた場合、行動価値としてより正確な$r + \gamma \max Q_{\theta}$を、より不正確な$Q_{\theta}$に近づける方向の学習が起こり、学習が非常に不安定になってしまいます。そこで、教師信号である$r + \max Q_{\theta}$の方は別のパラメーター$\bar{\theta}$を用いることで、学習の安定化を狙っているのです。

　実際の学習においては、$\bar{\theta}$を定数として固定しながらθを更新することを一定期間繰り返した後、$\bar{\theta} = \theta$と$\bar{\theta}$を更新し、またθの学習に戻ることを繰り返します。

■ Double Q-NetworkとDouble DQN

　14.5節で述べたように、Q学習はmaxを用いていることが原因で、価値関数の推定値を過大評価してしまうバイアスがあります。Q学習では最終的に最適行動価値関数Q^*に収束しますが、関数近似を用いる場合、Q^*へは収束せず、それより遥かに大きい値で停滞してしまうことが知られています。

　これは理論上の困難のみならず、実務上の大きな問題を引き起こします。この過大評価バイアスが、全推定値を一斉に+50するようなバイアスであればいいのですが、実際には、ある行動では+10、別の行動では+100など、それぞれ異なる分だけ過大評価してしまいます。結果として、$\pi = \text{argmax } Q$の方策で選択される

3）　この式では、同一エピソード内のs_t, a_t, r_t, s_{t+1}のデータを用いて勾配の近似を行っていますが、一般にはその必要はありません。また、どのデータを用いてパラメーターの更新を行うかを調整することで学習を加速させる、Prioritized Experience Replayなどのテクニックも知られています。学習データのサンプリングは深層強化学習において非常に重要なテクニックですが、本書では紙幅の都合で割愛します。

行動が変わってしまい、性能の大きな低下を招きます。

　この問題に対処するために開発された方法が、**Double Q-Network** や **Double DQN(DDQN)** です。これらの分析モデルでは、Q の最大値の計算を

$$\max_{a \in A_s} Q(s,a) = Q\left(s, \underset{a \in A_s}{argmax}\, Q(s,a)\right)$$

のように、「最大の Q を与える行動 a の選択」と「行動 a での Q の計算」の2つに分離します。そして、TD誤差を

$$\delta^{(DDQN)} = r_t + \gamma Q_{\theta'}\left(s_{t+1}, \underset{a' \in A_{s_{t+1}}}{argmax}\, Q_\theta\left(s_{t+1}, a'\right)\right) - Q_\theta\left(s_t, a_t\right)$$

と変更します。このように変更すると、行動 a を過大評価するためには、Q_θ と $Q_{\theta'}$ の両者で a を過大評価する必要があります。2つの行動価値関数が揃って過大評価される可能性は低いだろうという発想で、過大評価バイアスに挑んだ手法です。

　実際の学習においては、Double Q-Network では θ の

$$\nabla_\theta E\left[\frac{1}{2}\left(r_t + \gamma Q_{\theta'}\left(s_{t+1}, \underset{a' \in A_{s_{t+1}}}{argmax}\, Q_\theta\left(s_{t+1}, a'\right)\right) - Q_\theta\left(s_t, a_t\right)\right)^2\right]$$

$$\fallingdotseq \frac{1}{n}\sum_t -\left(r_t + \gamma Q_{\theta'}\left(s_{t+1}, \underset{a' \in A_{s_{t+1}}}{argmax}\, Q_\theta\left(s_{t+1}, a'\right)\right) - Q_\theta\left(s_t, a_t\right)\right)\nabla_\theta Q_\theta\left(s_t, a_t\right)$$

を用いた更新と、θ と θ' の役割を入れ替えた式での θ' の更新を交互に行い[4]、DDQN では DQN のターゲットネットワークと同様、θ を学習させつつ、定期的に $\theta' = \theta$ とアップデートして学習を行います。

---

4) これらのパラメーターは独立に初期化することで、それらの評価が似ないよう工夫がされています。

■ Dueling Network

DQNをさらに効率化する手法として、**Dueling Network**があります。Dueling Networkでは、行動価値関数$Q(s, a)$を

$$Q(s,a) = V(s) + A(s,a)$$

と、状態価値関数$V(s)$と差分$A(s, a)$に分解します。この$A(s, a)$は、**アドバンテージ関数 (advantage)**と言います。これは、行動の価値は状態の価値を基本とし、行動ごとの差分によって決まるという考え方に由来します。

　この分解は、次のような場面で有効です。例えば、とある状態sにおいては、すでに高い収益が約束されており、どんな行動をとったとしても行動価値関数$Q(s, a)$の値が大きいとしましょう。この場合、通常のDQNやDDQNでは、全ての行動aについての推定値が大きくなるまで学習する必要があります。一方、Dueling Networkを用いる場合、ただ1つの値$V(s)$のみが大きな値になるように学習するだけで済みます。これにより、学習が高速化、安定化することが期待できます。

15.3 方策勾配法

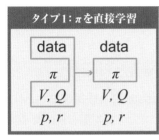

タイプ1：πを直接学習

$$L(\theta) = f_{\blacksquare}(\pi_\theta)$$

$$\nabla_\theta f = E\left[\nabla_\theta \log \pi_\theta\left(A\middle|S\right)\left(Q_{\blacksquare}^{\pi_\theta}(S, A) - b(S)\right)\right]$$

$(\blacksquare = 0 \text{ or } \infty)$

■ 方策勾配法とは

　方策勾配法 (policy gradient method) は、本書で紹介する手法の中で唯一、方策πを直接学習する分析モデルです。次に紹介するREINFORCEという手法では、価値関数も用いずに、データのみから方策を学習することができます。

　方策勾配法では、方策を$\pi(a \mid s) = \pi_\theta(a \mid s) = f_\theta(s, a)$と、パラメーター$\theta$を用いた関数で表現し、その方策$\pi_\theta$で得られる収益の期待値の最大化を直接狙います。よく用いられる収益の期待値は、13.3節で紹介した期待収益と期待報酬の2つで、それぞれ

$$f_0(\pi_\theta) = E^{\pi_\theta}\left[G\right] = E^{\pi_\theta}\left[\sum_{t \geq 0} \gamma^t R_t\right] = \sum_{t \geq 0} \gamma^t E^{\pi_\theta}\left[R_t\right] = \sum_{s_0 \in S} p(s_0) V^{\pi_\theta}(s_0)$$

$$f_\infty(\pi_\theta) = \lim_{T \to \infty} \frac{1}{T} E^{\pi_\theta}\left[\sum_{0 \leq t < T} R_t\right] = \lim_{T \to \infty} \frac{1}{T} \sum_{0 \leq t < T} E^{\pi_\theta}\left[R_t\right]$$

です。この最大化には、パラメーターθでのf_0, f_∞の勾配が必要ですが、これは

$$\nabla_\theta f_0\left(\pi_\theta\right) = E\left[\nabla_\theta \log \pi_\theta\left(A_t\middle|S_t\right) Q^{\pi_\theta}\left(S_t, A_t\right)\right]$$

$$\nabla_\theta f_\infty\left(\pi_\theta\right) = E\left[\nabla_\theta \log \pi_\theta\left(A_t\middle|S_t\right) Q_\infty^{\pi_\theta}\left(S_t, A_t\right)\right]$$

と計算することができます。この公式を、**方策勾配定理 (The Policy Gradient**

Theorem) と言います。右辺をデータによって近似し、パラメーターの更新を行えば、方策勾配法での学習を実施できます。実践的には、状態のみに依存する関数 $b(s)$ に対して、

$$E\left[\nabla_\theta \log \pi_\theta\left(A_t\middle|S_t\right)b(S_t)\right]=0$$

が成立するという事実を用いて、次の形の式

$$\nabla_\theta f_\blacksquare\left(\pi_\theta\right)=E\left[\nabla_\theta \log \pi_\theta\left(A_t, S_t\right)\left(Q_\blacksquare^{\pi_\theta}\left(S_t, A_t\right)-b(S_t)\right)\right]$$

が用いられます。この $b(s)$ は、**ベースライン関数 (baseline)** と呼ばれます。

これらの数式の意味は後の理論解析で見ることにして、方策勾配を用いた手法を2つ見ていきましょう。

■ REINFORCE

方策勾配法を利用するには、方策勾配の右辺の期待値をデータを用いて近似する必要があります。**REINFORCE** では、エピソードデータ $s_0, a_0, r_0, s_1, \ldots, s_{T-1},$ a_{T-1}, r_{T-1}, s_T について、期待報酬 f_∞ の勾配の右辺の $Q_\infty^{\pi_\theta}$ を

$$Q_\infty^{\pi_\theta}\left(s_t, a_t\right) \fallingdotseq g_t = \sum_{t\le k<T} r_t$$

で近似し、次の式

$$\theta^{new} = \theta + \alpha\frac{1}{n}\sum_t \nabla_\theta \log \pi_\theta\left(a_t\middle|s_t\right)\left(g_t - b(s_t)\right)$$

でパラメーター θ の更新を行います。ここで、$b(s)$ にはその状態 s での収益 g_t の平均などを用います。

■ Actor-Critic 方策勾配法

Actor-Critic 方策勾配法 (Actor-Critic Policy Gradient method) は、$\nabla_\theta f_0$ の右辺の $Q^\pi(s, a)$ もパラメーター θ' を持つ関数 $Q_{\theta'}(s, a)$ で近似する手法で、次の式

$$\theta^{new} = \theta + \alpha \frac{1}{n} \sum_t \nabla_\theta \log \pi_\theta \left(a_t \mid s_t \right) \left(Q_{\theta'} \left(s_t, a_t \right) - b \left(s_t \right) \right)$$

でパラメーター θ を更新します。ここで、行動価値関数のパラメーター θ' は、今まで紹介してきた Q の学習法で学習させます。このように、Actor-Critic 方策勾配法は、この2種のパラメータの更新をバランス良く行い学習します。この時、方策 π_θ を **actor**、価値関数 $Q_{\theta'}$ を **critic** と言います。

理論解析：方策勾配定理の意味

方策勾配定理で登場した、次の数式の意味を見てみましょう。

$$\nabla_\theta f = E \left[\nabla_\theta \log \pi_\theta \left(A \mid S \right) \left(Q(S, A) - b(S) \right) \right]$$

この式は、REINFORCE や Actor-Critic 方策勾配法において、期待値をデータで近似し、

$$\theta^{new} = \theta + \alpha \nabla_\theta \log \pi_\theta \left(a \mid s \right) \left(Q(s, a) - b(s) \right)$$

の形で用いられます。これは、このように θ を更新すれば、f_0 や f_∞ の値が大きくできるということです。

この理由を探るため、$\nabla_\theta \log \pi_\theta$ と $Q(s, a) - b(s)$ の役割を見ていきましょう。パラメーター θ を $\theta = (\theta_1, \theta_2, ..., \theta_m)$ と書くと、勾配 $\nabla_\theta \log \pi_\theta$ は第 i 成分が $\frac{\partial}{\partial \theta_i} \log \pi_\theta \left(a \mid s \right)$ であるベクトルです。この第 i 成分がプラスなら、θ_i を大きくすると、$\pi_\theta(a \mid s)$ が大きくなります。

次は、$Q(s, a) - b(s)$ を見てみましょう。ここでは、$b(s)$ は状態 s での行動価値関数 $Q(s, a)$ の期待値としましょう。その場合、行動 a が期待値より良ければ、$Q(s, a) - b(s)$ はプラスになります。

さて、ここで両者がプラスの場合を考えましょう。このとき、

$$\theta_i^{new} = \theta_i + \alpha \frac{\partial}{\partial \theta_i} \log \pi_\theta \left(a \mid s \right) \left(Q(s, a) - b(s) \right)$$

なので、θ_i^{new} は θ_i より大きくなります。すると、$\pi_{\theta^{new}}(a|s) > \pi_\theta(a|s)$ となるため [5]、結果として期待値より期待収益が大きい行動 a の選択肢が選択されやすくなるのです。符号の組み合わせが異なる場合においても、同様の議論で期待収益が大きくなることがわかります。

以上をまとめると、θ を $\nabla_\theta \log \pi_\theta(a \mid s)\,(Q(s, a) - b(s))$ の方向に変化させると、状態 s においての行動が、収益がより大きくなる方向に変化するということになります。これをデータで近似すると、様々な状態についての行動がより報酬を大きくする方向に変化することが期待できます。これが方策勾配定理の数式の意味するところです。

理論解析：ベースラインの役割

ここまで観察してみると、$b(s)$ の意味も明確になってきます。$b(s)$ を用いず、$b(s) = 0$ とした場合について考えてみましょう。

とある状態 s においては、どんな行動に対しても行動価値関数 $Q(s, a)$ は大きなプラスの値になったとします。すると、どんな行動 a を選択したとしても $Q(s, a) - b(s) = Q(s, a) > 0$ なので、$\pi_\theta(a \mid s)$ が大きくなる方向に大きくパラメーターが変化します。これは、「選択した行動が再び選択されやすくなる」変化であり、私たちが求めている「収益が高くなる」変化ではありません。

もちろん、この期待値を取れば、様々な方向への変化が相殺された結果、より $Q(s, a)$ が大きい行動が優先されるようにパラメーターが変化するのですが、少ないデータを用いてこの期待値を近似する時には、大きな障害になりえます。一方、ベースライン（基準となる値）を各状態に設け、それとの差分を用いてパラメーターの更新を行う場合、$b(s)$ より収益の大きい行動 a の $\pi(a \mid s)$ を大きく、小さい行動 a の $\pi(a \mid s)$ を小さく更新してくれます。これによって、圧倒的に学習が安定するのです。

---

[5] 実際には、他の θ_j の影響もあり、この話は厳密には不正確です。余裕のある人は、詳細を考えてみてください。

15.4 探索促進の方法

■ 探索の重要性

　深層強化学習が用いられる問題は、状態や行動の集合が非常に大きく、それより圧倒的に少ない回数の観測しかできない場合がほとんどです。例えば、囲碁・将棋では、ランダムな局面は実戦にほとんど登場することはありません。特に序盤は、定石や定跡など、開始局面周辺のよくある局面を中心に学習する必要があります[6]。また、ロボット制御の場合、初期のパラメーターによるランダムに近い制御は全くうまく行かないうえ、有意義な学習も困難です。なので、一刻も早く筋の良いパラメーターを見つけ、その周囲での学習に移行する必要があります。

　強化学習においては、自らどのような状態を経験し、どのような行動を選択するかを選ぶことができます。上記の目的を達成するため、学習を進める状態を選んだり、様々な行動を試して成功する制御を探したりする探索は、非常に重要なテーマとなります。

■ Noisy Network

　今まで用いていた、ε貪欲法を用いたGeneralized Policy Iterationも非常に強力な探索方法ではあるものの、現方策の周辺のみしか探索が行われないなどの問題もあります。そこで、**Noisy Network**では、ネットワークのパラメーターに手を加えることで、遠くへの探索を試みます。

　Noisy Networkでは、ニューラルネットワークのパラメーターのうち、方策の最終層のパラメーターにノイズを加えて、その方策を元にデータ収集を行います。パラメーターにノイズが乗るので、その影響で偏った行動選択が行われます。これによって、毎回似た方向に探索を行うことになり、遠くへの探索が可能になるのです（図15.4.1）。

---

6)　コンピューター将棋の場合、中終盤にかけて局面がランダムに近くなるようで、ランダムな局面を元に学習をしても棋力が向上するという実験結果があります。しかし、ランダムな局面のみを用いていると、序盤の学習が進まないようでした。このように、関数近似を用いた強化学習の場合、用いるデータの分布が学習結果に非常に大きな影響を与えることが知られています。

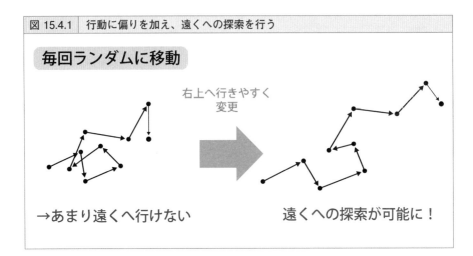

図 15.4.1　行動に偏りを加え、遠くへの探索を行う

毎回ランダムに移動

右上へ行きやすく
変更

→あまり遠くへ行けない　　　　　遠くへの探索が可能に！

■ 内発的報酬

　探索を促す全く別の方法に、**内発的報酬 (intrinsic reward)** があります。これは心理学の用語に由来があります。例えば、お金のために何かを行うなど、外部要因による動機づけを**外発的動機づけ (extrinsic motivation)**、自分の趣味のために何かを行うなど、内部要因による動機づけを**内発的動機づけ (intrinsic motivation)** と言います。

　強化学習では、環境から得られる報酬を**外発的報酬 (extrinsic reward)** と呼び、うまい探索ができた時に、環境とは関係なしにエージェントに与える報酬を内発的報酬と呼びます。例えば、14.10 節で紹介した UCB1 法において、行動価値関数に加えられている $\alpha\sqrt{\dfrac{\log n_s}{n_a}}$ も内発的報酬の一種です。

　ただし、UCB1 法のように、回数のカウントをベースにした手法は、状態数や行動数が非常に多い問題ではうまくいきません。なぜなら、ほとんどの状態や行動は 1 回も経験されず、回数に差が出ないからです。そこで、深層強化学習の分野においては、様々な内発的報酬が考案、実用化されています。

　例えば、予測誤差を用いる方法では、今の状態 s_t と行動 a_t から次の状態 s_{t+1} を予測するモデル φ を学習させ、その予測誤差の 2 乗 $\|s_{t+1} - \varphi(s_t, a_t)\|^2$ を内発的報酬と

します[7]。すでに経験したことがある状態や行動に類似している場合、φの学習が進んでいるはずで、この誤差は小さくなるはずです。一方、初見の状態や行動の場合、そのようなケースに対するφの学習は進んでいないため、この誤差は大きくなるはずです。この性質を利用して、新しい状態や行動に報酬を与えます。

このように、状態や行動の新規性と比例する指標を用いて、内発的報酬は定義されます。他にも、**Random Network Distillation (RND)**、**DORA**など、タスクに応じて多様な手法が模索されています。

---

7) 実際には、状態そのものではなく、状態の特徴量やその差を用います。

15.5 AlphaGo

■ AlphaGoとは

深層強化学習の締めくくりに、囲碁で初めて人間のトッププロに勝利したAIの
シリーズであるAlphaGoについて紹介します。実は、AlphaGoなどの囲碁や将棋
のAIは、今まで述べてきた強化学習とは若干異なる方法で学習されています。

AlphaGoは、Google DeepMindが開発した囲碁AIで、2016年にトップ棋士であ
るLee Sedol氏に勝利し一躍有名になりました。モンテカルロ木探索と深層学習を
組み合わせた手法で、今までに様々なバージョンが開発されています。本書では、
人間の対局のデータを一切用いず、既存のAlphaGoシリーズより強いモデルを作
り上げた、AlphaGo Zeroの学習戦略を中心に紹介します。

■ モンテカルロ木探索

モンテカルロ木探索(Monte-Carlo Tree Search / MCTS)は、囲碁・将棋
などボードゲームでよく用いられる着手選択アルゴリズムです。MCTSでは人間
の「読み」に近いことを行い、良い手を見つけることができます。

MCTSのアルゴリズムのコンセプトはシンプルです。現在の局面から一定のルー
ルで着手を選択し、それぞれの手の勝率をシミュレーションします。その上で、
最も勝率が高い手を選択します。また、これに「n手先まで読む」機構を加えた
UCT-MCTSと呼ばれる手法があり、通常、モンテカルロ木探索やMCTSと言えば
これを指します。

実は、このMCTSに方策πと価値関数Vを組み合わせて着手を選択すると、元
の方策πより強くなることが知られています。AlphaGoシリーズでは、この手法
が本質的に用いられています。

■ AlphaGo Zero の学習

AlphaGo Zero の学習では、モンテカルロ木探索を用いると方策が強化されるという事実を積極的に用いて学習を行います。AlphaGo Zero では、方策 π と状態価値関数 V を 1 つのニューラルネットワークを用いて計算します[8]。そして、この π と V を利用したモンテカルロ木探索を用いて自己対局を行い、その棋譜データ（エピソードデータ）を用いてニューラルネットワークを教師あり学習で学習させます。

図 15.5.1　AlphaGo Zero の学習戦略

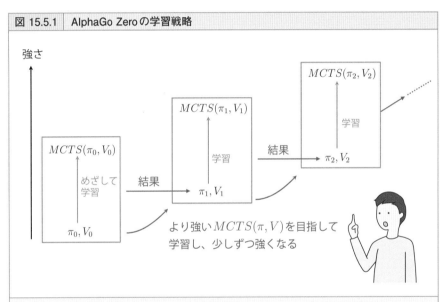

強さ

$MCTS(\pi_2, V_2)$

$MCTS(\pi_1, V_1)$

学習

$MCTS(\pi_0, V_0)$

めざして
学習

結果

学習

結果

π_2, V_2

π_1, V_1

π_0, V_0

より強い $MCTS(\pi, V)$ を目指して
学習し、少しずつ強くなる

AlphaGo Zero では、MCTS を用いて手持ちの方策を強化し、そのデータを正解データとして学習することで、徐々に強い方策を手に入れます。

これを詳しく見ていきましょう。π と V を利用したモンテカルロ木探索を用いた着手選択アルゴリズムを $MCTS(\pi, V)$ と書くと、$MCTS(\pi, V)$ は方策 π をそのまま用いた場合より強くなります[9]。この $MCTS(\pi, V)$ 同士の対局データを大量に

---

8) ランダム性のないボードゲームで、勝敗で報酬が決まる場合においては、行動価値関数はあまり用いられません。状態 s で行動 a を選択した次の状態が s' となる場合、$Q(s, a) = V(s')$ となるため、状態価値関数のみあれば十分なのです。この時、行動 a の後の状態 s' を after state と言います。

9) 厳密には、$MCTS(\pi, V)$ が π より強くなるには、V の学習に成功していることも必要です。AlphaGo Zero では、V も自己対局のデータを用いて同時に学習しています。

生成し、局面 s でどの手 a を選択したかを予測する問題で π を学習し、局面 s 以降の勝敗を予測する問題として V を学習します。この学習は、先ほど自己対局で生成したデータを用いて、教師あり学習の手法で行われます。これによって、π や V は $MCTS(\pi, V)$ に近づきます。$MCTS(\pi, V)$ の方が π より強いので、より強い方策が学習できるという作戦です（図 15.5.1）。

　AlphaGo Zero のこの学習が可能なのは、モンテカルロ木探索という方策強化ツールが存在し、自己対局によってデータを無制限に生成できるからです。これにより、今の方策より強い方策での対局のデータを生成し[10]、そのデータを用いた教師あり学習の手法で方策を強化できます[11]。これを繰り返すことで、圧倒的に強い囲碁 AI の作成に成功したのです。

---

10) この方針で強い囲碁・将棋 AI を作る上で本質的に重要なことは、強いプレイヤーによる対戦の棋譜データを用意することです。最近は囲碁も将棋も web 上でトップ AI 同士の対局の棋譜が手に入るので、そちらを利用して学習を始めるのもいいでしょう。
11) ここで使われる技法は教師あり学習と類似しますが、教師データを自ら生み出している点が普通の教師あり学習とは異なります。そのため、この全体の手法は強化学習の手法と広く認識されています。

第15章のまとめ

- DQNでは、最小二乗法とQ学習のあわせ技で最適化される。
- DQNにはQの過大評価の問題があり、その対策としてDouble Q-Network やDDQNが開発された。
- 方策勾配定理によって、期待報酬や期待収益の勾配が計算できる。これを 用いて、方策勾配法では方策πを直接学習している。
- 状態や行動の数が多い場合、探索によって学習リソースを集中する状態や 行動を選択することが重要である。
- 主に遠くへの探索を促進するNoisy Networkや、探索自体に報酬を与える 内発的報酬を始め、多様な探索方法が開発されている。
- AlphaGo Zeroでは、モンテカルロ木探索による方策強化、強化された方 策による自己対局、そのデータを用いた教師あり学習で学習している。

第3部のまとめ

第3部では、強化学習の基礎概念について紹介した後、表形式の分析モデルと深層学習を用いた分析モデルについて紹介し、最後にボードゲームへの応用としてAlphaGoについて紹介しました。深層強化学習は、理論的・計算量的困難が幅広く残っている分野です。一方、昨今の華々しい成果を見ていると、今後も急速に発展が進み、より応用が広がっていくと考えられます。早めに押さえておけば、時代の大きな流れを作る側に回ることもできるでしょう。

ポイントは？

・強化学習は「目的はわかっているが、実現方法はわからない」というタイプのタスクに対して威力を発揮する。

・強化学習の目的は、環境と相互作用し得られる報酬の累積和である収益を最大化する方策を見つけることである。

・強化学習には、大きく分けると4つの考察対象「データ、方策、価値関数、マルコフ決定過程」があり、それぞれを扱うために多様な分析モデルがある。

・各分析モデルは、何を既知とし、何を推定するため、どのような手法を用いるのかを明確に区別して理解することが重要である。

第2部、第3部では、AIと呼ばれることが多い技術を紹介してきました。次の第4部では雰囲気を大きく変えて、理解志向の分析モデルを扱います。主に多変量解析と呼ばれる分野の分析モデルたちであり、データとの対話を通じてデータから知見を抜き出すことを主目的とします。

データ分析官はもちろんのこと、専門職ではなくともデータを扱う全ての人が体得しておくと便利な分析モデルばかりです。

第 4 部

データから知見を得る方法

第4部では、多変量解析というジャンルの分析モデルを紹介します。これらは古くから用いられている分析モデルで、主にデータから有用な情報を得る理解志向の分析に用いられます。本書では特に、クラスタリング、因子分析・主成分分析、関連を調べる分析、構造を利用する分析の4つのジャンルを紹介します。

どれも非常に強力で、実務でもよく用いられる分析モデルです。ぜひ、押さえておいてください。

クラスタリング
類似度を用いてデータをグループに分ける

●

クラスタリングは、データの類似度を元にグループ分けを行う分析です。グループ同士を比較し、データ同士の共通点や相違点を見ることで、データに対する深い洞察を得ることができます。

ここでは、階層クラスタリングと非階層クラスタリングの代表的な手法を紹介した後、16.4節にて、実務で使う上でのポイントを解説します。

16.1 非階層クラスタリング（k-means 法）

■ クラスタリングとは

　クラスタリング (clustering) とは、データの類似度をもとに、データをグループ分けする分析です。このグループを、**クラスタ（cluster）** と言います。例えば、犬、人、象の身長（体高）と体重のデータの散布図を書いてみると、図 16.1.1 のように3つのかたまりに分かれることが期待できます。このかたまりをクラスタと言い、クラスタをデータから見つける方法がクラスタリングです。

　クラスタリングを用いることで、データが概ね何種類のグループから成るか、各グループはどのような特徴を持つかを調べることができます。これは、マーケティングにおいて顧客のセグメント分割を与えたり、研究においてデータの分類法を与えたりなど、様々な活用がなされています。

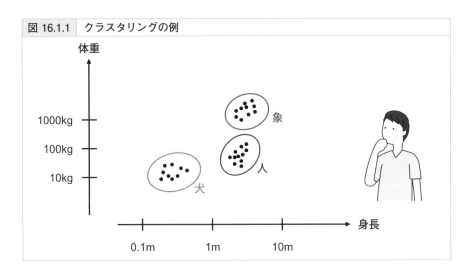

図 16.1.1　クラスタリングの例

■ クラスタリングの種類

　クラスタリングには、大きく分けて**階層クラスタリング (hierarchical clustering)** と**非階層クラスタリング (non-hierarchical clustering)** があります。非階層ク

ラスタリングは、データを直接いくつかのクラスタに分ける一方、階層クラスタ
リングは、データのクラスタへの分化や結合の様子を記述します。別の分類とし
て、ハードクラスタリングとソフトクラスタリングがあります。**ハードクラスタ
リング (hard clustering)** は各データをどれかのクラスタに分類するのに対し、
ソフトクラスタリング (soft clustering) では各クラスタへの所属確率を与えま
す。

　この章では、これらの分析モデルやその違い、用法について順次説明していき
ます。

■ k-means

　k-means は非階層のハードクラスタリングの分析モデルの代表例で、クラス
タ数 k を設定すると、データの k クラスタへの分割を与えてくれます。k-means は、
次のプロセスでクラスタリングを行います。

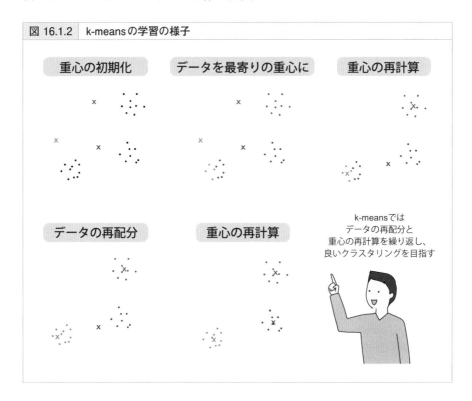

図 16.1.2　k-meansの学習の様子

重心の初期化　　データを最寄りの重心に　　重心の再計算

データの再配分　　重心の再計算

k-meansでは
データの再配分と
重心の再計算を繰り返し、
良いクラスタリングを目指す

（1）クラスタ重心を初期化
（2）各データ点を、最も近いクラスタ重心に所属させる
（3）各クラスタ重心を、所属するデータの平均値に取り替える
（4）（2）と（3）を充分な回数繰り返す

■ クラスタ数の決定

k-meansでは、クラスタ数kは人間が指定する必要があります。このクラスタ数を判定する方法として、**エルボー法 (elbow method)** を紹介します[1]。

エルボー法では、k-meansを様々なクラスタ数kで実行した後、それぞれに対して**クラスタ内誤差平方和 (sum of squared error / SSE)** を計算し、プロットします。このグラフが、適切なクラスタ数のところで肘（エルボー）のように折れ曲がることがあります。このクラスタ数を採用する方法が、エルボー法です。

図 16.1.3 　エルボー法のプロットとクラスタ数の決定

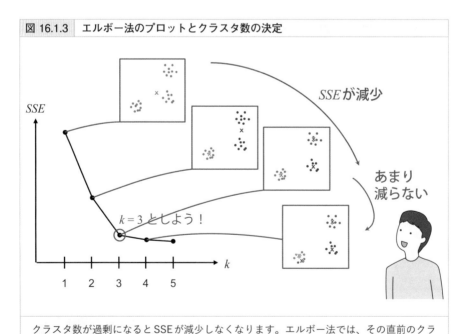

クラスタ数が過剰になるとSSEが減少しなくなります。エルボー法では、その直前のクラスタ数を採用します。

---

1) 他に代表的な例として、シルエット分析があります。

　ここで用いられるクラスタ内誤差平方和は、各データと、対応するクラスタ重心との距離の2乗の和で定義されます。クラスタ内誤差平方和は、適切なクラスタ数までは大きく減少を続ける一方、クラスタ数が適正を超えると、クラスタ内の無理やりな分割が増えるため、減少が緩やかになります。

■ k-means の課題

　このk-meansを用いれば、誰でも簡単に素敵なクラスタリングを実行できそうな気がしてきますが、現実にはそんなに簡単ではありません。クラスタ数の決定にエルボー法が使えない場合も多く、初期値依存性といった問題もあります。

　これらの実践的な話題については、16.4節でまとめて紹介します。

16.2 階層クラスタリング

■ 階層クラスタリングとは

　階層クラスタリング (hierarchical clustering) とは、近くのデータ点をまとめる操作を繰り返すことでクラスタを作り、その合体の過程を見る分析モデルです。小さいクラスタの合体の過程や、大きいクラスタの分割の過程を見ると、クラスタリングの粒度に応じた様々な情報を得ることができます。

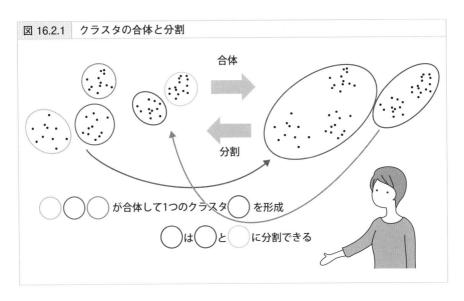

図 16.2.1　クラスタの合体と分割

　階層クラスタリングでは、図 16.2.2 のようにクラスタ同士の近さを計り、最も近いクラスタ同士を合体させます。階層クラスタリングには、基本となる距離と、クラスタ同士の距離の定義によって様々なパターンがあります（後に詳述します）。

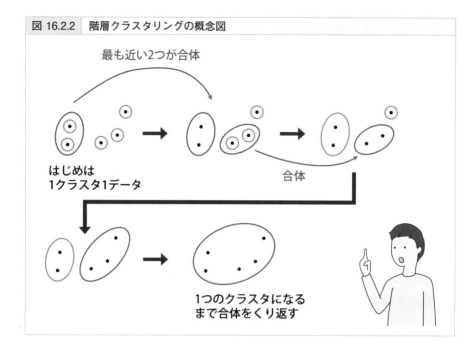

図 16.2.2　階層クラスタリングの概念図

最も近い2つが合体

はじめは
1クラスタ1データ

合体

1つのクラスタになる
まで合体をくり返す

■ デンドログラム

　階層クラスタリングの可視化手法の1つに、**デンドログラム (dendrogram)** があります。デンドログラムでは、最下部に全データが一列に並び、上に向かうに従ってどのように合体し、クラスタを成すかが示されています。縦軸には合体時のしきい値やクラスタ間の距離が示されており、様々な情報を読み取ることができます。

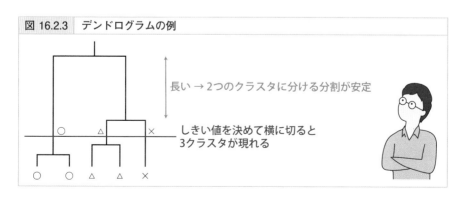

図 16.2.3　デンドログラムの例

長い → 2つのクラスタに分ける分割が安定

しきい値を決めて横に切ると
3クラスタが現れる

■ 基本となる距離

　階層クラスタリングで用いられる代表的な距離をいくつか紹介します。これらは階層クラスタリングに限らず、データ分析の様々な場面で活用されます。

(1) ユークリッド距離

　変数がm個のデータx, yは、m次元ユークリッド空間の点$x, y \in \mathbb{R}^m$であると考えることができます。これを用いて、**ユークリッド距離 (Euclidean distance)** $d(x, y)$は

$$d(x, y) = \sqrt{\sum \left(x_i - y_i \right)^2}$$

で定義されます。これは、$||x - y||$や$||x - y||_2$とも書かれます。このユークリッド距離は、2次元平面や3次元空間での距離の自然な一般化になっています。

　変数ごとに値のばらつきが異なる場合、各変数の標準偏差σ_iで標準化して、次のd_{norm}を距離として用いる場合もあります。これを、**標準化ユークリッド距離 (normalized Euclidean distance)** と言います。

$$d_{norm}(x, y) = \sqrt{\sum \left(\frac{x_i - y_i}{\sigma_i} \right)^2}$$

(2) L^p-距離

　1以上の実数pに対して、距離$d_p(x, y)$を次で定義します。

$$d_p(x, y) = \left(\sum \left| x_i - y_i \right|^p \right)^{\frac{1}{p}}$$

　これを、**L^p-距離 (L^p-distance, L^p-norm, p-norm)** や**ミンコフスキー距離 (Minkovski distance)** と言います。これは、$||x - y||_p$と書かれることもあります。また、$p \to \infty$で$d_p(x, y) \to \max |x_i - y_i|$となるので、

$$d_\infty(x, y) = \max \left| x_i - y_i \right|$$

と定義します。

　ミンコフスキー距離は、$p = 2$の時にユークリッド距離に一致します。他にも、

いくつかのpで名前がついており、$p = 1$の時に**マンハッタン距離(Manhattan distance)**、$p = \infty$の時に**チェビシェフ距離(Chebichev distance)**と呼ばれます。

$$d_1(x, y) = \sum |x_i - y_i|$$
$$d_\infty(x, y) = \max |x_i - y_i|$$

これらの距離には次の特徴があります。点$(0, 0, ..., 0)$と$(1, 0, 0, ..., 0)$の距離はどのpでも1ですが、点$(0, 0, ..., 0)$と$(1, 1, ..., 1)$の距離は、m変数のデータの場合、$m^{\frac{1}{p}}$となります。例えば、$p = 1, 2, \infty$の場合は、それぞれm、$\sqrt{m}$、1です。このように、ミンコフスキー距離では、pの値を変えると斜めの距離の測り方が大幅に変わります。

（3）マハラノビス距離

マハラノビス距離(Mahalanobis distance)は、データの共分散行列をΣとした時、

$$d_\Sigma(x, y) = \sqrt{{}^t(x - y)\, \Sigma^{-1}(x - y)}$$

で定義されます。ここで、xとyはm次元の縦ベクトルと捉えて計算しています。これは、変数の共分散の構造に沿った距離を測ることができます[2]。

また、データが平均μ、分散Σの多変量正規分布に従う場合、確率密度関数$p(x)$は次の式で書けます。

$$p(x) = C \exp\left(-\frac{d_\Sigma(x, \mu)^2}{2}\right)$$

中心からのマハラノビス距離が大きいと確率密度が小さいので、外れ値度合いの指標としても活用されます。

（4）コサイン類似度

コサイン類似度(cosine similarity)とは、データ点x, yをベクトルと見做した時のxとyの成す角$\theta_{x,y}$のコサインであり、

---

[2]　マハラノビス距離は、全ての主成分得点（17.3節）を用いた標準化ユークリッド距離と一致します。全ての主成分を用いるため、相関が高い変数が多い場合、多重共線性（第20章）が問題になることもあります。

$$\cos\theta_{x,y} = \frac{x \cdot y}{\|x\|\,\|y\|}$$

で定義、計算されます。xやyが0の時は定義されないので注意しましょう。これは厳密には距離ではありませんが、値が大きいほど近く、小さいほど遠いという考え方で利用されます[3]。scikit-learnでコサイン類似度を指定してクラスタリングを行う場合、

$$\tilde{d}_{\cos}(x,y) = 1 - \cos\theta_{x,y}$$

を通常の距離のように扱ってクラスタリングが行われます。

■ クラスタ同士の距離

　階層クラスタリングでは、主に次の5つの方法でクラスタ同士の距離を計算します。最も標準的な方法が、**ウォード法 (Ward's method)** です。2つのクラスタが合体すると、クラスタ内誤差平方和（の重み付き）和が増えます。ウォード法では、この増分が最も小さいクラスタのペアを合体させます。

　他には、クラスタの重心同士の距離を比較し、最も近い2つを合体させる**重心法 (centroid method)** や、2つのクラスタの点同士の距離の平均値を用いる**群平均法 (group average method, UPGMA)**、最小値に注目する**最短距離法 (single-linkage clustering)**、最大値に注目する**最長距離法 (complete-linkage clustering)** があります（図16.2.4）。

---

[3] 「距離」には、数学的な厳密な定義があります。それに従うと、この$\tilde{d}_{\cos}$は距離ではありません。ですが、長さ1のベクトルx, yについては、余弦定理より、$\|x-y\|_2 = \sqrt{2 - 2\cos\theta_{x,y}} = \sqrt{2}\sqrt{\tilde{d}_{\cos}(x,y)}$とわかります。そのため、コサイン類似度はほとんど距離の2乗っぽいものだと考えて良い場合もあります。

図 16.2.4　クラスタリングアルゴリズムの比較[4]

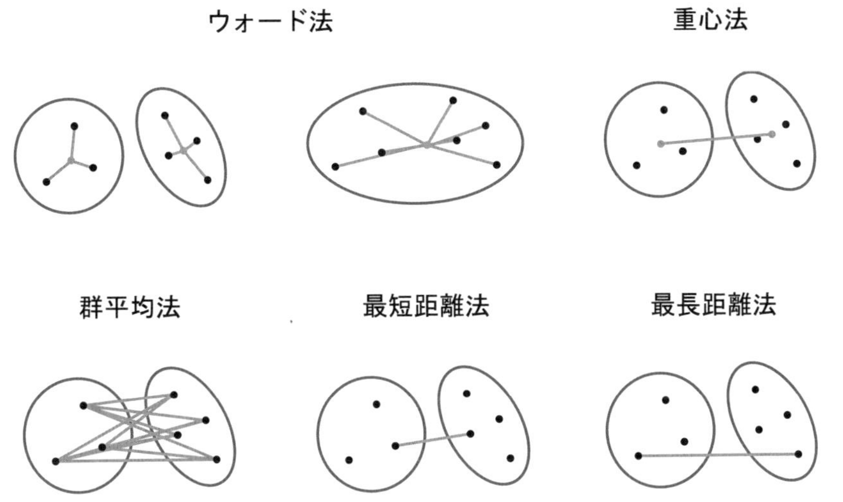

4) この図版の作成においては以下のサイトを参考にしました。
クラスター分析の手法②（階層クラスター分析）| データ分析基礎知識 https://www.albert2005.co.jp/knowledge/data_mining/cluster/hierarchical_clustering

16.3 混合ガウスモデル

■ 混合ガウスモデルとは

　混合ガウスモデル(Gaussian Mixture Model / GMM) は、データが複数の正規分布（ガウス分布）の混合分布から生成されたと考えて分析する非階層のソフトクラスタリングの分析モデルです。ビジネスでのデータサイエンスの文脈で活用されるのみならず、サイエンスの文脈で得られたデータの分類などにも広く用いられています。

図 16.3.1　混合ガウスモデルの概念図

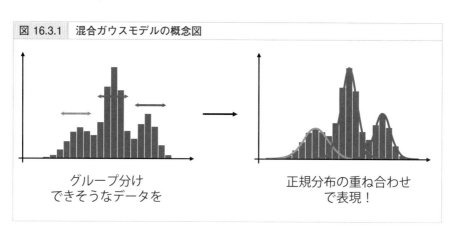

グループ分け
できそうなデータを

正規分布の重ね合わせ
で表現！

■ 混合ガウスモデルの考え方

　混合ガウスモデルでは、データxは次の2ステップで生成されると考えます。

・どのクラスタに所属するかを決める
・属するクラスタに対応する（多変量）正規分布でxを生成する

　ここで、j番目のクラスタに所属する確率をπ_j、j番目のクラスタに対応する多変量正規分布の平均をμ_j、共分散行列をΣ_jとし、その確率密度関数を$p_j(x)$と書き、xはm変数のデータとすると、データxが生成される確率$p(x)$は

$$p(x) = \sum_{1 \le j \le k} \pi_j p_j(x) = \sum_{1 \le j \le k} \pi_j \frac{1}{(2\pi)^{\frac{m}{2}} |\Sigma_j|^{\frac{1}{2}}} \exp\left(-\frac{{}^t(x - \mu_j)\Sigma_j(x - \mu_j)}{2}\right)$$

と表されます。混合ガウス分布モデルでは、仮にデータがこの確率分布に従っていると仮定した時、最もふさわしいパラメーター(π_j, μ_j, Σ_j)はいくつか？という考え方で分析します。上手くデータの特徴を捉えたパラメーターを見つけることができれば、図16.3.1の右側のように、クラスタの構造を捉えることができます。

■ 混合ガウスモデルの学習

　混合ガウスモデルでは、パラメーターがデータの生成確率を支配しているので、最尤法でのパラメーターの学習が理想です。つまり、データ$x_1, x_2, ..., x_n$に対して、尤度

$$L = \prod_{1 \le i \le n} p(x_i) = \prod_{1 \le i \le n}\left(\sum_{1 \le j \le k} \pi_j \frac{1}{(2\pi)^{\frac{m}{2}} |\Sigma_j|^{\frac{1}{2}}} \exp\left(-\frac{{}^t(x_i - \mu_j)\Sigma_j(x_i - \mu_j)}{2}\right)\right)$$

が最大となるπ_j, μ_j, Σ_jを見つけることになります。これを直接行うのは困難ですが、**EM法(Expectation-Maximization method)** や**変分ベイズ法(variational Bayesian method)** など、様々なベイズ推定の方法で推定が実行できます。

■ 混合ガウスモデルの推論

　混合ガウスモデルを用いて、データの所属クラスタを推論する際には、ベイズの定理が用いられます。混合ガウスモデルでは、クラスタjが決まった後、対応する確率分布でデータxが生成されると考えています。一方、クラスタの推論では、手元にデータxが先にあり、後からクラスタを知りたいと考えています。時間の向きが逆になっているので、ベイズの定理がぴったりです。実際、データxが得られた時、それがクラスタjに所属する確率$p(j \mid x)$は、次の式で計算できます。

$$p(j \mid x) = \frac{\pi_j p_j(x)}{\sum \pi_l p_l(x)}$$

混合ガウスモデルは、各クラスタへの所属確率を与えるので、ソフトクラスタリングの分析モデルです。所属クラスタを1つに決定したい場合は、事後確率が最大になるクラスタ j を推論結果として選択します。この時、どのクラスタ j についてもその所属確率が小さすぎる場合は、無理に分類せず「不明」という答えを返すこともできます。

■ クラスタ数の決定

混合ガウスモデルも、クラスタ数 k は人間が設定する必要があります。クラスタリングの結果を見ながら、人間の感覚で k の値を決定するのが1つの方法です。また、混合ガウスモデルはデータの生成確率を用いたモデルなので、AICやBICなどを参考にしてクラスタ数を決定することもできます。

16.4 クラスタリングを実務で使う

■ 結果の解釈

　実務でのクラスタリングは、分析モデルをデータへ適用して終わりではありません。クラスタリングの結果をつぶさに観察して様々な仮説を持ち、解釈を通して深い洞察を得ることが重要です。ここでは、解釈の方法のうち代表的な2つを紹介します。

（1）可視化する

　クラスタリング結果の解釈には、何はともあれ可視化が必須です。主成分分析（17.3節）やt-SNE、UMAP等の次元圧縮の方法を用いて2次元データに変換し、クラスタごとに色を変えて散布図を描いてみると、クラスタの特徴や、そもそもクラスタリングがうまく行っているかなどがわかります。また、階層クラスタリングを実施した場合は、まずデンドログラムを描いてみることがおすすめです。

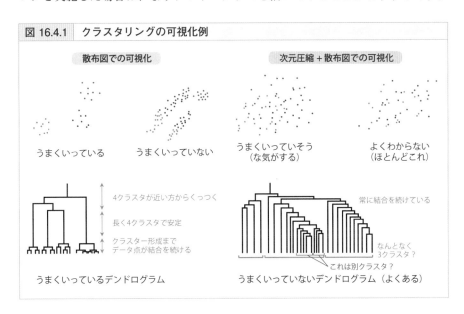

図 16.4.1　クラスタリングの可視化例

（2）クラスタごとの統計量を確認する

　次に、各クラスタのデータの平均（重心）、共分散などの特徴量を確認してみましょう。クラスタごとの重心が共分散に比べて大きく離れていれば、クラスタリングがうまくいっている可能性が高いでしょう。また、重心の値の違いを見ることで、各クラスタの特徴を把握することができます。共分散行列を見ることで、各クラスタ内での変数同士の関係性を理解することができます。

■ クラスタリングの理想と現実

　今までに紹介した分析モデルはいかにもすごそうで、データに適用したらエレガントにクラスタを見つけ出してくれそうな気がしますが、残念ながら現実にはそんなにうまくいきません。なぜなら、実務で出会うデータは、そもそもきれいにクラスタを形成していない場合も多いからです。クラスタリングの分析モデルは、データがクラスタに分かれていることを前提に設計されています。そのため、無理やり適用してもうまくいかない場合があります。この節の残りでは、この現実への向き合い方と、データからの知見の引き出し方を紹介します。

■ エルボー法の限界

　例えば、k-meansにおけるクラスタ数の決定方法であるエルボー法は、現実のデータの前では無力なことも多いです。データがはっきりとクラスタに分かれていれば、図 16.1.3 のように肘を見出すことができますが、実務で出会うデータはそうなっておらず、肘が見いだせないことが多いのです（実務での例が図16.4.3左上にあります）。加えて、仮に肘が見いだせたとしても、それが実務の観点から最適なクラスタ数とも限りません。

　この場合、各クラスタ数での結果の可視化などを比較して、解釈上最も妥当なクラスタ数を選択するなど、人間が自らの頭で考えながら決定していく必要があります。

■ k-meansの初期値依存性

　k-meansのアルゴリズムでは、初期値からスタートしてパラメーターの更新を

行うため、初期値によって結果が変わります。これは、データが上手くクラスタに分かれている場合でも起こる現象です。そのため、k-meansを実行する時は、複数回試してクラスタ内誤差平方和が最も小さい良いものを選択したり、解釈が可能なモデルを選択したりするなどの工夫が重要です。また、再現性の担保のため、乱数のシード値を設定し記録することも大切です[5]。

■ 実践的な処方箋

　実務で扱うデータは、クラスタに分かれていない場合や、クラスタに分かれているものの、その分かれ方が一様でない場合があります。クラスタリングの適用例でよく見かける顧客のクラスタ分析や、ECサイトの商品の分類でもこのケースが多いでしょう。

　この場合は、様々な設定でクラスタリングを実行し、その結果を比較することで、データに対する洞察を深めるのが良いです（図16.4.2）。

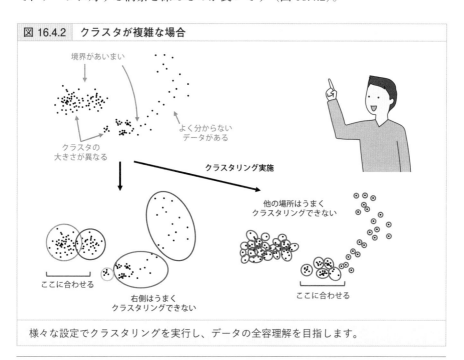

図 16.4.2　クラスタが複雑な場合

境界があいまい

よく分からないデータがある

クラスタの大きさが異なる

クラスタリング実施

ここに合わせる

右側はうまくクラスタリングできない

他の場所はうまくクラスタリングできない

ここに合わせる

様々な設定でクラスタリングを実行し、データの全容理解を目指します。

---

[5]　実際、後に紹介する例では乱数のシード値を紛失したため、公開されている分析結果を再現できませんでした。非常に良くない事例です。

■ クラスタリングの実行例

　最後に、私が実務で行ったクラスタリングの実行例を紹介します[6]。Wevox とい
うサービスは、ワーク・エンゲイジメントという指標（仕事に主体的に活き活き
と取り組んでいる度合い）を定点観測し、組織力向上に資するサービスです。こ
のデータによると、新卒社員のエンゲージメントスコアの平均点は入社以降減少
することがわかっています[7]。この様子を捉えるために、4月から翌3月までのエン
ゲージメントスコア（の4月時点のスコアとの差分）に対してk-meansを適用しま
した。この分析の結果、スコアの推移には上昇・維持・下降の3種類があり、下
降する場合は特定の月に一気にスコアが下降することがわかりました。

　図16.4.3左上にエルボープロットがあります。クラスタ数 k を $2 \leq k \leq 16$ の範囲
で動かしてクラスタ内誤差平方和の推移を描画しましたが、残念ながら肘は見え
ません。大体、実務ではこんなもんです。

　次に、様々なクラスタ数の結果を可視化し、その解釈を行いました。一例とし
て、図16.4.3に $k = 6, 7, 8$ の場合について、各クラスタの新入社員の4月からスコ
ア変化の平均点をプロットしています。これらを注意深く観察すると、スコアが
上昇する、横ばい、下降の3種類があり、下降の場合、緩やかに下降し続けるの
ではなく、特定の月に大幅に下降することが分かります。

　実際の分析では、初期値を何度か変えながら、このような解釈を、 $k = 2, 3, ...,$
16に対して行いました。すると、大体パターンが見えてくるので、恣意的でない、
かつ、ある程度解釈がうまくいくものを選択して発表しました。大体50個くらい
は、このグラフを見たと思います。クラスタリングで結果を出すためには、天才
的な発想よりも、データを見ながら自分の頭で考え、やるべきことをしっかりと
やり、様々な工夫をすることが重要です。誤解を恐れず言えば、正しい知識を手
にした後は気合いと根性も重要ということです。

---

6)　こちらにまとまっている成果です。
　　【wevox】新入社員のエンゲージメント低下パターンを分析 | 株式会社アトラエのプレスリリース https://prtimes.
　　jp/main/html/rd/p/000000025.000021544.html
7)　労働環境の問題のみならず、入社直後の過度な期待の是正など様々な要因があります。また、人間関係は入社後
　　どんどん向上していくというデータもあり、話は単純ではありません。このテーマは、私たちの感情を強く揺さ
　　ぶる可能性がある話題です。だからこそ、私たちデータ分析者は、事実に基づいた上で、冷静かつ多面的に建設
　　的な思考・議論を行いたいものです。

図 16.4.3　新入社員のスコア変化のクラスタリング

エルボープロット

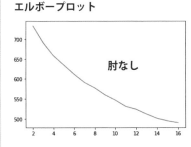

肘なし

クラスタ数 $k = 6$

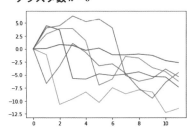

クラスタ数 $k = 7$

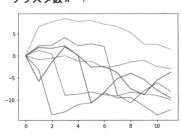

クラスタ数 $k = 8$

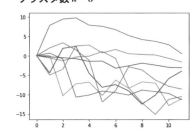

k-meansのエルボープロットと、各クラスタ重心のエンゲージメントスコア推移。スコアが上昇する群、横ばいの群、特定の月に下降する群が見えます。

第16章のまとめ

・クラスタリングは、データを距離や類似度でグループ分けする分析である。

・クラスタリングには、階層クラスタリングと非階層クラスタリングがある。

・非階層クラスタリングの分析モデルとして、k-means、混合ガウスモデルなどが知られている。

・階層クラスタリングでは、そこで用いる距離や類似度と、クラスタの結合方法によって様々な結果を得ることができる。

・クラスタリングは、1つの分析モデルでサクッと終わることは稀で、試行錯誤とデータとの対話が重要である。

因子分析・主成分分析
相関を用いた構造の推定と情報の圧縮

●

データに含まれる変数の数が5つくらいを超えてくる
と、変数同士の相関や依存関係を全体像として把握す
ることが困難になってきます。そんな時に用いられる
分析モデルが因子分析と主成分分析です。因子分析は
相関の背後にある構造を探索し、主成分分析は相関を
用いて情報を圧縮してくれます。

これらの分析モデルは、分析プロジェクト初期でのデー
タの概要の把握から、結論につながる深い洞察の導出
まで、様々な場面で活用されます。

17.1 因子分析

■ 因子分析とは

　因子分析 (Factor Analysis) は、「変数同士に相関があるということは、背後に何か構造があるに違いない」という発想で行われる分析です。心理学における「知能」の研究で活用され、知能の背後にある因子を調べたことなどでも有名です。現在でも心理的な指標の作成、集計、分析ではよく用いられています。心理学に限らず、変数同士に相関があるデータの背後には何か構造が隠れている場合があります。このデータの奥にある法則の探索に用いられるのが因子分析なのです。

　例として、学力試験の結果の分析を考えてみましょう。科目同士の相関係数を記した相関行列を、以下の表に記しています。これを見ると、「国語、英語、倫理」の点数の相関が高いことがわかります。他にも、いわゆる理系科目同士の相関や、文系科目同士の相関が高く、文理をまたいだ相関は低いことがわかります。このような相関行列から背後の構造を探求する分析モデルが因子分析です。

▼ 学力試験結果の相関行列

	国語	英語	数学	物理	化学	生物	地学	世界史	日本史	経済	地理	倫理
国語	1.000	0.319	0.104	0.166	0.155	0.136	0.146	0.152	0.169	0.166	0.100	0.312
英語	0.319	1.000	0.087	0.115	0.134	0.144	0.144	0.092	0.112	0.093	0.137	0.336
数学	0.104	0.087	1.000	0.356	0.148	0.129	0.086	0.034	0.016	0.012	0.013	0.089
物理	0.166	0.115	0.356	1.000	0.156	0.133	0.160	0.044	0.014	0.028	0.078	0.105
化学	0.155	0.134	0.148	0.156	1.000	0.293	0.324	0.027	0.032	0.028	0.002	0.137
生物	0.136	0.144	0.129	0.133	0.293	1.000	0.408	0.073	0.022	0.245	0.042	0.303
地学	0.146	0.144	0.086	0.160	0.324	0.408	1.000	0.095	0.089	0.226	0.051	0.289
世界史	0.152	0.092	0.034	0.044	0.027	0.073	0.095	1.000	0.354	0.158	0.356	0.137
日本史	0.169	0.112	0.016	0.014	0.032	0.022	0.089	0.354	1.000	0.121	0.328	0.141
経済	0.166	0.093	0.012	0.028	0.028	0.245	0.226	0.158	0.121	1.000	0.145	0.301
地理	0.100	0.137	0.013	0.078	0.002	0.042	0.051	0.356	0.328	0.145	1.000	0.120
倫理	0.312	0.336	0.089	0.105	0.137	0.303	0.289	0.137	0.141	0.301	0.120	1.000

例えば、国語と英語の相関は0.319とわかります。色が濃いところほど強く相関しています。なお、これは説明のために作成したダミーデータの相関行列です。

■ 因子分析の考え方

まずは具体例から離れ、因子分析の考え方について紹介します。今、手元にm変数のデータがあるとしましょう。因子分析では、このm変数のデータの背後にはd個の**因子(factor)**があり、そのd個の因子によってm個の変数の値が決まっていると考えます。

例として、5変数2因子の場合を考えましょう。変数を$x_1, x_2, ..., x_5$、因子をf_1, f_2と書くことにしましょう。因子分析を行うと、例えば次のような式が得られます。

$$x_1 = \quad f_1 \qquad\quad + \varepsilon_1$$
$$x_2 = \quad f_1 \qquad\quad + \varepsilon_2$$
$$x_3 = \frac{1}{2}f_1 + \frac{1}{2}f_2 + \varepsilon_3$$
$$x_4 = \quad f_2 \qquad\quad + \varepsilon_4$$
$$x_5 = \quad f_2 \qquad\quad + \varepsilon_5$$

この式を見ると、x_1とx_2はf_1から値が決まり、x_4とx_5はf_2から値が決まり、x_3はf_1とf_2から値が決まることがわかります。最後についている$\varepsilon_1, \varepsilon_2, ..., \varepsilon_5$は、各変数の値のうち、因子$f_1, f_2$以外の影響で決まる値を表しています。これを、**独自因子(unique factor)**と言います。因子f_1, f_2を独自因子と区別して呼びたい場合は、因子f_1, f_2を**共通因子(common factor)**と呼びます。

この式を見ると、x_1とx_2の相関は高くなることが予想できます。なぜなら、x_1とx_2は共に因子f_1の影響を受けるため、因子f_1の値が大きければx_1やx_2も値が大きい傾向にあり、因子f_1の値が小さければx_1やx_2も値も小さい傾向にあると思われるからです。同様に考えると、x_3は全ての変数と相関すること、x_1とx_5の相関は大きくないことが予想できます。因子分析はこの逆で、変数の間の相関関係から、背後にある因子の数やこの関係式の係数を推定し、因子の構造の理解を目指す分析です。

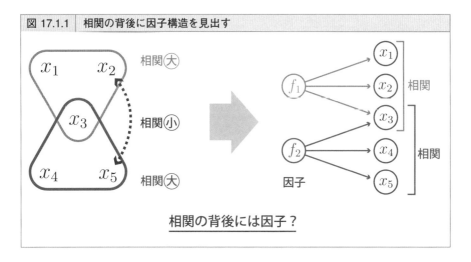

図 17.1.1　相関の背後に因子構造を見出す

相関の背後には因子？

この数式は一般に

$$x = \begin{pmatrix} x_1 \\ x_2 \\ \vdots \\ x_m \end{pmatrix}, f = \begin{pmatrix} f_1 \\ f_2 \\ \vdots \\ f_d \end{pmatrix}, \varepsilon = \begin{pmatrix} \varepsilon_1 \\ \varepsilon_2 \\ \vdots \\ \varepsilon_m \end{pmatrix}$$

と、$m \times d$ 行列 Λ を用いて

$$x = \Lambda f + \varepsilon$$

と表されます。この Λ は**因子負荷量行列 (factor loading matrix)** と言い、その各成分 λ_{ij} を**因子負荷量 (factor loadings)** と言います。

因子分析では、よく、$V[f_j] = 1$ で、ε_i と f_j はどの2つをとっても互いに独立と設定します。また、変数 x は、$V[x] = 1$ に標準化してから因子分析を実行するのが一般的です。そのため、以降はこれを仮定して議論します。

■ 共通性と寄与率

因子分析の良さを表す指標に共通性と寄与率があります。変数 x_i について因子分析の数式を書いてみると、

$$x_i = \lambda_{i1}f_1 + \lambda_{i2}f_2 + \ldots + \lambda_{id}f_d + \varepsilon_i$$

となります。ここで、両辺の分散を考えると

$$V\left[x_i\right] = V\left[\lambda_{i1}f_1 + \lambda_{i2}f_2 + \ldots + \lambda_{id}f_d\right] + V\left[\varepsilon_i\right]$$

という式が成立します。このx_iの分散うち、共通因子が占める割合
$\dfrac{V\left[\lambda_{i1}f_1 + \lambda_{i2}f_2 + \cdots + \lambda_{id}f_d\right]}{V\left[x_i\right]}$を**共通性(communality)**、独自因子が占める割合
$\dfrac{V\left[\varepsilon_i\right]}{V\left[x_i\right]}$を**独自性(uniqueness)**と言います。定義より、これらは0から1の値を取り、合計が1になります。

　共通性が大きく独自性が小さい変数の場合、その変数の値は因子の値でよく説明されるので、因子分析に適した変数だと考えられます。一方、共通性が小さく独自性が大きい変数の場合、ほとんど共通因子との関わりがなく、因子分析から除外すべき変数である可能性があります。

　共通因子は$V[f_j]=1$で互いに独立で、$V[x_i]=1$なので、共通性は$\lambda_{i1}^2 + \lambda_{i2}^2 + \cdots + \lambda_{id}^2$になります。逆に$j$を固定して$i$について和をとった$\lambda_{1j}^2 + \lambda_{2j}^2 + \cdots + \lambda_{mj}^2$を因子$f_j$の**寄与(contribution)**と言い、これを変数の分散の合計で割った値を**寄与率(contribution rate)**と言います。寄与や寄与率は、因子f_jが変数x_iたちに与える影響の大きさの指標です。寄与が小さい因子がある場合は、因子数を減らして再分析するのが良いでしょう。

■ 因子負荷量とその解釈

　因子分析で最も楽しい、かつ、本質的な作業が因子負荷量行列の解釈です。これを例で見てみましょう。次の表は、学力試験のデータに対して3因子の因子分析を行った結果の因子負荷量行列です。

▼ 因子負荷量行列の例

	第1因子	第2因子	第3因子
国語	0.425	0.042	0.046
英語	0.397	0.020	0.003
数学	0.268	-0.228	0.427
物理	0.334	-0.228	0.466
化学	0.374	-0.261	-0.018
生物	0.540	-0.277	-0.222
地学	0.546	-0.226	-0.198
世界史	0.353	0.457	0.073
日本史	0.329	0.471	0.062
経済	0.381	0.074	-0.205
地理	0.312	0.450	0.113
倫理	0.577	-0.019	-0.174

　例えば、第1因子 f_1 が1増えると、国語の得点が0.425増えることがわかります[1]。第1因子の因子負荷量の全てが正なので、第1因子が増えると全ての科目の得点が高くなることがわかります。したがって、第1因子は全体的な学力を表す因子であり、全ての科目の得点はこの学力因子によって上下することがわかります。

　第2因子は、おおよそ、文系科目において正の因子負荷量、理系科目において負の因子負荷量を持ちます。そのため、文系か理系かを左右する因子と考えられます。同様に、第3因子は数物の力を司る因子と解釈できるでしょう。

　以上をまとめると、12科目の学力試験の得点の背後には学力因子、文系 - 理系因子、数物因子の3因子があり、それぞれ学力全体、文系か理系か、数物が得意か否かを支配していると解釈することができます。

　このように、因子負荷量のうち、絶対値の大きいものの符号を見て解釈すると、深い洞察を得ることができます。

■ 因子得点とその解釈

　因子分析では、各データに対して、各因子の数値を計算することができます。これを、**因子得点 (factor score)** と言います。学力試験の例で言えば、受験者

---

1)　分析に先立って、試験の得点を全て標準化してあります。したがって、国語の得点が0.425増えることは、偏差値が4.25増えることと対応します。

1人1人に、第1因子から第3因子の3つの数値が振られることになります。

　この因子得点を見れば、各データにどのような特徴があるのかがわかります。例えば、第1因子の値が大きければ、全体的に点数が良かったであろうこと、第2因子の値が大きければ、文系科目の方が理系科目より得意であろうことがわかります。

■ 因子数の決定

　因子分析を実行する際には、因子数を人間が設定する必要があります。因子数の決定では、大きく分けて次の2つの方法が知られています。

（1）相関行列の固有値を用いた基準

　データの背後にd個の因子があり、$x = \Lambda f + \varepsilon$という関係式が成立するとしましょう。この時、この変数の相関行列の固有値を計算すると、d個は大きく、$m - d$個は小さくなることが知られています。そのため、1以上の固有値の数を因子数とする**カイザー基準 (Kaiser criterion)**、固有値を大きい順に並べる折れ線グラフを描き、グラフが折れ曲がる1つ手前までの因子数を採用する**スクリー基準 (scree plot criterion)**、データが全て乱数で生成されていた場合の相関行列の固有値を上回る固有値の数を採用する**平行分析 (parallel analysis)** などで因子数を決定できます。

（2）情報量基準を用いる方法

　独自因子が正規分布に従う確率変数だと考えると、因子分析の関係式$x = \Lambda f + \varepsilon$から手元のデータが生成される確率、つまり、尤度を計算することができます。これを用いてAICなどの情報量基準を用い、因子数を決定する方法があります。

　なお、クラスタリングと同様に、上記の手法では因子数をはっきり決められない場合も多いです。これは理論の欠陥ではなく、理論が暗黙の前提としている「データはほとんど因子から決定されていて、独自因子は小さい」という仮定が成立していないことに原因があります。この場合は、人間が総合的に判断する必要があります。例えば、因子負荷量の解釈がうまくいく因子数や、寄与率の和が50～60%を超える当たりの因子数を採用するなどの方法があります。

17.2 因子の回転

■ 因子の回転が必要な理由

　実務で因子負荷行列を解釈する場合、ほぼ必ず因子の回転が必要です。実は、学力試験の例での因子負荷量行列には、次の2つの問題があります。

　第1因子は学力を司る因子でした。「試験結果の背後には学力因子があり、学力因子が高いと全ての成績が良い」と言われても、そんなことはもともと知っていたことであり、新しい知見が得られたとは言い難いでしょう。そもそも、因子分析は変数の相関を元に因子の構造を探る分析なので、変数同士の相関が高いデータに適用されます。相関するから因子分析をしているのに、第一の結果が「相関しています」では拍子抜けです。

　また、第2因子の因子得点が高いと、理系科目より文系科目のほうが得意とわかるのでした。では、第2因子の因子得点が高いことは良いことなのでしょうか？

　実務では時々、「良い」「悪い」の判断が求められることがあります。この場合、正負の因子負荷量が混ざった因子は解釈が難しいことが多いです。この2つの問題は、因子の回転で対処できます。

■ 因子の回転の考え方

　学力試験のデータを単純化すると、図17.2.1左のようになります。学力因子は全ての科目に正の影響を与え、文系-理系因子は文系科目に正の、理系科目に負の影響を与えています。ここで、「(学力因子) – (文系-理系因子)」を理系因子、「(学力因子) + (文系-理系因子)」を文系因子とすると、図17.2.1右のように、理系因子は理系科目のみ、文系因子は文系科目のみに影響を与えるように整理できると期待できます。

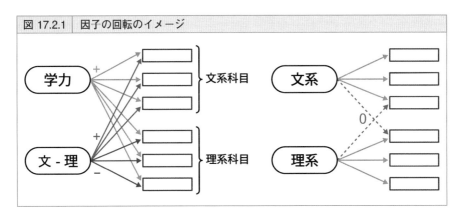

図 17.2.1　因子の回転のイメージ

これを数式で表現すると、学力因子f_1と文系-理系因子f_2について、

$$\tilde{f}_1 = \frac{f_1 - f_2}{\sqrt{2}}, \ \tilde{f}_2 = \frac{f_1 + f_2}{\sqrt{2}}$$

と変換し、$\tilde{f}_1$を理系因子、$\tilde{f}_2$を文系因子と考えることに対応しています。

この考えを、数式的に整理しておきましょう。行列Rを $R = \begin{pmatrix} \dfrac{1}{\sqrt{2}} & -\dfrac{1}{\sqrt{2}} \\ \dfrac{1}{\sqrt{2}} & \dfrac{1}{\sqrt{2}} \end{pmatrix}$ と

すると、新しい因子の作成は、行列Rを用いたfから$\tilde{f}$への変換

$$\begin{pmatrix} \tilde{f}_1 \\ \tilde{f}_2 \end{pmatrix} = R \begin{pmatrix} f_1 \\ f_2 \end{pmatrix}$$

で表現できます。これを、$\tilde{f} = Rf$と書くことにしましょう。行列を用いて因子を変換しているので、この操作を**因子の回転 (factor rotation)** と言います。因子の回転に伴って、因子負荷量行列を

$$\tilde{\Lambda} = \Lambda R^{-1}$$

と変換しておけば、通常の因子分析と同じ形の式$x = \tilde{\Lambda}\tilde{f} + \varepsilon$が成立します。

このように、因子の回転とは、因子負荷量行列ΛR^{-1}の解釈がやりやすい行列R

を見つけ、$\tilde{f} = Rf$、$\tilde{\Lambda} = \Lambda R^{-1}$と変換し、因子$\tilde{f}$と変数$x$の関係式 $x = \tilde{\Lambda}\tilde{f} + \varepsilon$ をもとに、因子負荷量行列$\tilde{\Lambda}$を考えることを言います。

■ 回転と解釈

　学力試験のデータについて、バリマックス回転とプロマックス回転という回転を施した因子負荷行列を次の表で記します。

▼ 回転後の因子負荷行列

バリマックス	第1因子	第2因子	第3因子
国語	0.324	0.249	0.173
英語	0.318	0.204	0.135
数学	0.091	0.008	0.530
物理	0.123	0.050	0.628
化学	0.379	-0.053	0.218
生物	0.605	-0.030	0.101
地学	0.587	0.018	0.106
世界史	0.093	0.576	0.015
日本史	0.076	0.564	-0.005
経済	0.381	0.207	-0.076
地理	0.046	0.565	0.034
倫理	0.550	0.219	0.051

プロマックス	第1因子	第2因子	第3因子
国語	0.273	0.194	0.117
英語	0.285	0.146	0.078
数学	-0.027	0.001	0.548
物理	-0.024	0.040	0.647
化学	0.390	-0.140	0.150
生物	0.671	-0.171	-0.025
地学	0.638	-0.116	-0.014
世界史	-0.023	0.592	0.003
日本史	-0.035	0.583	-0.016
経済	0.407	0.130	-0.162
地理	-0.079	0.592	0.033
倫理	0.566	0.105	-0.063

　細かな違いはありますが、どちらもおおよそ似た結果になっています。学力因子がなくなり、第1因子が理系科目に正の影響を、第2因子が文系科目に正の影響を、第3因子は数物に正の影響を与える因子となっています。

　このように、各変数について、少数の因子のみの負荷量が大きく、他の因子の負荷量が小さくなっている時、この変数と因子の関係を**単純構造(simple structure)**と言います。因子の回転では、このような単純構造を目指して回転が行われます。

■ 様々な回転

　因子の回転方法は、非常に多くの種類が知られています。これらの回転は大き

くわけて、**直交回転(orthogonal rotation)** と**斜交回転(oblique rotation)** の2種類があります。

　直交回転では、回転行列Rを直交行列（11.1節）の中から選ぶことで、回転後の因子負荷量の分散が1、異なる因子同士の共分散や相関が0であることを保つことができます。よって、直交回転は因子同士に相関がないことが望ましい場面で用いられます。一方、斜交回転は、直交行列とは限らない行列Rを用いて回転を行うので、因子同士は0でない相関を持ちます。今回の学力試験の例なども含め、斜交回転は因子同士に相関があると仮定することが妥当な場面で用いられます。

　直交回転の代表例の1つが、**バリマックス回転(varimax rotation)** です。これは、各因子の因子負荷量の2乗の分散の和が最大となる回転行列Rを探します。斜交回転の代表例の1つが、**プロマックス回転(promax rotation)** です。ここでは詳細な紹介は控えますが、以下の動画で詳細に解説してあるので、ぜひ参考にしてください。

- 【因子分析】バリマックス回転 - 使い方から数式と原理まで解説【分散最大化の直交回転】https://www.youtube.com/watch?v=ZSZwYpGZSUU
- 【因子分析】プロマックス回転 - 使い方から数式と原理まで解説【バリマックスを過激化させた斜交回転】
https://www.youtube.com/watch?v=HHpwG5vUskg

■ 因子の回転を実務で適用する

　因子分析やその回転を実務で適用すると、必ず「最適な因子数はいくつか」「どの回転が正解なのか」という問いにぶつかります。あなたの分析が学術研究目的であり、先行研究より因子構造が明確な場合や、そうなるべくデータ収集をした場合においては、正解とされるべき因子数や回転方法がある場合もあるでしょう。この場合、先行研究、研究デザイン、分野で確立された手法に適切に則って因子分析を行うと良いです。そうでない場合では、正解というべきものはありません。因子分析は、変数同士の相関関係から背後にある因子の構造を考える分析であり、因子負荷量行列の解釈という極めて人間的な行いが中心に据えられます。したがって、何か数学的な仕組みで自動的に正解が導かれることを期待するのではなく、いろいろな因子数、いろいろな回転を試し、一番スッキリと解釈ができるものを採用するという方法も1つの王道となります。

17.3 主成分分析

■ 主成分分析とは

主成分分析 (Principal Component Analysis / PCA) は、変数同士の相関を用いて情報を圧縮し、データの次元圧縮を行う分析モデルです。

主成分分析は、因子分析と似た用語、似た数式を用い、似た結果を返します。この節では、主成分分析の考え方を紹介した後、両者の違いを説明します。

▼ 因子負荷量と主成分負荷量

因子分析	第1因子	第2因子	第3因子
国語	0.425	0.042	0.046
英語	0.397	0.020	0.003
数学	0.268	-0.228	0.427
物理	0.334	-0.228	0.466
化学	0.374	-0.261	-0.018
生物	0.540	-0.277	-0.222
地学	0.546	-0.226	-0.198
世界史	0.353	0.457	0.073
日本史	0.329	0.471	0.062
経済	0.381	0.074	-0.205
地理	0.312	0.450	0.113
倫理	0.577	-0.019	-0.174

主成分分析	第1主成分	第2主成分	第3主成分
国語	0.317	0.070	0.121
英語	0.307	0.043	0.079
数学	0.173	-0.217	0.600
物理	0.206	-0.189	0.547
化学	0.273	-0.328	0.061
生物	0.366	-0.290	-0.257
地学	0.371	-0.244	-0.231
世界史	0.226	0.453	0.089
日本史	0.219	0.486	0.096
経済	0.272	0.097	-0.343
地理	0.200	0.456	0.127
倫理	0.417	0.002	-0.215

この両者は非常に類似した負荷量が得られる傾向があります。

■ 主成分分析の考え方

主成分分析では、m 変数のデータ $x_1, x_2, ..., x_m$ の持つ情報をなるべく損なわないようにしつつ、d 個の主成分 $z_1, z_2, ..., z_d (d \leq m)$ で表現することを目指します。

学力試験のデータで考えてみましょう。例えば、数学と物理の点数の相関係数は 0.356 もあり、数学の点数を知っていれば、物理の点数をある程度予測するこ

とができます。であれば、数学と物理の点数を両方記録せず、それらの平均点 $z_{数物} = \frac{1}{2}x_{数学} + \frac{1}{2}x_{物理}$ だけ記録しても情報があまり失われないことが想像できます。

また、各受験者の成績を考える場合、12科目の全得点を見なくとも、全科目の合計点 $z_{total} = x_{国語} + x_{英語} + ... + x_{倫理}$ や、理系科目の平均点 $z_{理系科目} = \frac{1}{5}x_{数学} + \frac{1}{5}x_{物理} + \cdots + \frac{1}{5}x_{地学}$ などの数値を見れば、各受験者の成績についてある程度理解ができるでしょう。

このように、新たな変数でデータを要約することによって、データの特徴を簡単に捉えることができます。主成分分析は、相関の情報を用いることで、データの特徴を要約した変数をデータドリブンに作成する分析モデルです。

実際の主成分分析では、z_1 から順に次の手順で主成分が計算されます。

ステップ①：$z_1 = w_{11}x_1 + w_{12}x_2 + \cdots + w_{1m}x_m$ を、$\|w_1\| = 1$ という条件のもとで、$V[z_1]$ が最大になるように選択

ステップ②：$z_2 = w_{21}x_1 + w_{22}x_2 + \cdots + w_{2m}x_m$ を、$\|w_2\| = 1$ かつ $w_2 \perp w_1$ という条件のもとで、$V[z_2]$ が最大になるように選択

ステップ③：以降同様に、$z_j = w_{j1}x_1 + w_{j2}x_2 + \cdots + w_{jm}x_m$ を、$\|w_j\| = 1$ かつ $w_j \perp w_1, w_2, ..., w_{j-1}$ という条件のもとで、$V[z_j]$ が最大になるように選択する。これを、$j = d$ まで繰り返す

ここで利用する記号は、以下で定義します。

$$w_j = (w_{j1}\ w_{j2} \cdots w_{jm}),\ \|w_j\| = \sqrt{\sum_i (w_{ji})^2},\ z = \begin{pmatrix} z_1 \\ z_2 \\ \vdots \\ z_d \end{pmatrix},\ x = \begin{pmatrix} x_1 \\ x_2 \\ \vdots \\ x_m \end{pmatrix}$$

ここで、行列 W を ij 成分が w_{ij} である行列とすると、データ x から主成分 z への変換は

$$z = Wx$$

と書くことができます。この時、各 z_j を**第 j 主成分 (j-th principal component)**、

w_{ij} を**主成分係数 (principal component coefficients)**、W を**主成分係数行列 (principal component coefficient matrix)** と言います。

この背景にある考え方を見ていきましょう。

まずステップ①では、z_1 の分散が最大になるように係数 $w_{11}, w_{12}, ..., w_{1m}$ を決めています。分散の最大化を目指す背景には、「分散 = 情報量」という考え方があります。分析とは比較することであり、比較には差が必要です。データ間に差があるということは、分散が大きいということです。この発想を元に、分散最大化を通して、データが持つ情報をなるべく多く取得することを狙っているのです。

次のステップ②では、同じく分散の最大化に加え、$w_2 \perp w_1$ という条件が入っています。第 j 主成分は $z_j = w_j \cdot x$ と内積の形で書けることに注目すると、w_1 と直交する w_2 を用いて第2主成分を計算することは、データ x を別の角度から見ることで、別種の情報を取得しているのだと解釈できるでしょう。第3主成分 z_3 以降も同様に、情報量（分散）が最大になるように、別の角度からデータが持つ情報を切り出しているのです。

最後に用語を少し紹介します。各データ x に対して計算された $z_j = w_{j1}x_1 + w_{j2}x_2 + ... + w_{jm}x_m$ の値を、**第 j 主成分得点 (principal component score)** と言います。また、分散の比

$$\frac{V\left[z_j\right]}{\sum_i V\left[x_i\right]}$$

を第 j 主成分の**寄与率 (contribution rate)** と言い、第1から第 j 主成分の寄与率の和を**累積寄与率 (cumulative contribution rate)** と言います。

■ 主成分分析の代表的な用法

主成分分析は、主に次元圧縮の方法として利用されます。変数の数が多すぎる時、主成分分析を利用して d 個の主成分を作り、この d 個の主成分得点に対して分析を行うことがあります。こうすると、分析で扱う数値は d 次元となり、高すぎる次元を回避できます。この d を選択する際には、累積寄与率が50〜70%程度以上になる、または、寄与率の最小値が小さすぎないような d を選択することが一

般的です。

　また、$d = 2$として2次元データに変換し、可視化に用いることもあります[2]。

　実は、主成分得点同士の相関は0になることが知られています。これを利用し、主成分得点を用いて重回帰分析を行う**主成分回帰分析 (Principal Component Regression / PCR)** で、多重共線性を回避することもあります。詳細は、20.2節で紹介します。

■ 因子分析と主成分分析の違い

　因子分析と主成分分析は、どちらも多変量データと少数の因子、主成分との関係を見る分析であり、因子分析の負荷量と主成分分析の係数は非常に類似します。ですが、因子分析と主成分分析の思想は真逆です。

　因子分析は、変数の間の相関関係の背後にある共通因子を見つけることで、その相関が生じる原因を探る理解志向の強い分析です。一方、主成分分析は、データの相関を利用して、情報を圧縮し、続く分析に利用するための応用思考の強い分析です。

---

2)　VR空間では3次元データの可視化が自然に行えるので、いずれVRを組み合わせた3次元可視化が流行るのではないかと想像しています。

理論解析★：次元圧縮なら主成分分析を

　次元圧縮を行い、後続の分析で利用するのであれば、因子分析ではなく主成分分析を利用する方が望ましいです。この理由について、今まで説明してきた意味的な面ではなく、数学的な理由もお伝えします。

　データ x から因子得点 f、主成分得点 z を計算する数式は、それぞれ

$$f = \left('\Lambda D^{-1}\Lambda\right)^{-1}{}'\Lambda D^{-1}x$$

$$z = Wx$$

となります[3]。ここで、D は独自因子の分散を対角成分に持つ対角行列です。これを見ると、どうも因子得点の計算の方が複雑に見えます。実際、因子得点の計算に使う逆行列が問題を引き起こす場合があります。例えば、独自性が小さすぎる変数がある場合、D^{-1} の成分が大きくなり、計算結果が不安定になる可能性があります。他にも、寄与率の低い因子がある場合、$'\Lambda D^{-1}\Lambda$ の固有値の最小値が小さくなり、逆行列を通して推定の不安定性をもたらすことがあります。

　主成分分析であれば、単に行列 W をかけるだけですし、行ベクトル w_j は長さ1で互いに直交しているので、計算が不安定になることはありません。

　この差は、学習時のデータと推論時のデータの質が異なるときに大きな問題になります[4]。例えば、中学生の試験のデータで学習した因子分析、主成分分析のモデルを高校生の試験のデータに適用することを考えましょう[5]。主成分分析であれば、中学生のデータと高校生のデータの裏にある構造が異なっていたとしても、データ圧縮の効率が落ちる程度で済みます。一方、因子分析の場合、中学生の試験のデータの構造を無理やり高校生の試験のデータに当てはめて、因子得点を算出することになります。直感的に考えても、何かまずいことが起こりそうな気がしてしまいますよね。実際、上に挙げたとおり、逆行列の計算が悪さをすると推定結果がめちゃくちゃになることがあります。

---

3) 因子得点の計算は最尤法を利用した場合です。

4) これはデータドリフトと呼ばれ、実応用ではとても大きな問題となります。

5) そんなことやるわけないと思うかもしれませんが、予算や時間の都合で再学習できないことは多々あります。例えば、2020年以降、COVID-19の流行によってあらゆるデータの関係性が変化したことは明確でしょう。ですが、そのタイミングで全ての分析モデルの再学習を行うことは、果たして可能だったのでしょうか？

第17章のまとめ

- ・因子分析は、変数同士の相関関係から、その背後にある因子の構造を探る分析モデルである。

- ・因子分析においては、因子負荷量行列の解釈が重要である。

- ・因子の回転とは、因子負荷量行列の解釈可能性を高める技術である。

- ・因子分析においては、因子負荷行列を見て人間が解釈を考えることが重要であり、「正しい分析モデルが自動で正しい結果を生み出す」ことはない。

- ・主成分分析は、変数同士の相関関係を利用して情報の圧縮を目指す分析モデルである。

- ・因子分析は理解志向、主成分分析は応用志向の傾向が強い分析モデルである。

- ・次元圧縮には、（因子分析より）主成分分析がおすすめである。

データの関連を調べる分析

多変量解析を用いてデータから洞察を導き出す

●

この章では、実務の現場でよく見かける様々な形式の
データ毎に、深い洞察を得ることができる分析モデル
とまとめて紹介します。これらの分析モデルは、デー
タ同士の比較、属性同士の比較などを通して、共通性
や相違度を定量化してくれます。そのため、分析初期
のデータの性質の把握から、可視化などを通した深い
洞察の導出、得られた類似度を用いたレコメンドへの
応用など、様々な用途に利用可能です。

18.1 アソシエーション分析

■ アソシエーション分析とは

アソシエーション分析（association analysis）は、商品の購買データを元に「xを買った人はyも買っている」などの法則を見つける分析です。異なる商品の購入行動の関係を、**アソシエーションルール**（association rule）と言います。同時購入のデータを分析するので、「同時」という捉え方ができるデータには全て適用可能で、自然言語処理の BoW（8.2節）などにも応用可能です。

■ 用いられる指標

アソシエーション分析で用いられる指標は、大きく分けて、商品xとyの同時購入（共起性）の指標と、「商品xの購入」の「商品yの購入」への影響を表す指標の2種類があります。

まずは、いくつか記号を設定しておきます。全購入データの集合をU、商品x, yが買われているデータをX, Yとしましょう。すると、xとyを同時購入したデータは、$X \cap Y$と書けます。また、集合Aの要素数を、$|A|$と書くことにします。

これらを用いると、代表的な共起性の5つの指標は次のように書けます。

▼ 同時購入の起こりやすさ（共起性）の指標

名称	定義	値の範囲	最小の時	最大の時
Jaccard 係数	$\dfrac{\|X \cap Y\|}{\|X \cup Y\|}$	$0 \sim 1$	$X \cap Y = \varnothing$	$X = Y$
Dice 係数	$\dfrac{2\|X \cap Y\|}{\|X\| + \|Y\|}$	$0 \sim 1$	$X \cap Y = \varnothing$	$X = Y$
Cosine 類似度	$\dfrac{\|X \cap Y\|}{\sqrt{\|X\| \times \|Y\|}}$	$0 \sim 1$	$X \cap Y = \varnothing$	$X = Y$

Simpson 係数	$\dfrac{\lvert X\cap Y\rvert}{\min(\lvert X\rvert,\lvert Y\rvert)}$	$0\sim 1$	$X\cap Y=\varnothing$	$X\subset Y$ or $X\supset Y$
Leverage	$\dfrac{\lvert X\cap Y\rvert}{\lvert U\rvert}-\dfrac{\lvert X\rvert}{\lvert U\rvert}\times\dfrac{\lvert Y\rvert}{\lvert U\rvert}$	$-\dfrac{1}{4}\sim\dfrac{1}{4}$	$X\cap Y=\varnothing$ $\lvert X\rvert=\lvert Y\rvert=\dfrac{\lvert U\rvert}{2}$	$X=Y$ $\lvert X\rvert=\lvert Y\rvert=\dfrac{\lvert U\rvert}{2}$

　はじめの4つは0〜1に値を取る指標で、値が0だと同時購入がないことを表し、値が1に近づくにつれて同時購入が多いことを表します。最後のLeverageは、商品 x,y の購入の独立性に関する指標で、値が0の時は2商品の購入は独立、正であれば同時購入の傾向があり、負であれば同時には購入されない傾向があります。これらは全て、x と y を入れ替えても同じ値になります。

　次に、購買行動同士の関係性を表す指標を見てみます。代表的なものは次表の3つと、同事購入者の割合 $\dfrac{\lvert X\cap Y\rvert}{\lvert U\rvert}$ です。これは**Support**と呼ばれます。Supportが小さい場合、データが少なく、各種指標の信頼性が低くなるので、まずはSupportが大きいものだけについて以下の指標を見るといいでしょう。

▼ 購買行動同士の関係性の指標

名称	定義	値の範囲	最小の時	最大の時
Confidence	$\dfrac{\lvert X\cap Y\rvert}{\lvert X\rvert}$	$0\sim 1$	$X\cap Y=\varnothing$	$X\subset Y$
Lift	$\dfrac{\lvert X\cap Y\rvert/\lvert X\rvert}{\lvert Y\rvert/\lvert U\rvert}$	$0\sim+\infty$	$X\cap Y=\varnothing$	−
Conviction	$\dfrac{1-\lvert Y\rvert/\lvert U\rvert}{1-\lvert X\cap Y\rvert/\lvert X\rvert}$	$0\sim+\infty$	$Y=U$	$X\subset Y$

　Confidenceは、x を買った人の中での y を買った人の割合です。**Lift**は**リフト値**とも呼ばれる指標で、x を買ったことにより、y の購入確率が何倍になるかを表します。これはレコメンドでよく用いられます。

　Convictionは、Liftの分子と分母を1から引き、上下逆に配置した形になっています。1から引いているので、「買う」ではなく「買わない」を比較した指標であり、x を買うと y を買わない確率が何分の1になるかを表す指標です。Liftも

Conviction も、1より大きいと x の購買が y の購買につながると考えられます。

■ 各種指標の使い方

　共起性の指標が大きい商品ペアは同時に購入されていることがわかります。購買行動同士の関係性の指標が大きいと、x を買った人は y も買いやすいことがわかります。様々な商品ペアに対して各種指標を計算してランキングを作成し、それを元に人間が解釈することで、アソシエーションルールが発見できます。

　同時購入の指標は x と y を入れ替えても値が変わらないので、「x を買った人は y も買いやすい」のような、因果関係を想起させる解釈には向きません。あくまで、同時に買われているという理解にとどめましょう。一方、購買行動同士の関係性の指標は、$x \to y$ の向きがある量なので、「x を買った人は y も買いやすい」という解釈が可能です。レコメンデーションにはこちらを用いると良いでしょう。

■ 指標によって結果が違う時

　特に購入同士の関係を表す指標は、ものによって結果が異なることがあります。例えば、confidence は大きいが lift はほぼ1だとしましょう。この時、x を買う人は y も買う確率が高いが、そもそも x の購入の有無に依らず y を買う確率が高いことがわかります。この場合、y は誰でも買う商品であり、わざわざレコメンドしても売り上げは変わらない可能性があります。

　逆に、lift は大きいが confidence は小さい場合を考えましょう。全体の中の y の購買の割合は、confidence を lift で割って計算できます。なので、y の購買件数はかなり少ないとわかります。なので、商品 x は、商品 y を買ってもらうために非常に重要な商品である可能性があります。単にデータ数が少なく、たまたま値が大きくなった可能性もあるので実際の商品を見て判断するのが良いでしょう。

　このように、どれかの指標が正しく、どれかが誤りということはありません。それぞれが別の視点からアソシエーションルールのヒントを与えてくれているのです。各指標の性格を見極めながら、人間が考えて総合的に解釈するのがいいでしょう。

18.2 行列分解

行列分解とは

　行列分解 (Matric Factorization / MF) は、主にレコメンドで活用される分析モデルです。購買や視聴履歴のデータを行列 F で表し、これを2つの行列 W と H の積 WH で近似することで、ユーザーや商品の類似に関する情報が得られます。行列分解を詳しく見ると、内積を用いた類似度計算による分析モデルであることがわかります。これを本節で紹介します。

　行列分解では、2種の対象の間の関係のデータを扱います。例えば、MovieLens データセット[1] ではユーザーによる映画の評価（0.5〜5.0の0.5刻み10段階の評価）などのデータが蓄積されています。

図 18.2.1　MovieLens データセットのイメージ

人	作品	評価
Aさん	作品c	5
Bさん	作品a	3
Cさん	作品a	4.5
Cさん	作品b	4
Aさん	作品b	0.5

⟷

	a	b	c
A		0.5	5
B	3		…
C	4.5	4	
	⋮		⋱

　図 18.2.1 の左に、MovieLens データセットの例があります。これを図の右のように、行列で表現したものを F とします。ユーザー数を N、作品数を M とすると、F は $N \times M$ の疎な行列となります。行列分解では、$N \times d$ 行列 W と $d \times M$ 行列 H であって

---

[1]　ミネソタ大学の研究チーム GroupLens によって作成された、レコメンデーション研究のためのデータセットです。
　　 https://grouplens.org/datasets/movielens/

$$F \fallingdotseq WH$$

となるものを見つけることを目指します。以下で、この数式の意味や用法を説明します。

■ 行列分解の利用法

WやHの意味や役割と用法を見ていきましょう。まず、F, W, Hのij成分を、f_{ij}, w_{ij}, h_{ij}と書くことにします。その上で、$F \fallingdotseq WH$のij成分に注目すると、

$$f_{ij} \fallingdotseq \sum_{1 \leq k \leq d} w_{ik} h_{kj}$$

がわかります。本書をここまで読み進めてくださった読者の方なら、たくさんの数字を掛けて足す式はもう内積にしか見えないのではないでしょうか。実際、

$$W = \begin{pmatrix} \vec{w}_1 \\ \vec{w}_2 \\ \vdots \\ \vec{w}_N \end{pmatrix}, H = (\boldsymbol{h}_1 \ \boldsymbol{h}_2 \cdots \boldsymbol{h}_M)$$

のように、それぞれ行ベクトル$\vec{w}_i = (w_{i1} \ w_{i2} \dots w_{id})$、列ベクトル$\boldsymbol{h}_j = {}^t(h_{1j} \ h_{2j} \dots h_{dj})$ が並んだものと考えると、$\vec{w}_i$と$\boldsymbol{h}_j$は共にd次元のベクトルであり、先の式は

$$f_{ij} \fallingdotseq \vec{w}_i \cdot \boldsymbol{h}_j$$

と、$\vec{w}_i$と$\boldsymbol{h}_j$の内積で書けます[2]。この時、うまく$F \fallingdotseq WH$となっていれば$f_{ij} \fallingdotseq \vec{w}_i \cdot \boldsymbol{h}_j$ のはずなので、内積が大きいi, jのペアについては、評価f_{ij}が高いと期待できます。内積はベクトル同士の類似度なので、ユーザーiのベクトル$\vec{w}_i$と映画jのベクトル$\boldsymbol{h}_j$の向きが近ければ、映画の評価f_{ij}が高い、つまり、ユーザーiが映画jを好むと予想できます。また、2人のユーザーi, i'のベクトル$\vec{w}_i, \vec{w}_{i'}$の向きが近ければ、映画ベクトル$\boldsymbol{h}_j$との内積の値も似るので、似た映画を好むと予測できます。

---

2) 数学的に厳密には行ベクトルと列ベクトルは別物なので、内積を取っていいのかという疑問がある方もいるかもしれません。その場合は、$\vec{w}$と$\boldsymbol{h}$の行列としての積$\vec{w}\boldsymbol{h}(\in \mathbb{R})$を$\vec{w} \cdot \boldsymbol{h}$と書いていると考えてください。

> ### 行列分解のまとめ
>
> ・行列分解では、ユーザーiの映画jに対する評価f_{ij}を内積$\vec{w}_i \cdot \boldsymbol{h}_j$で予測する。
> ・ユーザーベクトル$\vec{w}_i$と映画ベクトル$\boldsymbol{h}_j$の向きが近いと、内積が大きくなるので、ユーザーiが映画jを好むと予測できる。
> ・ベクトル$\vec{w}_i, \vec{w}_{i'}$の向きが近いと、ユーザーi, i'は似た映画を好むと予測できる。
> ・ベクトル$\boldsymbol{h}_j, \boldsymbol{h}_{j'}$の向きが近いと、映画$j, j'$は似たユーザーから好まれると予測できる。

■ 行列分解の最適化

　次に、行列分解$F \fallingdotseq WH$のWとHを探す方法を見ていきましょう。全てのユーザーが全ての映画を観て評価したわけではないので、行列Fには成分が入っていない空欄の部分があります。数値が入っている成分の集合をSと書いた時、行列分解では

$$E = \frac{1}{2} \sum_{(i,j) \in S} \left(f_{ij} - \vec{w}_i \cdot \boldsymbol{h}_j \right)^2 + \frac{\lambda_1}{2} \left\| W \right\|_F^2 + \frac{\lambda_2}{2} \left\| H \right\|_F^2$$

が最小となるW, Hを探します。右辺第1項がf_{ij}の予測誤差の2乗なので、最小二乗法的な方法と言えるでしょう。右辺第2、第3項は正則化項で、λ_1, λ_2は正の値を取るハイパーパラメーターです[3]。ここで、行列Aに対して定義される$||A||_F$は**フロベニウスノルム (Frobenius norm)** と呼ばれ、

$$||A||_F = \sqrt{\sum_{i,j} \left(a_{ij} \right)^2} = \sqrt{\mathrm{tr}({}^t AA)}$$

で定義されます。これは、行列の「大きさ」を表す量です。

　Eを最小化する行列分解の亜種として、W, Hの全成分が0以上という条件のもとでEを最小化する**非負行列分解 (Non-negative Matrix Factorization / NMF)** という分析モデルがあります。成分が全て0以上なので、内積も必ず0以

---

3) 正則化項の役割は20.2節で説明します

上、つまり、$\vec{w}_i \cdot \boldsymbol{h}_j \geq 0$ となります。教師データの予測対象の値が全て0以上の時は、$\vec{w}_i \cdot \boldsymbol{h}_j < 0$ となるのはある種の過学習と考えられるので、それを回避するために非負行列分解が用いられます。

理論解析★：行列分解と特異値分解

F を WH で近似をする際、F の空欄部分を0で埋めて、全ての成分に値が入っている行列にし、次の $\tilde{E}$ を最小化する方法もあり得ます。

$$\tilde{E} = \frac{1}{2}\left\|F - WH\right\|_F^2 + \frac{\lambda_1}{2}\left\|W\right\|_F^2 + \frac{\lambda_2}{2}\left\|H\right\|_F^2$$

この場合、ユーザーi が映画j を見ていない場合は、$\vec{w}_i \cdot \boldsymbol{h}_j \fallingdotseq 0$ となることを要求して最適化することになります。自身の分析テーマにおいて、「見ていない映画は最低評価をするだろう」という形の推論が正しい場合は、$\tilde{E}$ の最小化の方が良いでしょう。これは、word2vec（9.1節）、LSA（11.1節）、対応分析、数量化III類（共に18.3節）と同じ発想の分析となります。実際、$\tilde{E}$ の最小化は、$\lambda_1 = \lambda_2 = 0$ の時、特異値分解と数理的に等価となり[4)]、LSA、対応分析、数量化III類と数理的に等価です。逆に、行列分解の最適化は特異値分解とは異なることがわかります。

ただし、レコメンドの本懐は、「まだ見ていないけどこの映画も好むだろう」という推論なので、$\vec{w}_i \cdot \boldsymbol{h}_j \fallingdotseq 0$ が要求されない行列分解の方が良いことが多いと思われます。

---

4) 実際、F の特異値分解を $F = T\Lambda U^{-1}$ とし、d 番目までの特異値、特異ベクトルを用いた近似を $F \fallingdotseq T^{(d)}\Lambda^{(d)}\left(U^{(d)}\right)^{-1}$ と書くと、$W = T^{(d)}\Lambda^{(d)}$、$H = \left(U^{(d)}\right)^{-1}$ の時、$\|F - WH\|_F$ が最小になります。

18.3 対応分析と数量化III類

■ 対応分析・数量化III類とは

　対応分析（コレスポンデンス分析／コレポン／correspondence analysis） は2軸の集計表から、**数量化III類**[5] は2種の対象の対応関係から、分析対象の2者の関係性や類似度を分析する分析モデルです。両者は数理的に等価な分析モデルですが、入力データがクロス集計表の場合は対応分析、数値0, 1で対応の有無を表すデータの場合は数量化III類と呼ばれます。例えば、図18.3.1にあるブランドイメージに関する調査データに対してこれらの分析モデルを適用すると、各ブランドやそのイメージを表したベクトルが得られます。この分析結果を可視化することで、様々なインサイトを得ることができます。

図 18.3.1　対応分析と数量化III類

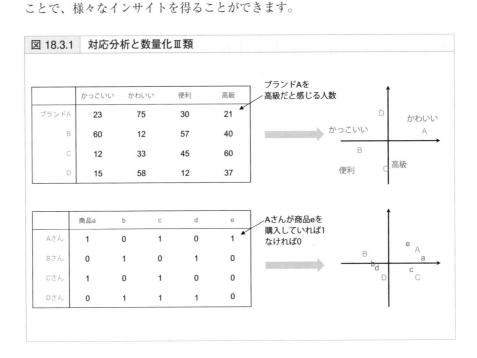

---

5)　数量化III類は主に日本で利用されている分析モデルで、定まった英訳はありません。

■ 対応分析、数量化III類の考え方

両分析モデルとも、その中心的な目的は次の問いに答えることです。

- ・（対応分析）似たイメージを持たれているブランドは？
- ・（対応分析）似たブランドに紐付いているイメージは？
- ・（数量化III類）似た商品を好む人は？
- ・（数量化III類）似た人に好まれる商品は？

この問いは、図 18.3.1 の表の行と列をうまく並べ替えてやることで、ある程度は回答できます。その例を、図 18.3.2 の上側に記しました。

図 18.3.2　行列の並べ替えと相関最大化

	便利	高級	かっこいい	かわいい
ブランドB	57	40	60	12
C	45	60	12	33
D	12	37	15	58
A	30	21	23	75

	商品a	c	e	b	d
Cさん	1	1	0	0	0
Aさん	1	1	1	0	0
Bさん	0	0	0	1	1
Dさん	0	1	0	1	1

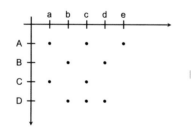
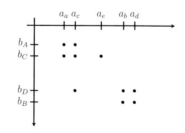

上段のように並べ替えると、赤色、青色の項目同士の親和性が高いことがわかります。例えば右上を見ると、商品 a, c はともに A, C さんから好まれているため、「商品 a, c は類似する」「A, C さんは好みが似ている」「商品 a, c は A, C さんのような人から好まれる」とわかります。下段は、数量化を用いた相関係数の最大化の様子です。

次に、この並べ替えの方法を考えてみましょう。関連が強いということはデータが多いということです。なので、この並べ替えの結果、対角にあるマス目の数値が大きくなります。結果、対角線の周辺に多くのデータが集まることになりま

す。ところで、散布図のデータ点が対角線の周辺に集まる場合、その2変数の相関係数は大きくなります。この類推から逆に発想し、対応分析や数量化Ⅲ類では、相関係数を最大化するという発想で行と列の位置を決定します。

数量化Ⅲ類では、商品 $a, b, ..., e$ に対応する数値 $a_a, a_b, ..., a_e \in \mathbb{R}$ と、人 A, B, C, D に対応する数値 $b_A, b_B, b_C, b_D \in \mathbb{R}$ を用意します。これらの数値を、商品や人の**数量化**と言います。そして、図18.3.2下のように、商品 x と人 Y に対応するデータが1の時に、点 (a_x, b_Y) にデータがあると考え、このデータの相関係数が最大になる $a_a, a_b, ..., a_e, b_A, b_B, b_C, b_D \in \mathbb{R}$ を探します。

対応分析の場合、点 (a_x, b_y) に、イメージ x とブランド Y に対応する集計表の数値の個数のデータがあると考え、このデータの相関係数を最大にするパラメーターを探します。

相関係数を最大化する最適化をかけると、似た傾向を持つイメージやブランドの数量化は、近い値になります。したがって、word2vec（9.1節）やLSA（11.1節）のように、数値が近い対象は似ていると考えることができます。

■ 可視化への利用

実は、相関最大化の問題を考えると、1番良いパラメーター、2番目に良いパラメーター……と、いくつかの値を得ることができます。1番良いパラメーターから順番に $a_x^{(1)}, a_x^{(2)}, ...$ や $b_Y^{(1)}, b_Y^{(2)}, ...$ と書くことにすると、それぞれのイメージ、ブランド、商品、人について、複数の数値が得られます。1つめと2つめの数値を横軸と縦軸にして散布図にプロットすると、類似したイメージを持つブランドや、類似したブランドに持たれるイメージが近くにプロットされます。これが図18.3.1の右側の散布図です。

この散布図では、近くに配置されているイメージ同士やブランドが似ているとわかります。このように可視化すると、競合ブランドとの差別化を考える材料などに利用できます。

厳密には、イメージとブランドが近くに配置されていた場合の解釈は注意が必要です。データによっては、イメージの散布図とブランドの散布図の位置やスケー

ルがずれる場合があるのです[6]。異なる軸の対象の比較の際には、結果を鵜呑みにせず、実際にそのブランドがそのイメージを持たれているかを確認するなど、妥当な結果であるか必ず検証してから解釈に入りましょう。

理論解析★：対応分析と数量化Ⅲ類の最適化

　対応分析と数量化Ⅲ類における、相関の最大化の計算を見ていきましょう。詳細な解説はYouTubeに投稿してありますので[7]、ここでは議論の全体を見通しよく簡潔にまとめることを主目的とします。

　対応分析の集計表や数量化Ⅲ類の0, 1の表を行列で表現したものを $Z = (z_{ij})$ と書き、横軸、縦軸それぞれに対応する数量化の数値を並べたベクトルを a, b としましょう。この時、2変数 p, q からなるデータがあり、$p = a_j$, $q = b_i$ となるデータがちょうど z_{ij} 個あるとしましょう。このような p と q の相関係数 ρ を最大化する分析が、対応分析や数量化Ⅲ類です。この相関係数 ρ は、

$$\rho = \frac{\mathrm{cov}(p,q)}{\sqrt{V[p]}\sqrt{V[q]}}$$

と書くことができます。まず、この右辺の3つの登場人物を計算しましょう。

　今回計算したいのは p と q との相関係数であり、平均の値には依存しません。a や b を定数だけずらすと、p と q も同じ定数だけずれるので、予め $\bar{p} = \bar{q} = 0$ となる a, b のみを考察の対象とすることにしましょう。変数 p は、$p = a_j$ となるデータが $x_j = \sum_i z_{ij}$ 個あるので、全データ数を $N = \sum_j x_j = \sum_{i,j} z_{ij}$ と書くと

$$\bar{p} = \frac{1}{N}\sum_j x_j a_j$$

---

6) この問題は、相関係数の最大化を行うことに起因します。相関係数は、データに定数を足したり、正の定数倍したりしても変わりません。そのため、パラメーターの平均や分散はデータから決定できません。じつは、これらの数値は、むりやり平均0、分散1であると仮定して計算されています。そのため、プロット同士のスケールや位置がずれている可能性があるのです。

7) 詳細はこちらの連続動画で解説しています。なお、本書での p, q は、動画内では $\bar{a}, \bar{b}$ と表記しています。
　【数量化Ⅲ類の数理①】相関係数を選好行列から計算する - 線形代数の演舞！【数量化理論 - 数理編 vol. 5】#116 #VRアカデミア - YouTube https://www.youtube.com/watch?v=49-dUOnzyTo&list=PLhDAH9aTfnxLWGdDoO02yntwGaVJHR5oq&index=10

と書けます。同様に、$y_i = \sum_j z_{ij}$ と書いておけば、a, b は

$$\sum_j x_j a_j = 0 \tag{18.3.1}$$

$$\sum_i y_i b_i = 0 \tag{18.3.2}$$

という条件を満たすもののみを考えることとなります。

次に、共分散の計算に移ります。共分散 $cov(p, q)$ は、$cov(p, q) = \overline{pq} - \bar{p}\bar{q} = \overline{pq}$ で計算できます。変数 pq は、$pq = a_j b_i$ となるデータが z_{ij} 個あるので、

$$cov(p,q) = \frac{1}{N}\sum_{i,j} z_{ij} a_j b_i = \frac{1}{N}\,{}^t bZa$$

と書けます。同様に、p, q の分散 $V[p] = \overline{p^2} - \bar{p}^2 = \overline{p^2}, V[q] = \overline{q^2}$ は、対角成分に x_i, y_j を持つ対角行列をそれぞれ X, Y と書くと、

$$V[p] = \frac{1}{N}\sum_j x_j a_j^2 = \frac{1}{N}\,{}^t aXa$$

$$V[q] = \frac{1}{N}\sum_i y_i b_i^2 = \frac{1}{N}\,{}^t bYb$$

と書けます。以上をまとめると、相関係数 ρ は

$$\rho = \frac{{}^t bZa}{\sqrt{{}^t aXa}\sqrt{{}^t bYb}}$$

と書けます。X, Y は正定値であり [8]、ρ は a, b の正の定数倍で不変なので、${}^t aXa = {}^t bYb = 1$ の下での $\rho = {}^t bZa$ の最大値を求めればいいでしょう。Lagrange の未定乗数法で極値の条件を算出すると、a は $X^{-1}\,{}^t ZY^{-1}Z$ の固有ベクトル、b は $Y^{-1}ZX^{-1}\,{}^t Z$ の固有ベクトルとわかります。実は、この2つの固有値は全て0以上で、正の固有値は一致し、最大値は1となります。0, 1以外の固有値を $1 \geq \lambda^{(1)} \geq \lambda^{(2)} \geq ... > 0$、固有ベクトルを $a^{(1)}, a^{(2)},..., b^{(1)}, b^{(2)},...$ と書くと、$a = a^{(i)}, b = b^{(i)}$ の場合に相関係数は $\rho = \sqrt{\lambda^{(i)}}$ となり、$a = a^{(1)}, b = b^{(1)}$ の時に最大

---

8)　Z の中で、値が全て0の行か列がある場合を除き、X, Y は正定値となります。

値 $\rho = \sqrt{\lambda^{(1)}}$ となります[9]。

これで一応、計算方法はわかりましたが、行列 $X^{-1}ZY^{-1}Z$, $Y^{-1}ZX^{-1}Z$ の意味が不明瞭ですね。実は、

$$\tilde{a} = X^{\frac{1}{2}}a, \quad \tilde{b} = Y^{\frac{1}{2}}b$$

というベクトルを用意し、$\tilde{Z} = Y^{-\frac{1}{2}}ZX^{-\frac{1}{2}}$ と書けば、

$$\rho = \frac{{}^t\tilde{b}\tilde{Z}\tilde{a}}{\sqrt{{}^t\tilde{a}\tilde{a}}\sqrt{{}^t\tilde{b}\tilde{b}}}$$

となります。この時、ρ の最大化は $\|\tilde{a}\| = \|\tilde{b}\| = 1$ という条件のもとで ${}^t\tilde{b}\tilde{Z}\tilde{a}$ を最大化する問題となり、これはまさに $\tilde{Z} = Y^{-\frac{1}{2}}ZX^{-\frac{1}{2}}$ の特異値分解となります。ここで、1以外の特異値と対応する左右の特異ベクトルを $1 \geq \mu^{(1)} \geq \mu^{(2)} \geq \ldots \geq 0$、$\tilde{a}^{(1)}, \tilde{a}^{(2)}, \ldots$、$\tilde{b}^{(1)}, \tilde{b}^{(2)}, \ldots$ と書くと、$a^{(i)} = X^{-\frac{1}{2}}\tilde{a}^{(i)}, b^{(i)} = Y^{-\frac{1}{2}}\tilde{b}^{(i)}$ の時、相関係数は $\rho = \mu^{(i)}$ となり、$i = 1$ の時に最大となります。こちらの方が見通しが良いのではないでしょうか[10]。

---

9) 固有値1の固有ベクトルだけ、式(18.3.1), (18.3.2)を満たさないので、これだけ除外しています。

10) この意味は先の脚注で紹介した連続動画の最後（4本目）でかなり詳しく説明しています。
【数量化III類の数理④】謎の固有値問題は特異値分解による往復移動なのだ【数量化理論 - 数理編 vol. 8】#121 #VRアカデミア - YouTube https://www.youtube.com/watch?v=pAOV6RWt-xM&list=PLhDAH9aTfnxLWGdDoO02yntwGaVJHR5oq&index=13

18.4 多次元尺度構成法と数量化IV類

■ 多次元尺度構成法・数量化IV類とは

多次元尺度構成法(Multi Dimensional Scaling / MDS) や **数量化IV類** は、分析対象の間の類似度や非類似度を元に対象をベクトル化する分析モデルです。**類似度 (similarity)** とは、2つの対象が似ているときに数値が大きくなる指標で、コサイン類似度や相関係数が代表例です。**非類似度 (dissimilarity)** は、2つの対象が似ていないほど数値が大きくなる指標で、距離が代表例です。

多次元尺度構成法や数量化IV類は、出力として対象のベクトル表現が得られます。このベクトルは、可視化したり、後続の分析に用いたりして利用されます。

■ 多次元尺度構成法の分析モデル

多次元尺度構成法では、データの間の距離が与えられている設定が一般的です。つまり、手元の n 個のデータについて、i 番目と j 番目のデータの距離 d_{ij} が与えられている時に利用します。これは例えば、対象が地理空間データであって、地点 i と地点 j の距離や、移動に要する最短時間が与えられている場合や、多変数データについて、16.2節で紹介した各種の距離を計算した場合でも良いでしょう。

この距離データ d_{ij} を元に、$x_1, x_2, \ldots, x_n \in \mathbb{R}^k$ であって、

$$E = \frac{1}{2} \sum_{i,j} \left(d_{ij} - \| x_i - x_j \| \right)^2$$

を最小化するベクトル x_i たちを探す分析モデルが多次元尺度構成法です。これはデータを k 次元空間に配置して距離 $\| x_i - x_j \|$ を計算し、これと d_{ij} の誤差の二乗和が最小になるベクトルを探しています。これは、最小二乗法的な最適化と言えるでしょう。特に $k = 2$ と設定して、得られたベクトル x_i たちを2次元の散布図で可視化すると、様々な洞察を得られます。

ここで紹介した多次元尺度構成法は、**計量的多次元尺度構成法 (metric MDS / mMDS)** の一種であり、距離がインプットとして与えられた時に利用されます。距離とは思い難い類似度や、非類似度が与えられた場合は、それを距離に変換する関数 $d - f(s)$ とベクトル $x_i \subset \mathbb{R}^k$ のうち、

$$Stress = \sqrt{\frac{\sum\left(f\left(s_{ij}\right) - \left\|x_i - x_j\right\|\right)^2}{\sum\left\|x_i - x_j\right\|^2}}$$

を最小にするものを探します。これを、**非計量的多次元尺度構成法 (non-metric MDS / nMDS)** と言います。

■ 数量化IV類とは

　数量化IV類も、対象間の類似度や非類似度をもとに各対象のベクトル表現を得る分析モデルです。i 番目のデータと j 番目のデータの類似度を s_{ij}（または、非類似度を d_{ij}）と書くことにしましょう。この時、各データに数値 $a_1, a_2, ..., a_n$ を振り、i 番目と j 番目のデータが似ていれば、a_i と a_j の値は近くなるものを探します。

　数量化IV類でも数量化III類と同様に、1番目に良い a、2番目に良い a ……が得られます。このはじめの2つを用いた可視化や、得られた数値を後続の分析で利用するなどの利用法があります。

■ 数量化IV類の分析モデル

　数量化IV類では、

$$\sum_i \left(a_i\right)^2 = 1, \quad \sum_i a_i = 0$$

という条件のもとで[11]、

11）数量化IV類は、a_i たちの値の差で類似度を測る分析モデルです。そのため、a の平均や分散に興味がないため、2乗和を1に、平均を0に固定しているのです。

$$G = \begin{cases} \displaystyle\sum_{i,j} -s_{ij}\left(a_i - a_j\right)^2 \text{（類似度が与えられた場合）} \\ \displaystyle\sum_{i,j} d_{ij}\left(a_i - a_j\right)^2 \text{（非類似度が与えられた場合）} \end{cases}$$

を最大にする a を探します[12]。

　この G の意味を見てみましょう。類似度 s_{ij} が大きい場合、$(a_i - a_j)^2$ の係数 $-s_{ij}$ は小さいので、a_i と a_j の差が大きい時に G が小さくなってしまいます。一方、類似度が小さい場合、a_i と a_j の差が大きくとも、G の値はあまり小さくなりません。なので、G の最大化では、類似データに対応する a の値は近く、類似しないデータに対応する a の値は遠くなるのです。

---

12) この最大化は、対応する行列の固有値分解を通して行うことができます。詳細はこちらの動画で紹介しています。
【数量化IV類の数理】対称行列を直交行列で対角化するだけです【数量化理論 - 数理編 vol. 9】#128 #VRアカデミア - YouTube https://www.youtube.com/watch?v=NjS6-tleDX04

18.5 正準相関分析

■ 正準相関分析の分析モデル

正準相関分析 (Canonical Correlation Analysis / CCA) は、2種類の多次元データの間の関連の強さを定量化する分析モデルです。まず記号と用語を確認してから、具体的な用法を説明します。

正準相関分析では、2種の変数 $x_1, x_2,..., x_p$ と $y_1, y_2,..., y_q$ に対し、$a_1x_1 + a_2x_2 + ... + a_px_p$ と $b_1y_1 + b_2y_2 + ... + b_qy_q$ の相関係数 ρ が最も大きくなる a, b を探します。この a, b を、**正準変量係数 (coefficient of canonical variable)** と言います。

正準相関分析でも、数量化III類、数量化IV類と同様に、一番良い a, b、2番目に良い a, b …… を得ることができます。これらを $a^{(1)}, a^{(2)},..., b^{(1)}, b^{(2)},...$ と書くことにしましょう。正準変量係数 $a^{(i)}, b^{(i)}$ を用いて計算される $a_1^{(i)}x_1 + a_2^{(i)}x_2 + \cdots + a_p^{(i)}x_p$ や $b_1^{(i)}y + b_2^{(i)}y_2 + \cdots + b_q^{(i)}y_q$ を**第 i 次正準変量 (i-th canonical variable)** と言い、これらの相関

$$\rho^{(i)} = cor\left(a_1^{(i)}x_1 + a_2^{(i)}x_2 + \cdots + a_p^{(i)}x_p, b_1^{(i)}y_1 + b_2^{(i)}y_2 + \cdots + b_q^{(i)}y_q\right)$$

を**第 i 次正準相関係数 (i-th canonical correlation)** と言います。この時、$\rho^{(1)} \geq \rho^{(2)} \geq ... \geq 0$ が成立します。

■ 2種のデータの間の相関を測る

明らかに相関があると思える事象でも、実際に相関を定量的に評価することは難しいものです。例えば、広告の調子と事業の調子は相関するでしょうが、数多くの指標の間に意味のある関連性を見つけることは、なかなか大変でしょう。

このように、関連する2つのテーマのそれぞれに多変数のデータがある場合、正準相関分析が利用できます。正準相関分析で得られる第一正準相関係数 $\rho^{(1)}$ で、2種のデータの関連の強さを測ることができます。この時、正準変量 $a_1^{(1)}x_1 + a_2^{(1)}x_2 + \cdots + a_p^{(1)}x_p$ は、y 側のデータに最も相関するように x 側のデータ要約した指標であ

り、$b_1^{(1)}y_1 + b_2^{(1)}y_2 + \cdots + b_q^{(1)}y_q$ は x 側のデータに最も相関するように y 側のデータを要約した指標となります。

　また、第2、第3の指標を見ると、2種のデータの関係についての深い洞察が得られることがあります。例えば、広告A, B, Cがサービスの好感度を高め、広告X, Y, Zがサービスの売上を高める場合、第1正準変量が好感度関連、第2正準変量が売上関連になるなど、多面的な理解を与えてくれることが期待できます。

理論解析★：正準相関分析の最適化

　正準相関分析における相関の最大化は、対応分析や数量化Ⅲ類の最適化に似ています。正準変量をそれぞれ $u = a_1x_1 + a_2x_2 + ... + a_px_p$, $v = b_1y_1 + b_2y_2 + ... + b_qy_q$ と書くと、正準相関係数 ρ は

$$\rho = \frac{cov(u,v)}{\sqrt{V[u]}\sqrt{V[v]}}$$

となります。ここで、y と x の共分散行列を $Z = cov(y, x)$、x や y の共分散行列を $X = cov(x)$, $Y = cov(y)$ と書けば、

$$cov(u,v) = {}^tbZa$$

$$V[u] = {}^taXa$$

$$V[v] = {}^tbYb$$

と計算できるので、

$$\rho = \frac{{}^tbZa}{\sqrt{{}^taXa}\sqrt{{}^tbYb}}$$

の最大化を行えば良いとわかります。これは対応分析や数量化Ⅲ類と全く同じですね。

　行列 $Y^{-\frac{1}{2}}ZX^{-\frac{1}{2}}$ を特異値分解し、特異値と左右の特異ベクトルを $\mu^{(1)} \geq \mu^{(2)} \geq ... \geq 0$、$\tilde{a}^{(1)}, \tilde{a}^{(2)}, ...$、$\tilde{b}^{(1)}, \tilde{b}^{(2)}, ...$ と書くと、$a^{(i)} = X^{\frac{1}{2}}\tilde{a}^{(i)}, b^{(i)} = Y^{\frac{1}{2}}\tilde{b}^{(i)}$ が第 i 次正準変量係数となり、第 i 次正準相関係数は $\rho^{(i)} = \mu^{(i)}$ と得られます。

第18章のまとめ

- アソシエーション分析は、様々な比を駆使することで購買同士の関係や法則を探る分析モデルである。
- 行列分解は内積を類似度として用いる分析モデルで、主にレコメンドの文脈で利用される。
- 対応分析と数量化III類は、2種の対象の結びつきの強さのデータやその類似度をもとに、それぞれの対象をベクトル化する分析モデルで、多次元データの可視化や次元圧縮に強みを持つ。
- 多次元尺度構成法と数量化IV類は、対象同士の類似度や非類似度のデータから、対象をベクトル化する分析モデルで、多次元データの可視化や次元圧縮に強みを持つ。
- 正準相関分析は、相関係数の最大化を通して、2種のデータの関係の強さの定量化などに用いられる分析モデルである。
- 理解志向の分析モデルは、単にデータをモデルに当てはめて終わりではなく、その後の解釈が重要である。

データの背後の構造を
用いる分析

構造を仮定して本質を推定する技術

•

データの背景には、必ず何かの構造があります。そして、この構造を分析に組み込むことによって、より精緻な分析が可能になります。逆に、データに対して様々な構造を当てはめ、その当てはまり具合を比較すると、背後にある構造について知ることもできます。

本章で紹介するのは、やや数学的に高度な分析モデルが多いですが、それに値するほど強力な分析モデルたちです。重要なところに絞ってなるべくわかりやすく伝えることを心がけましたので、ぜひ理解に挑戦してみてください。

19.1 ベイズ統計の基礎

■ 最尤推定の限界

　今まで多用してきた最尤推定ですが、実は、データ数が少ない時に問題を起こします。例として、あるコインが表になる確率を推定する問題を考えてみましょう。コインが表になる確率p_0を推定するため、試しに3回投げてみたところ、2回表になったとします。この時、尤度$L(p)$は$L = L(p) = {}_3C_2\, p^2(1-p)$となります。この尤度が最大になる$p$を$\hat{p}_{MLE}$と書くと、

$$\hat{p}_{MLE} = \frac{2}{3} \fallingdotseq 66.7\%$$

となります。最尤推定は「$p_0 = \hat{p}_{MLE}$である」という考え方ですが、普通は確率66.7%で表になるコインはありません。

　このように、最尤推定ではデータが少ない時に極端な推定値を返すことがあり、実務上でもよく問題になります。

■ 事前分布

　最尤法の問題の1つは、$p_0 = \dfrac{2}{3}$なるコインの存在に疑いを挟まないことです。通常のコインであれば、表になる確率は、多少コインが歪んでいても$50 \pm 5\%$の範囲には入るでしょう。この感覚を分析に組み入れるため、コインを投げたら3回中2回表であったという事実のみならず、コインの背後にあるストーリーに思いを馳せて考えてみましょう。

　そもそも、この世界にはコインが大量にあります。そして、コインごとに表になる確率は異なり、おおよそ$50 \pm 5\%$範囲に入っているとしましょう。そこからコインを1枚取り、投げてみたら3回中2回表だったと考えます。

　コインが表になる確率pが従う確率密度関数を、$p^{pre}(p)$と書くことにしましょ

う[1]。この$p^{pre}(p)$を、**事前分布 (prior distribution)** と言います。この時、「選んだコインが表になる確率がpで、それを3回投げたら2回表になる確率」は

$$p^{pre}(p) \times L(p)$$

となります。このように考えると、$p^{pre}(p) \times L(p)$は50%よりは大きいが、$\dfrac{2}{3}$ほど極端ではないところで最大になることが期待できます（図19.1.1）。

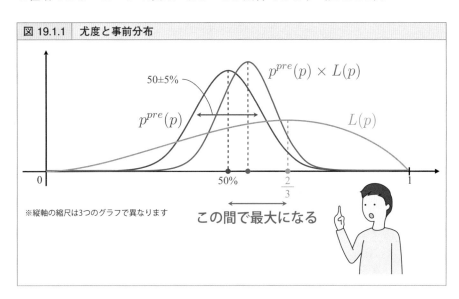

図 19.1.1　尤度と事前分布

■ 事後分布

この考え方を用いて、手元のコインの表になる確率を推定してみましょう。事前分布の考え方では、コインの表率が$p^{pre}(p)$で決まり、3回投げたら2回表だったと考えます。一方、「3回中2回が表だったけど、pはいくつだろうか」という考え方は、時間の向きが反転しています。時間の向きが反転している条件付き確率なので、ベイズの定理が活用できるでしょう。3回中2回表のことを「2/3表」と表記することにすると、今求めたい条件付き確率は$p(p \mid 2/3 \text{表})$なので、

---

1) pが多くて紛らわしいですが、p^{pre}のpは確率密度関数を表すpで、(p)のpはコインが表になる確率を表すパラメーターpです。

$$p(p \mid 2/3 \, \text{表}) = \frac{p(2/3 \, \text{表} \mid p) \times p^{pre}(p)}{p(2/3 \, \text{表})}$$

と書くことができます。この条件付き確率を $p^{post}(p)$ や $p^{post}(p \mid 2/3 \, \text{表})$ と書いて、**事後分布 (posteriori distribution)** と呼びます。ここで、$p(2/3 \, \text{表} \mid p)$ は尤度 $L(p)$ であり、分母は $p(2/3 \, \text{表}) = \int_0^1 L(p) p^{pre}(p) dp$ で計算できるので、

$$p^{post}(p \mid 2/3 \, \text{表}) = \frac{L(p) p^{pre}(p)}{\int_0^1 L(p) p^{pre}(p) dp}$$

となります。

　抽象的な議論が続いたので、ここで一度具体的に計算してみましょう。例えば、事前分布を $p^{pre}(p) = C p^{50}(1-p)^{50}$ とすると[2]、

$$
\begin{aligned}
p^{post}(p) &= \frac{L(p) p^{pre}(p)}{\int_0^1 L(p) p^{pre}(p) dp} \\
&= \frac{{}_3C_2 p^2 (1-p)^1 C p^{50}(1-p)^{50}}{\int_0^1 {}_3C_2 p^2 (1-p)^1 C p^{50}(1-p)^{50} \, dp} \\
&= C' p^{52}(1-p)^{51}
\end{aligned}
$$

となります。この事後分布 $p^{post}(p)$ が最大となる p を $\hat{p}_{MAE}$ と書くと、

$$\hat{p}_{MAE} = \frac{52}{52+51} = \frac{52}{103} \fallingdotseq 50.49\%$$

となります。このように、手元のコインの背景にあるストーリーと、それを確率化した事前分布を考えることで、50% よりやや大きく、$\frac{2}{3}$ ほどは極端でない数値を推定結果として得ることができます。ここで、事後分布が最大となるパラメー

---

2)　これはベータ分布という分布の例となっています。ベータ分布 $B(a, b)$ は、$p(x) = C x^{a-1}(1-x)^{b-1}$ という形の確率密度関数を持つ、$0 \leq x \leq 1$ の範囲についての確率分布です。今のように $a = b = 51$ と設定すると、標準偏差が約 0.05 $= 5\%$ となります。

ターを採用する推定法を、**最大事後確率推定 (Maximam A Posteriori Estimate / MAP estimate)** と言います。

■ ベイズ統計の枠組み

今までの議論を一般的な形でまとめておきます。ここでは、パラメーター（先ほどの例では表になる確率p）を、θと書くことにします[3]。

このパラメーターによって、データ D（先ほどの例では「3回投げたら2回表」）が得られる確率が変化します。パラメーターがθの時にデータ D が得られる確率 $p(D \mid \theta)$を尤度と言い、$L = L(\theta) = p(D \mid \theta)$と書きます。最尤推定は、この尤度$L$が最大になる$\theta$こそが最良のパラメーターだろうという考え方でした。

ベイズ統計ではこれに加え、データを見る前からパラメーターに対して持っている仮説（先ほどの例では「コインが表になる確率は50 ± 5%だろう」）を確率分布の形で用意します。これを$p^{pre}(\theta)$と書き、事前分布と呼びます。

これらにベイズの定理を適用し、手元のデータがDであったという条件のもとでのパラメーターθの確率分布を計算すると、次のようになります。

$$p^{post}(\theta) = p^{post}(\theta \mid D) = \frac{p(D \mid \theta)p^{pre}(\theta)}{p(D)} = \frac{L(\theta)p^{pre}(\theta)}{\int L(\theta)p^{pre}(\theta)d\theta} \propto L(\theta)p^{pre}(\theta)$$

この$p^{post}(\theta) = p^{post}(\theta \mid D)$を、事後分布と言います。

■ 記号の整理

事前分布$p^{pre}(\theta)$、尤度$L(\theta)$、事後確率$p^{post}(\theta \mid D)$などは、図 19.1.2 の様に分類できます。

ベイズ統計の文脈では、観測済みのデータDを定数と考え、パラメーターθを確率変数と考えることが多いです。その場合、$p^{pre}(\theta)$、$L(\theta)$、$p^{post}(\theta) = p^{post}(\theta \mid D)$は$\theta$についての関数、$p(D) = \int L(\theta)p^{pre}(\theta)d\theta$はただの定数となります。この観点では、$p^{post}(\theta \mid D)$と$L(\theta)p^{pre}(\theta)$は定数倍の差しかないため、

---

3)　パラメーターが複数ある場合は、θはベクトルとすれば、以降の議論がそのまま利用可能です。

$$p^{post}(\theta \mid D) \propto L(\theta)p^{pre}(\theta)$$

と書くこともあります。

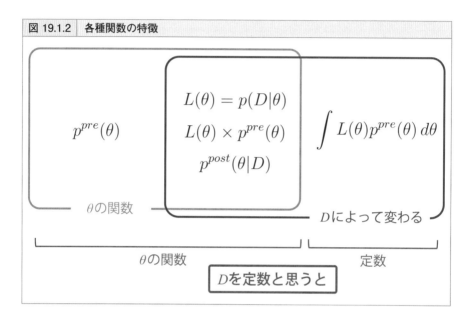

図 19.1.2　各種関数の特徴

■ 事後分布の求め方

事後分布は、大きく分けて次の2つの方法で求められます。

(1) 数式を用いて求める

事後分布は、尤度と事前分布の積の定数倍です。ですので、先ほどのコイン投げの例のように、式変形で求めることができる場合があります。一般に、事前分布に**共役事前分布 (conjugate prior distribution)** と呼ばれる確率分布を用いた場合、先ほどのように数式で綺麗に計算することができます。事後分布が数式で求められると、期待値や分散の公式が得られる場合があり、推論が圧倒的に高速化できるなどのメリットがあります[4]。

---

4) 私の実務でも、次節で紹介する階層ベイズモデリングで定式化される推定問題を扱ったことがあります。そこでは、気合で近似と積分をし、解の公式を生み出すことによって、推定を1000倍ほど高速化したことがあります。数式の詳細は次の動画を参照してください。
　【LIVE】実務に現れる数学 - 項目反応理論と「温度」について【第32回 数学カフェ】#VR アカデミア - YouTube
　https://www.youtube.com/watch?v=t6cV9MI0oLI

（2）数値計算で求める

尤度や事前分布が複雑な場合や、これらの相性が悪い場合、数式による計算は困難なことがあります。この時は、数値計算によって確率密度関数を求めます。代表的な手法に、**MCMC(Markov-Chain Monte-Carlo)**、**EM法 (Expectation-Maximization algorithm)**、**変分ベイズ法 (Variational Bayesian method)** などがあります。

■ 事後分布の利用法

次に、事後分布の利用法を見ていきます。代表的な用途として、以下の2つがあります。

（1）事後分布をそのまま用いる

事後分布のグラフを描くことで、パラメーターがどのような確率でどのような値を取るかがわかります（図 19.1.1）。また、上下の2.5パーセンタイル点を用いて、95%の確率でパラメーターが入る区間を求めることができます。これを、**信用区間 (credible interval)** や**ベイズ信頼区間 (Bayesian credible interval)** と言います[5]。

応用志向の分析においては、将来の予測やシミュレーションに興味がある場合もあります。この場合、事後確率からパラメーターをランダムサンプリングしてシミュレーションを行うなどの利用法もあります。

（2）代表値を用いる

分析の目的によっては、「パラメーターθの値はいくつか？」という問いへの回答が求められます。代表値の計算法には、事後分布が最大となるパラメーター$\hat{\theta}_{MAE}$を用いる最大事後確率推定や、パラメーターθの事後分布での期待値

$$\hat{\theta}_{MPE} = E_{p^{post}}\left[\theta\right] = \int \theta p^{post}(\theta)d\theta$$

を用いる**平均プラグイン推定 (mean plug-in estimate)** などがあります。

---

5) これらと関係が深い検定や区間推定については、21.1節で詳しく扱います。

19.2 階層ベイズモデリング

■ 階層ベイズモデリングとは

ベイズ統計では、パラメーターの背後にある構造やその仮説を組み込むことで、より確からしい推定や推論を行うことができます。この構造を作り込むことで、更に深い分析を行うことができます。その1つが、**階層ベイズモデリング (hierarchical Bayesian modeling)** です[6]。

■ 階層ベイズモデリングの例

ここでは、先ほどのコイン投げの例について、より詳細に調べてみましょう。19.2節では、コインが表になる確率は $50 \pm 5\%$ であると仮定して話を進めていましたが、この50%や5%という数値はどのように決めれば良いのでしょうか？

これらの数値を μ, σ と書くことにしましょう。この μ, σ の値を推定するには、大量のコインを投げ、それが実際に表になった割合の平均やばらつきを調べればいいでしょう。ここでは例として、100枚のコインを100回ずつ投げた結果、それぞれ $n_1, n_2, ..., n_{100}$ 回表になったとして考えてみましょう。

この時、$\frac{n_i}{100}$ の平均や標準偏差を μ や σ の推定値とすることには問題があります。仮に $\sigma = 0$ で、全てのコインについて、表になる確率が $p_i = 0.5$ であっても、表になる回数はばらつくので、$\frac{n_i}{100}$ の標準偏差は0より大きくなります。これを、過分散の問題と言います。このように、実験の中に階層構造が潜んでいる場合などは、それを正確に反映した階層ベイズモデリングを用いる必要があります。

では、階層ベイズモデリングの方法を見ていきましょう。コイン投げの例で起こっていることを時系列でまとめると、次のようになります。

---

6) 階層ベイズモデリングより基礎的な分析モデルとして、一般化線形モデル (Generalized Linear Model / GML)、一般化線形混合モデル (Generalized Linear Mixted Model) があります。これらは紙幅の都合で本書では紹介できませんでしたが、書籍『データ解析のための統計モデリング入門』（久保拓弥、岩波書店）に詳しい解説があります。

・平均 μ、標準偏差 σ の確率分布から、各コインが表になる確率 p_i が決まる。

・各コインについて、表率 p_i のコインを100回投げたら、表が n_i 回出た。

これに μ や σ の事前分布 $p^{pre}(\mu, \sigma)$ を加えた図が、図19.2.1上です。確率分布を省略し、繰り返しを四角で囲むと図下になります（11.2節参照）。

図 19.2.1　コイン投げの背景にある構造

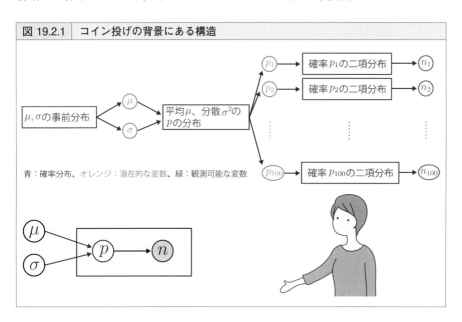

青：確率分布、オレンジ：潜在的な変数、緑：観測可能な変数

この確率分布に従う場合、パラメーターと表になる回数の確率分布は

$$p^{pre}(\mu,\sigma)\times \prod_{1\leq i\leq 100} p(p_i \mid \mu,\sigma)\times \prod_{1\leq i\leq 100} {}_{100}C_{n_i} p_i^{n_i}(1-p_i)^{100-n_i}$$

となります。表回数 $n_1, n_2,..., n_{100}$ が得られた後は、$\mu, \sigma, p_1, p_2,..., p_{100}$ の事後分布を計算することで、μ や σ の正確な推定ができます。

■ 構造を仮定して定性を定量化する

別の例として、私が以前YouTubeの動画データに対して行った分析を紹介しま

す[7]。YouTubeの動画には、視聴者が「高評価」「低評価」の評価を与えることができます。これらの量は、動画の視聴回数とおおよそ比例し、動画が面白いほど高評価数が増え、低評価数が減ると考えられるでしょう。この仮説を利用して、視聴回数、高評価数、低評価数から動画の面白さを推定してみます。

まずは記号を用意します。i番目の動画の視聴回数、高評価数、低評価数をそれぞれ$play_i$、$like_i$、$dislike_i$とし、面白さをfun_iとします。ここで$like$、$dislike$は$play$に比例し、比例係数がfunによって変わると考えてみましょう（図 19.2.2）。

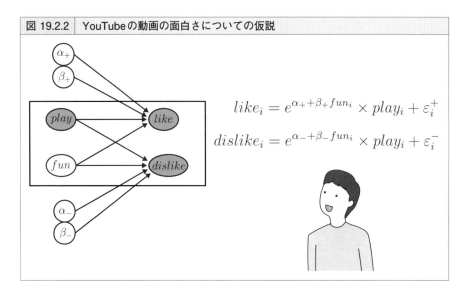

図 19.2.2　YouTubeの動画の面白さについての仮説

$$like_i = e^{\alpha_+ + \beta_+ fun_i} \times play_i + \varepsilon_i^+$$

$$dislike_i = e^{\alpha_- + \beta_- fun_i} \times play_i + \varepsilon_i^-$$

これを実際のデータに当てはめ、事後分布を求めることで、パラメーター$\alpha_\pm$, $\beta_\pm$と、各動画の面白さfun_iの分布や値が推定できます。この結果は、脚注で紹介している動画で公開したので、興味がある人はぜひ見てみてください。

この例では、実際のデータがこの数式に従うか不明な上、検証も困難でしょう。ですが、階層ベイズモデリングでは、「背後にこの構造があるなら各数値はこうなる」という条件付きの事実がわかります。背後の構造を仮定することで、動画の「面白さ」のような定性的な概念を定量化することができるのです。

---

7) こちらの動画で紹介しています。
【雰囲気をつかむ】階層ベイズモデリング - 構造を仮定して本質を推定する【いろんな分析 vol. 7】#065 #VRアカデミア - YouTube https://www.youtube.com/watch?v=DOnSapmaev4

19.3 構造方程式モデリング

■ 構造方程式モデリングとは

　構造方程式モデリング (Structural Equation Modeling / SEM) は、共分散構造分析 (Covariance Structure Analysis) とも呼ばれる分析モデルで、因子分析の発展型の分析モデルです。因子分析と同様に、相関があるということは、背後に何か構造があるはずだという発想で分析を行います。構造方程式モデリングは、因子同士のより複雑な依存関係を扱うことが可能で（図 19.3.1）、心理学の研究やマーケティング・リサーチなどの分野で、データの背景にある構造を理解するための理解志向の分析でよく用いられています。

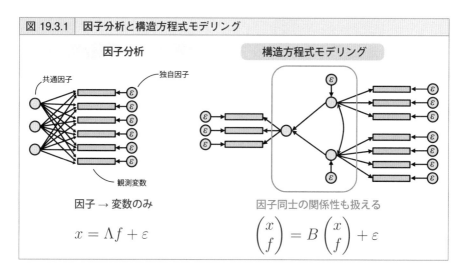

図 19.3.1　因子分析と構造方程式モデリング

因子分析

共通因子　独自因子

観測変数

因子 → 変数のみ

$$x = \Lambda f + \varepsilon$$

構造方程式モデリング

因子同士の関係性も扱える

$$\begin{pmatrix} x \\ f \end{pmatrix} = B \begin{pmatrix} x \\ f \end{pmatrix} + \varepsilon$$

■ 構造方程式モデリングの分析モデル

　ここでは話を単純化して、図 19.3.2 を用いながら構造方程式モデリングの分析モデルをお伝えします[8]。このように、因子と変数の関係性を表した図を、**パス図**

---

8)　実際の構造方程式モデリングでは、1つの共通因子に対して最低3つの変数が必要であるなどの制約がありますが、ここではそのような事情は一旦無視します。

(path diagram) と言います。

図 19.3.2　単純化した場合のパス図

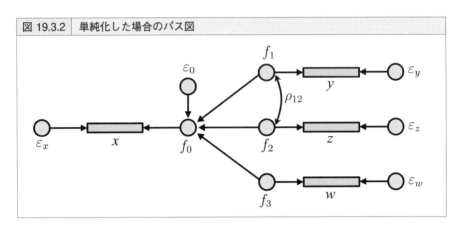

パス図の中の四角形は、観測できる変数を表します。この図では、x, y, z, w の4つの変数があります。パス図の中のマルは、因子を表します。因子には2種類あり、共通因子（図中ではf_0, f_1, f_2, f_3）と、独自因子（図中では$\varepsilon_x, \varepsilon_y, \varepsilon_z, \varepsilon_w, \varepsilon_0$）があります。構造方程式モデリングでは、因子分析とは異なり、独自因子も図の中で明示することが多いです。

パス図の中には矢印が2種類あります。直線で一方向の矢印は、変数同士の依存関係を表しています。例えば、変数xには2つの因子f_0, ε_xから矢印が刺さっています。これは、パラメーターα_x, β_xを用いた

$$x = \alpha_x f_0 + \beta_x \varepsilon_x$$

という関係があることを示しています。他の場合も全て書くと、

$$y = \alpha_y f_1 + \beta_y \varepsilon_y$$
$$z = \alpha_z f_2 + \beta_z \varepsilon_z$$
$$w = \alpha_w f_3 + \beta_w \varepsilon_w$$
$$f_0 = \alpha_{01} f_1 + \alpha_{02} f_2 + \alpha_{03} f_3 + \beta_0 \varepsilon_0$$

となります。

最後の式は、因子同士の関係を表しています。このように、構造方程式モデリングでは、因子同士の依存関係も直接扱って分析ができます。これら5本の式を

合わせて、**構造方程式 (structural equation)** と呼びます。変数をまとめてベクトル x で表現し、因子のベクトルを f、独自因子のベクトルを ε と書くと、この構造方程式は

$$\begin{pmatrix} x \\ f \end{pmatrix} = B \begin{pmatrix} x \\ f \end{pmatrix} + \varepsilon$$

と書くことができます。ここで、行列 B は、構造方程式中のパラメーターを適切な位置に配置した行列です。

　丸みのある双方向の矢印は、因子同士の相関関係を表します。因子 f_1 と f_2 の間の双方向の矢印は、これら因子の相関 ρ_{12} がゼロでないことを表現しています。このように、構造方程式モデリングでは、共通因子や独自因子の間の相関も設定することができます。

■ 構造方程式モデリングの例

　理論的な話に入る前に、私が実務で行った構造方程式モデリングの適用例を紹介します。

　図 19.3.3 に、その結果が記されています。ここでは、Wevox という事業で蓄積したワーク・エンゲイジメント（仕事に主体的に活き活きと取り組んでいる度合いの指標）や、それに影響を与える項目のデータをもとに、エンゲージメントの背景の因子の構造を分析しました。

　このパス図を見ると、エンゲージメントの背景には、仕事因子（やりがいや達成感など）と会社因子（ミッションビジョンへの共感や経営陣に対する信頼など）の2つがあり、さらにその背景に環境因子（仕事量や給与など）、人間関係因子（同僚や上司との関係など）、組織文化因子（挑戦する風土など）があるとわかります。社員のやりがい、達成感、会社への愛着などを高めることは困難ですが、その下部にある環境、人間関係、組織文化であれば、まだ工夫の余地があるでしょう。この分析結果を見ると、組織力向上の糸口も見えてきます。このように、構造方程式モデリングを用いると、データから非常に深い洞察を導くことが可能です。

図 19.3.3 構造方程式モデリングの例 - Wevox のエンゲージメント[9]

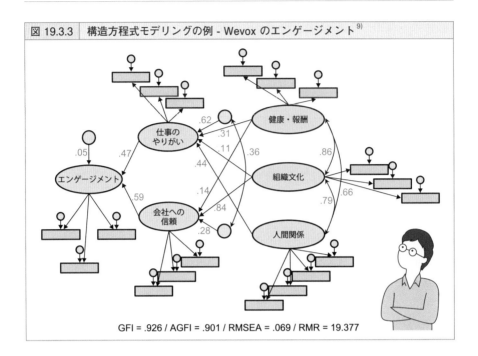

GFI = .926 / AGFI = .901 / RMSEA = .069 / RMR = 19.377

■ 構造方程式モデリングの推定

　再び理論の話に戻り、推定について見てみましょう。パス図で指定した構造方程式と相関構造にしたがってデータが生成されると考えると、観測可能な変数の間の共分散を、構造方程式のパラメーターで計算できます。例えば、図 19.3.2 中の x と y の共分散の場合、全ての因子の分散が1に正規化されているすると、

$$
\begin{aligned}
cov(x, y) &= cov\left(\alpha_x f_0 + \beta_x \varepsilon_x, \alpha_y f_1 + \beta_y \varepsilon_y\right) \\
&= cov\left(\alpha_x\left(\alpha_{01} f_1 + \alpha_{02} f_2 + \alpha_{03} f_3 + \beta_0 \varepsilon_0\right) + \beta_x \varepsilon_x, \alpha_y f_1 + \beta_y \varepsilon_y\right) \\
&= \alpha_x \alpha_{01} \alpha_y cov\left(f_1, f_1\right) + \alpha_x \alpha_{02} \alpha_y cov\left(f_2, f_1\right) \\
&= \alpha_x \alpha_y\left(\alpha_{01} + \alpha_{02} \rho_{12}\right)
\end{aligned}
$$

と計算できます。逆に、構造方程式モデリングでは、実際の共分散を最もよく再現するパラメーターは何かという考え方で推定を行います。

---

9)　人間関係因子から会社因子へのパスの係数が−.02 と小さかったため、そのパスを含めないモデルを利用することにしました。

具体的には、データから計算される共分散行列を $S = (s_{ij})$、パラメーターから計算される共分散行列を $\Sigma = (\sigma_{ij})$ とした時、その差の各成分の2乗の和

$$\frac{1}{2}\sum_{i,j}\left(s_{ij} - \sigma_{ij}\right)^2 = \frac{1}{2}tr\left('\left(S - \Sigma\right)\left(S - \Sigma\right)\right) = \frac{1}{2}\left\|S - \Sigma\right\|_F^2$$

を最小化する方法や、観測されたデータが平均 μ、共分散 Σ の多変量正規分布に従うとした時の尤度を最大化する最尤法などがあります。

最尤法の場合、式変形を行うと

$$f_{ML} = tr\left(\Sigma^{-1}S\right) - \log\left|\Sigma^{-1}S\right| - m$$

の最小化となります[10]。ここで、m はデータの変数の数です。どちらも共分散行列 S を、パラメータから計算される Σ で再現することを目指した推定です。

■ 構造方程式モデリングの評価指標

構造方程式モデリングの評価指標は様々です。構造方程式モデリングでは、パス図がどれくらい現実のデータと整合的かを考えるので、評価指数は**適合度 (fit index)** と呼ばれることも多いです。ここでは、代表的な2つのみを紹介します。他の例は、脚注の書籍にて多数紹介されています。

GFI(Goodness of Fit Index) が最も基本的な評価指標で、次の式で定義されます。

$$\text{GFI} = 1 - \frac{\left\|\Sigma^{-1}S - 1\right\|_F^2}{\left\|\Sigma^{-1}S\right\|_F^2}$$

ここで、はじめの1は数字の1で、分子の1は単位行列です。パラメーターが完全に共分散を再現する $\Sigma = S$ の場合、GFIは最大値1となります。GFIは、0.9を超えると当てはまりが良いとされます。

RMSEA(Root Mean Square Error of Approximation) も誤差の大きさの指標です。詳細は省略しますが、最尤推定に由来する考え方を用いて誤差の大きさを見積もることで、次の式で定義されます。

$$RMSEA = \sqrt{\max\left(\frac{f_{ML}}{df} - \frac{1}{n-1}, 0\right)}$$

10) この詳細は、書籍『共分散構造分析 入門編－構造方程式モデリング』（豊田秀樹、朝倉書店）にあります。

ここで、nはデータ数で、dfは自由度と呼ばれる数値です。RMSEAは0.05を下回れば良いモデル、0.1を上回ると当てはまりが悪いとされます。

■ 構造方程式モデリングの使い方

構造方程式モデリングは、因子分析同様、得られた結果の解釈が中心に来る理解志向の分析モデルです。そのため、何か数学的な指標を用いて最大化・最小化したら終わりではありません。様々なパス図を書き、推定し、比較し解釈することを繰り返し、データと対話して結論を導きます。

構造方程式モデリングの流れを整理すると、概ね次の通りとなります。

- ・検証したい仮説を考える
- ・その検証に必要なデータを設計する
- ・データを収集する
- ・様々なパス図を用意し、それぞれのパラメーターを推定する
- ・評価指標を計算し、パス図の間で比較する
- ・パラメーターや評価指標の大小を総合的に解釈し、新たな仮説とともに新しいパス図を書き、推定し、評価する
- ・上記を繰り返して、最終的なモデルを決定し、解釈をまとめる

ここでは、データ取得より前に仮説の検討があることが重要です。構造方程式モデリングでは、1つの共通因子に最低3つの項目を対応させる必要がある等の数学的な制約があります。これは、似た意味のデータが3種以上必要ということです。

通常、そのような非効率なデータ収集をすることはないため、意図せず集めたデータに対して構造方程式モデリングを実行し、意味ある結果を出すことはほぼ不可能です。例えば、学力試験のデータの場合はどうやっても良い分析結果は得られません。Wevoxのデータの場合、質問項目設計の段階で充分に心理学的知見が組み込まれていたため[11]、構造方程式モデリングに耐えるデータになっていたと考えられます。

---

11) ワーク・エンゲイジメントの周辺理論（JD-R theoryなど）に基づいて項目が設計されており、類似する心理状態を聞く項目が複数入っています。

第19章のまとめ

・データがどのように生まれてくるか、その背景には何があるかを分析に組
み入れることで、より深い分析が可能になる。

・ベイズ統計では、その背後の構造を確率分布（事前分布）で表すことで、
より確からしい推定値を得ることができる。

・階層ベイズモデリングを用いると、データの背後の構造を仮定すること
で、抽象的な潜在変数を推定し、定性を定量化することができる。

・構造方程式モデリングは因子分析の発展型の1つであり、因子を含めた
様々な変数の依存関係をモデルに組み込んで分析ができる。

・これらの分析モデルも、単にデータに適用するのみではなく、結果に様々
な解釈を与えることで深い洞察が得られる。

第4部のまとめ

第4部では、多変量解析の分析モデルについて紹介しました。多変量解析を用いた理解志向の分析では、モデルにデータを当てはめて終わりではなく、結果の解釈とそれに基づく判断が必須です。様々なモデルを試し、その結果の共通点や差分を元に人間が頭で考え、ドメイン知識や1次情報も加味して総合的に判断して結論を導くことになります。これが「データと対話する」ということで、ここに私たちの創造性が要求されます。

ポイントは？

- 多変量解析を用いた理解志向の分析は、データを当てはめて終わりではなく、人間が結果を見て思考を巡らせることが重要である。
- クラスタリングにおけるクラスタ数や、因子分析における因子数の決定などは典型例で、数学的な理論だけで完結せず、ほぼ間違いなく人間による判断を必要とする。
- クラスタリングは、データの類似度を元にグルーピングする手法で、様々な特色を持つ分析モデルが開発されている。
- 因子分析は相関を用いてデータの背後の関係性を探る分析モデルであり、主成分分析は相関を用いてデータの情報量を圧縮して特徴を表現する分析である。
- データ同士の関係性を探る分析は、それぞれの思想を反映した（比較的）シンプルな数式で作られているため、その思想と合致する場面では幅広く利用可能である。
- データの背後の構造を利用する階層ベイズモデリングと構造方程式モデリングは、やや利用ハードルが高いものの、非常に深いインサイトをもたらす分析モデルである。

ここまで様々な分析モデルを見てきました。最後を飾る第5章では、本書の最初に出会った回帰分析の、その深い世界を見ていきます。やはり最後に頼れるのは、回帰分析の分析モデルなのです。

第 5 部

線形回帰分析の深い世界

本書の締めとなる第5部では、線形回帰分析の深い世界を紹介します。今まで高級な道具をたくさん紹介してきましたが、本当のプロに求められる技能は、問題に対する最も適当な手段の選択です。線形回帰分析は、そのシンプルさがゆえ奥が深く、発展系の分析モデルを数多く持ちます。そのため、想像以上に広い範囲適用可能であり、解釈可能性を活かした深い分析が可能です。

回帰分析を使いこなしてこそ真のプロ！ その世界にご案内します。

第 **20** 章

多重共線性
重回帰分析最大の落とし穴とその回避

●

重回帰分析を行う際は、必ず多重共線性の有無を検討する必要があります。なぜなら、多重共線性が起こると推定結果も解釈も全てが誤りとなる可能性があるからです。

そこで本章では、多重共線性について紹介した後、発見方法や対処方法について触れつつ、数理的な側面についても観察します。

20.1 多重共線性とは

■ 多重共線性とは

　重回帰分析やロジスティック回帰分析では、説明変数の間の相関が強すぎる場合に、**多重共線性 (multicolinearity)** という現象が起こることがあります。多重共線性が起こっている場合は、係数の推定結果、それをもとにした解釈、予測、また回帰分析の精度評価などは全て、全く信頼ならない情報となります。特に重要であった回帰係数の符号すら誤る可能性があり、実務応用の上では極めて危険な現象です。そこで本節では、この多重共線性について、その原因と実態、対処方法を見ていきたいと思います。

　多重共線性は怖い現象ですが、よく起こる現象でもあり「マルチコ」という略称でも親しまれています。正しい知識を持ちつつ適宜対処していくことで、すぐ対処に慣れることもできるでしょう。以降の内容を参考にしつつ、怖がりすぎず確実に対処していってください。

■ 多重共線性の例

　3つの変数y、x_1、x_2について、図 20.1.1 の左上にある4件のデータがあったとしましょう。これらの変数は非常に似ており、おおらかには$y \fallingdotseq x_1 \fallingdotseq x_2$が成り立っていると考えて良いでしょう。なので、$x_1$と$x_2$を用いれば良い$y$の予測が得られそうですよね。しかし残念ながら、その試みは失敗します。

　これらのデータでは、$y = -3x_1 + 4x_2$という関係式が成立しているため、重回帰分析を行うと、そのまま$y = -3x_1 + 4x_2 + 0 + \varepsilon$という結果が得られます。もともとの観察の$y \fallingdotseq x_1 \fallingdotseq x_2$が正しいのであれば、$x_1$が1増加すると$y$も1増加しそうですが、回帰分析の結果を信じるならば、x_1が1増加すればyは-3増加する（3減少する）ことになります。

　この現象の原因は、x_1とx_2が似すぎていることにあります。図 20.1.1 にある通り、$x_2 - x_1$を考えると、はじめの3件のデータについては値が0で、4件目のデー

図 20.1.1　多重共線性の例と仕組み

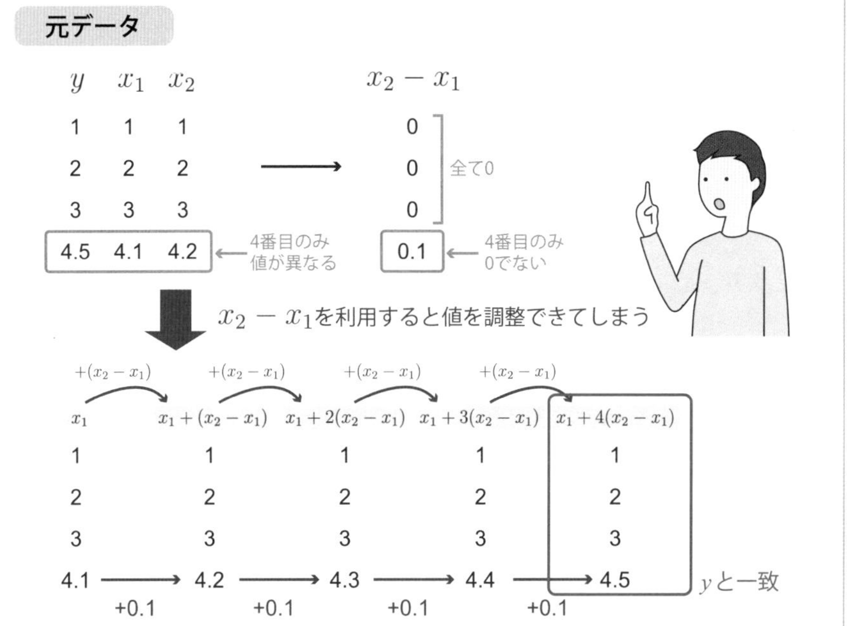

説明変数同士の相関が非常に高い場合、その差を不当に利用して、無理やり誤差を減らすことができる場合があります。

タのみ値が0.1となります。よって、重回帰分析の数式 $y = a_1 x_1 + a_2 x_2 + b + \varepsilon$ の右辺に $a(x_2 - x_1)$ を加えると、右辺の値を4番目のデータについてだけ自在に変更できてしまいます。たまたま、y も4番目のデータのみ値が異なっていたので、この方法で無理矢理に誤差を減らすことができたのです。

　このような現象は、実際のデータ分析の場面でも起こることがあります。例えば、説明変数 x_1 と x_2 の相関がとても強い場面を考えてみましょう。そのような場面では、この2変数の差は対象の性質を表したものではなく、単なる誤差によるものである可能性があります。そこで先ほどの計算例のような現象が起これば、それは非本質的な誤差を無理矢理に利用して予測していると言えるでしょう。この現象を、多重共線性と言います。そのため、多重共線性が起こると、全ての分析結果が全く信頼できなくなってしまいます。

理論解析：多重共線性が起こる理由 − 幾何的理由

重回帰分析の最小二乗法での推定は、ベクトル $y \in \mathbb{R}^n$ を、ベクトル x_1, x_2, ..., x_m と 1 が張る部分空間 V へ射影し、それを x_1, x_2,..., x_m, 1 の線形結合で表した時の係数を求めることでした（1.4節：理論解析）。この視点から、多重共線性を説明してみましょう。

話を単純化するために、$y = \begin{pmatrix} 1 \\ 1 \end{pmatrix}$、$x_1 = \begin{pmatrix} 1 \\ 0 \end{pmatrix}$、$x_2 = \begin{pmatrix} 1 \\ 0.2 \end{pmatrix}$ として、今は定数項に対応する $1 = \begin{pmatrix} 1 \\ 1 \end{pmatrix}$ については考えないことにします[1]。これらのベクトルを図示してみると、図 20.1.2 のようになります。y はすでに x_1 と x_2 の張る平面の中なので、あとは y を x_1 と x_2 の線形結合で表せば、パラメーター推定が終わります。

ベクトル x_1 と x_2 は、どちらも右に向かうベクトルなのですが、その方向が少し異なっています。その結果、大きく右に行ってから戻ってくることで、上下方向への移動が可能になってしまいます（図 20.1.2）。このようにして、非本質的なノイズ方向が強調されてしまうのです。これが多重共線性のメカニズムです。

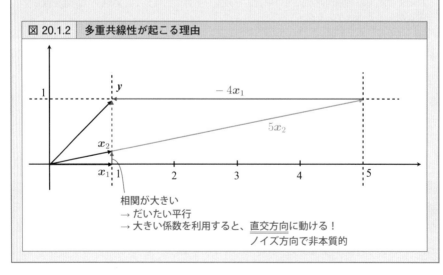

図 20.1.2　多重共線性が起こる理由

---

1) この単純化によって、厳密には突っ込みどころがいくつか生まれています。興味がある人は検証し、どのように修正すればいいのか考えてみてください。

理論解析★：多重共線性が起こる理由 – 代数的理由

1.4節の理論解析と同様の計算を行うと、重回帰係数 a の推定値は

$$a = \left({}^tX'X'\right)^{-1}{}^tX'\boldsymbol{y}'$$

と表すことができます。ここで、行列 X' の ij 成分は、j 番目の変数の i 番目の
データ x_{ij} と j 番目の変数の平均 $\bar{x}_j$ の差 $x'_{ij} = x_{ij} - \bar{x}_j$ であり、ベクトル $\boldsymbol{y}'$ はその
第 i 成分 y'_i が $y'_i = y_i - \bar{y}$ となるベクトルです。

話を単純にするため、変数は標準化されていて、$V[x_i] = V[y] = 1$ を満たす
としましょう。この時、${}^tX'X'$ の ij 成分は $\sum_{1 \leq k \leq n}(x_{ki} - \bar{x}_i)(x_{kj} - \bar{x}_j)$ なので、共
分散 $cov(x_i, x_j)$ の n 倍に一致します。各変数の分散が 1 なので、これは相関係
数 $cor(x_i, x_j)$ の n 倍となります。同様に、${}^tX'\boldsymbol{y}'$ の第 i 成分は $cov(x_i, y) = cor(x_i, y)$
の n 倍なので、パラメーターは、

$$a = \left(cov\left(x_i, x_j\right)\right)_{ij}^{-1}\left(cov\left(x_i, y\right)\right)_i$$

$$= \left(cor\left(x_i, x_j\right)\right)_{ij}^{-1}\left(cor\left(x_i, y\right)\right)_i$$

と書くことができます。ここで、第 ij 成分が a_{ij} となる行列を $\left(a_{ij}\right)_{ij}$、第 i 成分
が b_i となるベクトルを $\left(b_i\right)_i$ と表記しました。ここに相関行列の逆行列が出て
くることがポイントです。

話を簡単にするため、2変数の場合を考え、$\rho = cor(x_1, x_2)$ としてみましょ
う。相関行列は $\begin{pmatrix} 1 & \rho \\ \rho & 1 \end{pmatrix}$ であり、これを固有値分解すると、固有値 $1 + \rho$ に
対する固有空間 $\mathbb{R}\begin{pmatrix} 1 \\ 1 \end{pmatrix}$ と、固有値 $1 - \rho$ に対する固有空間 $\mathbb{R}\begin{pmatrix} 1 \\ -1 \end{pmatrix}$ が得られま
す。この逆行列をかけると、後者の固有空間の方向は $\frac{1}{1-\rho}$ 倍されることにな
ります。つまり、相関が大きい場合、$x_1 - x_2$ に対応する誤差担当の固有空間
$\mathbb{R}\begin{pmatrix} 1 \\ -1 \end{pmatrix}$ が、$\frac{1}{1-\rho}$ 倍に大きく拡大されてしまうことになります。これが多
重共線性の代数的な発生原因で、偏回帰係数が非常に大きくなる理由でもあ
ります。そのため、多重共線性の原因は、説明変数の相関行列の固有値の絶
対値の最小値が小さいことであると言うことができます。

20.2 多重共線性への対処

■ 多重共線性の発見方法

　多重共線性は非常に危険な現象なので、重回帰分析やロジスティック回帰分析を行う際には必ず検討と対処が必要です。まずは、多重共線性の発見方法を見ていきましょう。

（1）相関係数を見る

　説明変数同士の相関が高すぎる時に多重共線性が起こります。相関が強い2つの説明変数の差はデータの非本質的な誤差の可能性があり、この誤差が不当に利用されると、分析結果が信頼できなくなります。重回帰分析やロジスティック回帰分析の前には、必ず変数同士の相関を確認しましょう。

（2）相関行列の固有値を見る

　説明変数の相関行列に絶対値の小さい固有値がある場合、多重共線性が起こります（20.1節の理論解析★）。実は、3つ以上の変数が関わって起こる多重共線性の場合、（1）の方法では発見できない場合があります。そのため、相関係数を見た後は相関行列の固有値を確認しましょう。

（3）推定結果を見る

　上の2つのチェックの後に推定結果を算出したら、偏回帰係数の推定結果を見て、多重共線性がないかを疑って見てみましょう。回帰係数の符号が仮説と合致しない、回帰係数の絶対値が異常に大きい、精度が異常に高い（RMSEなどが異常に小さい）場合は、多重共線性が起こっている可能性があります。

　特に、回帰係数の大きさは重要です。多重共線性が起こっている場合、小さい誤差を拾って無理やりデータに合わせに行くので、係数が大きくなる傾向があります[2]。

---

2) 回帰係数が大きくなる場合には、別のパターンもあります。例えば、被説明変数が100から200を動く変数で、説明変数が0.01から0.02を動く変数である場合、そもそもスケールに10000倍の差があるので、係数も数万程度になることがあります。このような場合、全ての変数を標準化してから分析するといいでしょう。

　以上、これらの3点は毎回必ず確認するようにしてください。疑わしい現象が見られた場合、次のVIFを確定診断的に利用するのがいいでしょう。

（4）VIF(Variation Inflation Factor) を確認する

　説明変数x_iを被説明変数とし、それ以外のx_jたちを説明変数とした回帰分析のR^2の値をR_i^2とします。この時、x_iに対する**VIF(Variation Inflation Factor)** を

$$VIF_i = \frac{1}{1 - R_i^2}$$

と定めます。このVIFは偏回帰係数a_iの不確かさに関連しており[3]、VIFが大きいと多重共線性が起こります。よく用いられる基準は「VIFのどれか1つでも10を超えていたら、多重共線性が起こっていると判断する」です。

　以上、4つの方法を紹介しました。多重共線性が与える影響は甚大なので、少しでも疑いがある場合は必ず次の対処を実施しましょう。

■ 多重共線性の4つの対処

　ここでは、多重共線性の対処法のうちで代表的な4つを紹介します。

（1）相関が高い説明変数を利用しない

　最も単純なこの方法が、最も強力です。分析対象に関する仮説やドメイン知識を駆使して、相関の高い説明変数のうちどれを残すべきかを検討し、不要な変数を削りましょう。

　変数削減をデータドリブンに実行する方法もあります。本書では、以降でLASSOと段階的線形回帰分析の2つを紹介します。

---

3) 推定値$\hat{a}_i$の分散は、$V\left[\hat{a}_i\right] = \frac{1}{1 - R_i^2} \frac{\sigma^2}{nV\left[x_i\right]}$となることが知られています。この先頭の係数がVIFです。この計算は、書籍『多変量統計解析法』（田中豊、脇本和昌、現代数学社）に詳しい解説があります。

（2）罰則項の利用① Ridge回帰分析

多重共線性が起こると、非本質的な誤差を無理矢理に利用するため、偏回帰係数が大きくなります。逆に、偏回帰係数を小さくすることができれば、多重共線性による問題を回避できる場合があります。この発想を活かす方法が、罰則項の利用です。

最小二乗法による推定では、次の二乗誤差Eを最小にすることを目指していました。

$$E = \frac{1}{2} \sum_{1 \leq i \leq n} \left(y_i - \left(a_1 x_{i1} + a_2 x_{i2} + \cdots + a_m x_{im} + b \right) \right)^2$$

これに対し、**Ridge回帰分析 (Ridge regression analysis)** では、

$$E^{Ridge} = \frac{1}{2} \sum_{1 \leq i \leq n} \left(y_i - \left(a_1 x_{i1} + a_2 x_{i2} + \cdots + a_m x_{im} + b \right) \right)^2 + \frac{1}{2} \lambda \sum_{1 \leq j \leq m} a_j^2$$

を最小にするパラメーターを採用します。この第二項を**罰則項 (penalty term)**と言います。λは正のハイパーパラメーターです。

罰則項の役割を見てみましょう。たとえ誤差が小さくても、係数に大きな値を使うと罰則項が大きくなるため、E^{Ridge}が最小になりません。そのため、罰則項の効果で係数の大きさが抑制され、多重共線性の影響を弱めることができます。

Ridge回帰分析は、係数が極端な値になることを防ぐことで、未知のデータに対する予測の精度を向上させる効果があります。一方、全ての変数を使ったままなので、係数の推定値の解釈には問題が残るままとなります[4]。

（3）罰則項の利用② LASSO

罰則項に絶対値の和を用いる分析を**LASSO**と言います[5]。LASSOでは

$$E^{LASSO} = \frac{1}{2} \sum_{1 \leq i \leq n} \left(y_i - \left(a_1 x_{i1} + a_2 x_{i2} + \cdots + a_m x_{im} + b \right) \right)^2 + \lambda \sum_{1 \leq j \leq m} \left| a_j \right|$$

---

4) 例えば、先の$y \fallingdotseq x_1 \fallingdotseq x_2$のデータの場合、$y = 0.4x_1 + 0.4x_2 + 0 + \varepsilon$のような推定結果が得られます。これは、$y \fallingdotseq x_1 \fallingdotseq x_2$という直感とは異なる推定結果でしょう。

5) LASSOはLeast Absolute Shrinkage and Selection Operatorの略ということになっていますが、英単語の "lasso" には「投げなわ」という意味があり、まるで投げなわを投げて必要な変数だけを抜き出すかのような操作であることが名称の由来であるという説があります。

の最小化を目指します。実は、LASSOの推定結果は、一部の回帰係数a_iの推定値が0になり、自動的に不要な変数を排除してくれます。これを利用すると、LASSOの結果を元に余分な変数を削減することが可能です。

ここでは、回帰係数が0になる理由を見ていきましょう。最小化すべき関数は、パラメーターの2次関数にその絶対値の関数を加えたものになっています。これを単純化した例として、パラメーターaの関数$f(a) = pa^2 + qa + r + s|a|$の最小値問題を考えることにします。

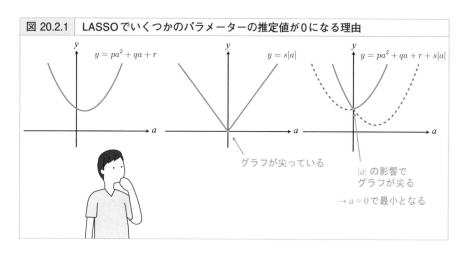

図 20.2.1　LASSOでいくつかのパラメーターの推定値が0になる理由

$y = pa^2 + qa + r$

$y = s|a|$

グラフが尖っている

$y = pa^2 + qa + r + s|a|$

$|a|$ の影響で
グラフが尖る

→ $a = 0$ で最小となる

図 20.2.1にあるように、$y = |a|$のグラフは原点で尖った形をしています。この影響で、$y = pa^2 + qa + r + s|a|$のグラフも原点で尖ることになります。その結果、元の$y = pa^2 + qa + r$のグラフの$a = 0$での傾きがなだらかな場合、図 20.2.1右のように$a = 0$が最小値を与えることになります。多変数の場合でも同様のことが起こるため、LASSOではいくつかのパラメーターの推定値が0になるのです。

LASSOでは不要な変数が除去されるため、未知データの予測精度が高まるとともに、残された変数の回帰係数の値を解釈に用いることもできます[6]。但し、LASSOによる変数の除去の基準は、あくまでもE^{LASSO}の最小化です。実務的に意味があ

6)　罰則項の影響で、偏回帰係数の値が小さめに推定されることに注意が必要です。例えば、先の$y ≒ x_1 ≒ x_2$のデータの場合、$y = 0\,x_1 + 0.8\,x_2 + 0 + \varepsilon$のように、$y ≒ x_2$という直感を再現しているものの、係数（の絶対値）が若干小さくなった推定値が得られる傾向があります。必要があれば、残された変数のみでの重回帰分析を再度行うなどの工夫をするといいでしょう。この時、x_1はyへの影響がないと解釈するのではなく、LASSOでは変数として除外されたと解釈するのが妥当です。

り、解釈に最適な変数が残るとは限りません。分析結果とドメイン知識を動員して、総合的な判断をするようにしてください。

(4) 段階的線形回帰分析 (stepwise regression)

段階的線形回帰分析 (stepwise regression) は、モデルの評価指標が良くなる変数を選択する方法です。**前進的 (forward selection)** な段階的線形回帰分析では、説明変数が0個のモデルから始め、「追加した時に最も評価指標が良くなる説明変数」を追加する操作を繰り返します。変数を追加しても評価指標が改善しなくなった段階でこの操作をやめ、その直前で用いていた変数を利用します。

逆に、全ての変数を利用したモデルから「削除した時に最も評価指標が良くなる説明変数」を削除して変数選択をする方法を、**後退的 (backward elimination)** な段階線形回帰分析と言います。そして、前進と後退の双方を行うものを**bidirectional elimination** と言います。

実は、回帰分析の精度指標であるRMSEは、変数を追加すると必ず小さくなります。そのため、段階的線形回帰分析の指標に用いることはできません。これを改善した評価指標に**AIC (Akaike's Information Cirterion / 赤池情報量基準)** や**BIC(Bayesian Information Criterion)** があり、段階的線形回帰分析ではこちらが用いられます。

(5) 主成分回帰分析 (PCR)

主成分分析（17.3節）を利用すると、多重共線性を回避することができます。主成分分析は、情報量＝分散という発想を元に、変数を低次元に圧縮する分析でした。一般に、多重共線性で悪用されている誤差は分散が小さい傾向があります。そのため、多重共線性による次元圧縮で誤差を排除し、多重共線性を回避することが期待できます。この発想を元に主成分得点を説明変数として回帰分析を行う分析モデルを、**主成分回帰分析 (Principal Component Regression / PCR)** と言います。

　先の$x_1 \fallingdotseq x_2 \fallingdotseq y$の例で説明します。主成分分析を行うと、第1主成分$c_1 = \dfrac{x_1 + x_2}{2}$と第2主成分$c_2 = \dfrac{-x_1 + x_2}{2}$が得られます[7]。第1主成分は、おおむね$x_1$とも$x_2$とも一致する、データの本質を捉えている主成分であると考えられ、第2主成分は非本質的な誤差を表していると考えられます。回帰分析にこのc_1のみを用いることによって、$y = 1c_1 + 0 + \varepsilon$という結果を得ることができます。

　この場合、$c_1 \fallingdotseq x_1 \fallingdotseq x_2$なる変数が、$y \fallingdotseq c_1$という関係を持つので、$y \fallingdotseq c_1 \fallingdotseq x_1 \fallingdotseq x_2$だろうという理解ができます。

---

7)　ここで出てくる数値は、説明のために単純化してあります。実際の分析の結果とは異なります。

第20章のまとめ

- 重回帰分析、ロジスティック回帰分析を実施する際には、必ず多重共線性の有無を確認し、正しく対処する必要がある。
- 多重共線性が発生すると、重回帰分析やロジスティック回帰分析の解釈、予測の全てが誤りとなる。
- 多重共線性を発見するためには、説明変数同士の相関係数や、相関行列の固有値を見る方法などがある。
- 推定の後も、回帰係数を見て多重共線性が疑われないかを確認するのが良い。
- 多重共線性への対処では、相関が高すぎる説明変数を用いないことが基本である。
- Ridge回帰分析では、罰則項を用いることで、多重共線性がある場面でも予測精度を高めることができる。
- LASSOや段階的線形回帰分析を用いると、不要な変数を除去して分析することができる。
- 主成分回帰分析では、主成分分析を用いることでノイズを除去し、多重共線性を回避できる。

発展的な回帰分析
回帰分析でどこまでも深い分析を

●

本書の最後を飾る第21章では、回帰分析の発展形の
分析モデルについて見ていきます。回帰分析は非常に
シンプルであるがゆえに、状況に応じて様々な形に進
化させることができます。そのため、回帰分析1つで、
かなり多様な問題に対処することが可能です。

回帰分析の多様な広がりを紹介しつつ、広い分野で活
用されるカーネル法の考え方についても紹介します。

21.1 回帰分析と区間推定・検定

■ 区間推定・検定のモチベーション

　本節では、区間推定と検定について、単回帰分析を例に説明します。単回帰分析は、被説明変数 y と説明変数 x の関係を1次式 $y = ax + b + \varepsilon$ で表現し、パラメーター a, b の値を推定し、その値を解釈することで、x と y の関係を調べる分析モデルです。このパラメーターを最小二乗法で推定する場合、a, b は

$$a = \frac{\mathrm{cov}(x, y)}{V\left[x\right]}$$
$$b = \overline{y} - a\overline{x}$$

で算出できます。しかし、データには誤差があり、データ化されていない第3の要素からの影響も受けています。そのため、推定結果もこれらの影響を受けるこ

図 21.1.1　不確かさの大小と推定値の信頼性

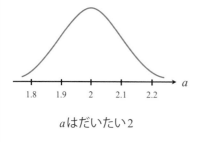

不確かさが小さい場合

$a = 2 \pm 0.1$ くらい
（aは$1.9 \sim 2.1$くらい）

aはだいたい2

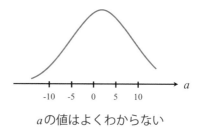

不確かさが大きい場合

$a = 2 \pm 7$ くらい
（aは $-5 \sim 9$ くらい）

aの値はよくわからない

不確かさが小さい場合、aの値はだいたい2であると考えても問題がないでしょう。一方、不確かさが大きい場合、aの符号すらよくわからないことがあります。

とになります。この影響の大きさによっては解釈を誤る可能性があるため、推定値にどの程度の不確かさがあるかを検討することが大切です。そこで、区間推定や検定という手法が用いられます。

■ 回帰分析の区間推定・検定の基礎

区間推定や検定の議論では、いくつかの種類のパラメーターが登場します。回帰分析では、様々な技法を通してパラメーターの値を正確に検討することを目指します。これらパラメーターの本当の値を**真の値**や**真値(true value)**と言い、よく下付き添字0を付けて、a_0, b_0と書きます。

これに対して、データを用いて計算された推定値には、^を付して、$\hat{a}, \hat{b}$と書きます。細かい意味を気にせず、何となくパラメーターのことを表したい時は、単にa, bと書くことにします。

回帰分析では、データに$y = ax + b + \varepsilon$の関係があると仮定して分析を行います。すると、最小二乗法で計算されるa, bの推定値$\hat{a}, \hat{b}$は、平均a_0, b_0の正規分布に従うことがわかります。この$\hat{a}, \hat{b}$の分散を、$V[\hat{a}], V[\hat{b}]$と書くことにしましょう。以降、この$\hat{a}, \hat{b}$の分布を用いて様々な議論を行います。

■ 区間推定

区間推定では、「aの値は1.9から2.1の間だよ」というように、aやbの値を幅をもって推定します。この区間は、$\hat{a}, \hat{b}$の分布から計算されます。例えば、**95%信頼区間(95% confidence interval)**と呼ばれる区間は、分布の下2.5%点と上2.5%点を両端とした区間のことです（図 21.1.2左）。平均μ、分散σ^2の正規分布の場合、おおよそ$\mu \pm 1.96\sigma$がそれぞれ上下の2.5%点となるため、aの95%信頼区間は$\left[\hat{a}-1.96\sqrt{V[\hat{a}]}, \hat{a}+1.96\sqrt{V[\hat{a}]}\right]$と計算できます。

この95%という数値は、**信頼水準(confidence level)**や**信頼係数(confidence coefficient)**と呼ばれます。信頼水準を変更した区間を考えることもでき、図21.1.2右のように、80%信頼区間や99%信頼区間を考えることもできます。信頼水準の値は、分析の目的や分野の慣習に従って決定されます。

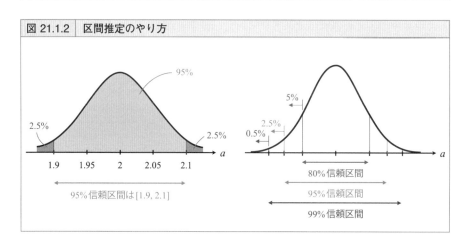

図 21.1.2 区間推定のやり方

では、aの95%信頼区間が[1.9, 2.1]だった場合、どう解釈すると良いでしょうか？

おおらかに考えると、「aは95%の確率で1.9から2.1の間にある」というイメージです。ただし、このaがa_0なのか$\hat{a}$なのか、1.9や2.1はどういう意味かを吟味すると、様々な立場が現れます。ここには深い議論がありますが、実務上はおおらかなイメージで進めることも多いでしょう。本節の「理論解析」に詳細を記したので、利用の前に必ず読むようにしてください。

■ 検定

回帰係数aの符号は結論に大きな影響を与えます。例えば、yが商品の売上で、xがそれに関連する変数だとします。$a > 0$なら売上のためにxを増やすべきですし、$a < 0$なら逆にxは減らすべきと結論づけられるでしょう。回帰係数の符号によってその後の行動が大きく変わる場合は、**検定 (test)** を行い、より精密な判断を行うようにしてください。

検定は、背理法と似た考え方をします。例として、「推定結果が$\hat{a}=2$であった時、不確かさを加味しても$a_0 > 0$と判断して良いのか」を検討する場面を考えましょう。

検定ではまず、あえて$a_0 \leq 0$であることを仮定します。そして、その仮定のもとで、推定結果が$\hat{a}=2$か、またはもっと極端に$\hat{a}>2$となる確率を計算します。この確率が十分小さかった場合、$a_0 > 0$であると結論します。例えば、「本当は真の値は$a_0 \leq 0$なのに、今回のデータのように推定値が$\hat{a} \geq 2$になる確率は0.01%し

かない。さすがにそんな訳はないはずだ。やっぱり$a_0 > 0$だったのだろう」という考え方です。逆に、その確率が大きい場合（例えば20％など）、「本当は真の値が$a_0 \leq 0$の時、今回のデータのように推定値が$\hat{a} \geq 2$になる確率も20％はある。だから、$a > 0$か否かは、このデータからはわからない」と考えます。

回帰分析の場合、推定値$\hat{a}$は平均a_0、分散$V[\hat{a}]$の正規分布に従うので、$a_0 = 0$とした場合に$\hat{a} \geq 2$となる確率を計算すればこの確率がわかります。正規分布は左右対称の分布なので、平均$\hat{a} = 2$、分散$V[\hat{a}]$の正規分布で、値が0以下になる確率を計算しても良いでしょう。

最後に、検定の専門用語を紹介します。

検定ではまず、$a_0 > 0$か否かを判断するために、あえて$a_0 \leq 0$と仮定して議論を進めます。この仮定を、**帰無仮説 (null hypothesis)** と言います[1]。検定を行う際には、確率がどの程度小さければ$a > 0$と判断するかの基準を先に決めておくことがルールです。この基準のことを**有意水準 (significance level, critical p-value)** と言い、5％や1％などがよく使われます。そして、上で計算した確率0.01％や20％などの確率を、**p値 (p-value)** と言います。

今回の例では、「0.01％ < 5％だから$a_0 > 0$だよね」という結論を下していました。この「p値が有意水準より小さかったので、$a > 0$だと判断します」を、「帰無仮説$a_0 \leq 0$は有意水準5％で**棄却 (reject)** された」と言います。

■ 検定の結果の解釈

最後に、解釈を見てみましょう。現実世界のデータ分析では、100％の確信度で断言することはできません。$a_0 > 0$であると主張する時は常に「実は$a_0 \leq 0$である」というリスクを許容する必要があります。この事実を受け入れた上で、どの程度ならリスクを許容できるかを込めて設定する数値が有意水準です。

一般には5％に設定されることが多いこの有意水準ですが、間違いがかなり許されない意思決定では、有意水準を1％や0.1％など充分に小さい基準にします。一方、失敗を許容してアジャイルに進む場合は、有意水準を10％程度の大きな値にすることもあります。

---

1) 背理法の仮定も、最終的に反対のことを証明することに使われます。帰無仮説も同じで、実は成り立たないであろうことをわざわざ仮説に設定します。そのため、帰無仮説（無に帰す仮説）と言います。

このp値が有意水準を下回ったということは、「$a_0 > 0$だと判断した時、それが誤りであるリスクが許容範囲内だ」ということになります。よって、「$a_0 > 0$であるということにして考えを進めていこう」という受け取り方をするのがいいでしょう。

理論解析：区間推定の解釈

信頼区間について考えてみましょう。$\hat{a}$は平均a_0、分散$V[\hat{a}]$の正規分布に従うので、$\hat{a}$は95%の確率で

$$\left[a_0 - 1.96\sqrt{V[\hat{a}]}, a_0 + 1.96\sqrt{V[\hat{a}]}\right]$$

の区間に入ります。しかし、この区間は信頼区間とは別物です。a_0は私たちがまさに統計の技法を通して知りたいパラメーターの真値であり、値を知ることはできません。実際に計算できる95%信頼区間は、

$$\left[\hat{a} - 1.96\sqrt{V[\hat{a}]}, \hat{a} + 1.96\sqrt{V[\hat{a}]}\right]$$

なのです。

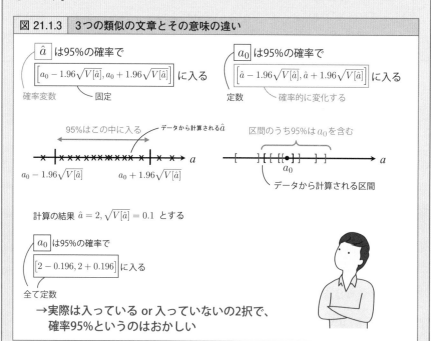

図 21.1.3　3つの類似の文章とその意味の違い

この違いにはどんな意味があるのでしょうか？

ここで登場するa_0は未知の定数、$\hat{a}$は確率変数、$V[\hat{a}] = \dfrac{\sigma^2}{n^2 V[x]}$はデータより計算される定数です。これを踏まえると、信頼区間についての様々な言説は図21.1.3のように書けます。

図21.1.3の上の2つの文章は問題なく正しいですが、左下では問題が起こります。「a_0は95%の確率で$[2 - 0.196, 2 + 0.196]$に入る」という主張すると、a_0が区間に入るか否かが確率的に変化することになります。しかし、今の設定ではa_0は定数なので、本来ならa_0は区間に入るか入らないかの2択であり、これが確率的に変化するという主張はおかしいわけです。これが、区間推定のおおらかな解釈は数学的に問題があるとする主張の背景です。

とはいえ、やはり区間推定で95%信頼区間が$[2 - 0.196, 2 + 0.196]$だとわかったら、確率95%でa_0がこの中に入っているという解釈をしたいですよね。実は、ベイズ統計の方法（19.1節）を用いると、この解釈を数学的に正当化することができます。

真のパラメーターa_0は定数であるという仮定がこの矛盾の根源なので、この仮定を変更しましょう。細かい計算は省略しますが、a_0も確率変数であるとし、その事前分布が無情報事前分布であるとすると、a_0の事後分布が平均$\hat{a}$、分散$V[\hat{a}]$の正規分布となります。こうすると、「a_0は95%の確率で$[2 - 0.196, 2 + 0.196]$に入る」という解釈も、数学的に正しい意味を持つことになります。この区間を、ベイズ信頼区間や信用区間と言います（19.1節）。

21.2 誤差項の解釈

■ 誤差項の意味

　重回帰分析 $y = a_1x_1 + a_2x_2 + ... + a_mx_m + b + \varepsilon$ の誤差項 ε は、分析モデルで表現できなかった残念な部分、誤った部分と思われることもありますが、実は、誤差項にこそ豊富な情報が詰まっています。そこで、本節では誤差項の魅力について解説していきます。

　ここでは仮に、y の値に影響を与える全ての変数が観測でき、そしてそれらは線形の関係式を持つとしましょう。つまり、たくさんの説明変数 $x_1, x_2, ..., x_M$ があって、誤差項がない $y = a_1x_1 + a_2x_2 + ... + a_Mx_M + b$ の関係が成り立つと仮定します。

　これを元々の重回帰分析の数式と比較すると、$\varepsilon = a_{m+1}x_{m+1} + a_{m+2}x_{m+2} + ... + a_Mx_M$ という等式が得られます。なので、回帰分析モデルの誤差項は、説明変数以外の全ての変数の y への影響の総和だと考えることができます。よって、誤差項は、モデルで表現されなかったデータ一つひとつの特徴が表現されたものだと考えることができます。

　例として、hanaori氏によるお得物件探しを紹介します[2]。そこでは、不動産の家賃価格を築年数や広さ、駅からの距離などのデータを用いて回帰分析で推定していました。そして、お得物件を「回帰分析による予測値よりも家賃が安い物件」と定義しています。実際にお得物件に足を運ぶと、なぜその物件の家賃が安いかの理由が次々に判明します[3]。これらはまさに、説明変数以外の要因による家賃への影響が、誤差変数に詰まっていたということです。

---

[2]　アラサーエンジニア シティボーイ化計画 - 都会のお得物件を統計的に探してみる - | hanaori | note https://note.com/hanaori/n/n0a51b7351909
[3]　間取りが特殊など、様々な理由が判明します。とても面白いので、ぜひ元のブログをご覧ください。

■ 誤差項の利用法

　誤差項には、分析を行う上でも非常に重要な示唆をもたらします。もし誤差項 ε と高い相関を持つ変数 x_{new} を見つけることができれば、この変数を分析モデルに加えることによってモデルの精度を大幅に高められることが期待できます。

　先ほどのコスパの良い物件探しの例と同様、データ一つひとつを目で見て、なぜその誤差が生じているかを考えることによって、x_{new} の候補を探すことができます。この方法は、回帰分析に限らず、一般の分析で精度向上や分析モデルの理解に役に立ちます。ぜひ、ご活用ください。

21.3 | 調整変数と交互作用項を用いた分析

■ 分析と外部要因

　調整変数を用いた重回帰分析を行うと、余計な変数の影響を排除し、注目したい変数の影響を分析することができます。ここでは、Xanthopoulouによる研究の例を紹介します[4]。この研究では、ギリシャのファストフード店においてワーク・エンゲイジメント（仕事に主体的に活き活きと取り組んでいる度合い）という指標が高いほど売上が高いという結果が報告されました。おおらかに表現すると、やる気があるほど売れるということです。

　一見するとこの事実は当たり前で、簡単に分析できる気もしますが、この分析は現実的には非常に困難です。なぜなら、店舗の立地や時間帯など、他の要因の方が売上に大きな影響を与えるからです。そのため、単純にデータ分析を行っても、他の変数の影響が大きく、ワーク・エンゲイジメントの売上への影響を見出すことができません。よって、何らかの方法で、この外部要因の影響を取り除いた分析を行う必要があります。

■ 調整変数を用いた重回帰分析

　そこで用いられるのが、調整変数付きの重回帰分析です。ここでは大幅に単純化して、ワーク・エンゲイジメント以外の要素は店舗の違いのみであり、今回のデータは2店舗A、Bから収集したとしましょう。この場合、

$$y = ax_1 + bx_2 + c + \varepsilon$$

という重回帰分析の分析モデルで詳しい分析を行うことができます。ここで、yは売上、x_1はワーク・エンゲイジメント、x_2は店舗ダミーで、店舗Aの場合$x_2 = 1$、店舗Bの場合$x_2 = 0$となる変数です。たったこれだけで、店舗の違いの影響を除

---

4)　原論文はこちらです。
　　Xanthopoulou, Despoina, et al. "Work engagement and financial returns: A diary study on the role of job and personal resources." *Journal of occupational and organizational psychology* 82.1 (2009): 183-200.

いた分析が可能になります。これについて、以降で説明していきます。

　まず、今回得られたデータは、図21.3.1の左の散布図で表されるデータだったとしましょう[5]。どちらの店舗でも、ワーク・エンゲイジメントが高い方が売上が高い傾向が見られますが、2つの店舗で売上の水準が大きく異なるため、そのまま回帰分析をしても意味のある結果が得られません（図21.3.1右の青線）。一方、調整変数を用いた場合、店舗Aでは$x_2 = 1$なので、売上yとワーク・エンゲイジメントx_1の関係は$y = ax_1 + (b + c) + \varepsilon$となり、店舗Bでは$x_2 = 0$なので、関係式は$y = ax_1 + c + \varepsilon$となります。これにより、店舗ごとの売上の水準の影響をbx_2の項で調整した上で、売上yとワーク・エンゲイジメントx_1の関係を分析できるようになるのです（図21.3.1右のオレンジ線）。

　したがって、この偏回帰係数の値aは、「店舗の違いの影響を排除して分析した結果、ワーク・エンゲイジメントが1高いと、売上がa高い傾向があることがわかった」と解釈できるでしょう。このように、重回帰分析では、外部要因となる変数を追加して実行すると、その変数の影響を除去した分析が可能になります。

図 21.3.1　調整変数を用いた重回帰分析

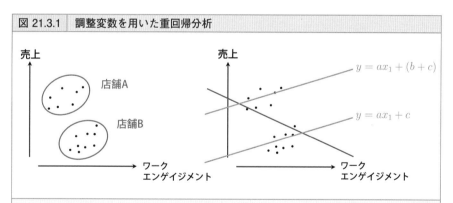

左の散布図を見ると、店舗Aと店舗Bで売上の水準が違うことがわかります。そのまま回帰分析を行っても意味のある結果が得られない（右青線）ですが、調整変数を用いることで、より精密な分析が可能です（右橙線）。

　今回のx_2のように、外部要因の影響を除去するために加える変数を、**調整変数(moderator variable)**と言います。そして特に、今回の用法の変数を**切片ダミー変数(intercept dummy variable)**と言います。

今回の例では、調整変数は0、1のみを値とするダミー変数として説明しましたが、同様の分析は連続的な値を持つ変数の場合でも可能です。また、調整変数を複数用いることもできます。ただし、変数の数が多い場合は、多重共線性（第20章）に注意する必要があります。

■ 関係性の強さが変化する場合の分析

交互作用項を持つ重回帰分析では、変数同士の関係性の強さが条件によって異なる場合の分析ができます。ここでも研究の例を見てみましょう。

Jari氏らの研究によると、仕事を行う際、周囲からのサポートがあるとワーク・エンゲイジメントが高まることがわかっています。さらに、仕事で要求されるレベルが高い方が、周囲からのサポートの影響が大きいことがわかっています[6]。つまり、周囲からのサポートによるワーク・エンゲイジメントへの影響の大きさは、仕事の難易度によって変わるということです。このような複雑な現象も、重回帰分析で分析することができます。

具体的には、次のように分析します。被説明変数をy、説明変数をx_1、x_2とし、x_1とyの関係性の強さがx_2の値に応じて変化するとしましょう。この場合、

$$y = (ax_2 + b)x_1 + cx_2 + d + \varepsilon$$

という分析モデルを利用することで分析を行うことができます。説明変数x_1の係数が$ax_2 + b$となっており、x_2の大きさによってx_1とyとの関係性の強さが変化することが表現されています。

この分析モデルの式を変形すると、$y = ax_1x_2 + bx_1 + cx_2 + d + \varepsilon$となります。そのため、これは$x_1x_2$、$x_1$、$x_2$の3つを説明変数とする回帰分析であるとわかります。よって、今まで紹介した最小二乗法などの方法でパラメーターを推定することができます。このax_1x_2をx_1とx_2の**交互作用項 (interaction term)** と言います。

---

6) 本研究は、Jari氏らの論文にて行われています。ワーク・エンゲイジメントやその周辺の研究の基礎理論であるJob-Demand Resource model を確立する研究成果であり、私の直近の専門領域の1つです。
Hakanen, Jari J., Arnold B. Bakker, and Evangelia Demerouti. "How dentists cope with their job demands and stay engaged: The moderating role of job resources." European journal of oral sciences 113.6 (2005): 479-487.

■ 交互作用項をもつ回帰分析の解釈

推定の結果、例えば、$y = (0.1x_2 + 5)x_1 + 3x_2 + 50 + \varepsilon$という結果が得られたとしましょう。これに$x_2 = 5$を代入すると、$y = 5.5x_1 + 65 + \varepsilon$が得られ、$x_2 = -5$を代入すると、$y = 4.5x_1 + 35 + \varepsilon$が得られます。たしかに、$x_2$の値によって、$x_1$と$y$の関係性の強さが変化することが表現できています。このように、交互作用項の係数は、x_1とyの関係の強さに対するx_2の影響の大きさと解釈することができます。

交互作用項の解釈には、1つ注意すべきことがあります。

$y = (ax_2 + b)x_1 + cx_2 + d + \varepsilon$を式変形すると、$y = (ax_1 + c)x_2 + bx_1 + d + \varepsilon$とできます。交互作用項の意味は、前者では$x_2$が「$x_1$と$y$の関係性の強さ」に与える影響でしたが、後者では$x_1$が「$x_2$と$y$の関係性の強さ」に与える影響となります。2つの数式は数学的に等価なので、どちらを採用するかを決めるには数学以外の手法を用いるしかありません。分析の前提となる仮説や、ドメイン知識を駆使して、適切な解釈を導くようにしましょう。

例として、yを成績、x_1を勉強時間、x_2を勉強環境の良さとします。前者では「勉強環境の良さが、勉強時間と成績の関係性を変化させる」という解釈になり、後者では「勉強時間が、勉強環境の良さと成績の関係性を変化させる」という解釈となります。どちらが正しく、どちらが誤っているとは明確に言い難いですが、その時の分析の目的や背景を参照すれば、どちらの解釈を用いるべきかが見えてくるでしょう。教育を論じているならば前者の解釈が良さそうですが、気合を入れて高級な机と椅子とキーボードを購入した直後なら後者の解釈も良さそうです。

21.4 トービットモデルと ヘーキットモデル

■ データの欠測が引き起こす問題

何らかの理由で、データの全てを測定できず、一部のデータが欠損する場合があります。これを**データの欠測 (missing data)** と言い、欠けている値を**欠測値 (missing value)** と言います。欠測は分析結果に大きな影響を与えることがあるので、その影響を見積もり、必要に応じて対処する必要があります。まずは、その影響を見てみましょう。

欠測の例として、次の2つを考えてみます。

1つ目は、給料のデータです。給料の金額のデータは、そもそも就業している人からしか集めることができず、失業中の人のデータは全て欠測します。また、「こんなに安い給料じゃ働かないよ」という判断があるので、給料が安い方が欠測しやすいという偏りがあります。

2つ目は、サッカー選手の試合出場時間です。ある一定程度の実力があれば、その実力や活躍度に応じて試合出場時間が伸び縮みするでしょう。一方、一定以下の実力の場合は、出場時間はほとんどゼロとなります。このように、一定の条件下でデータが特定の値に集中することも欠測の一種です。これら様子を表したものが、図 21.4.1 です。

欠測が完全に無作為に起こる場合であれば、欠測のあるデータの除去や欠測補完などの方法が有効です。一方、説明変数や被説明変数の値に応じて欠測が起こる場合、単純な分析では結果に偏りが生じてしまいます[7]。

図 21.4.2では、本来の回帰直線（オレンジ）と、欠測を無視して回帰分析を行っ

---

7) 欠測の統計学には、非常に深い理論があります。データの値に依存せずランダムに欠測が起こる MCAR (Missing Completely At Random)、観測できている変数の値に依存して欠測が起こる MAR (Missing At Random)、観測できなかった変数の値にも依存して欠測が起こる MNAR (Missing Not At Random) の3つの区別があり、後半ほど対処が困難になります。本節で紹介するトービットモデルは MAR に、ヘーキットモデルは MNAR に対処できます。特に、ヘーキットモデルの開発者の Heckman 氏には一連の業績でノーベル経済学賞が授与されています。

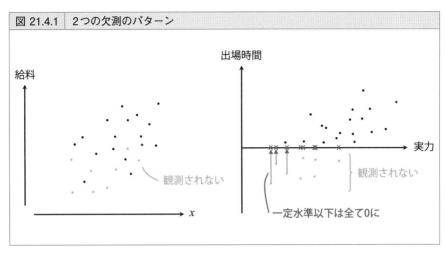

図 21.4.1　2つの欠測のパターン

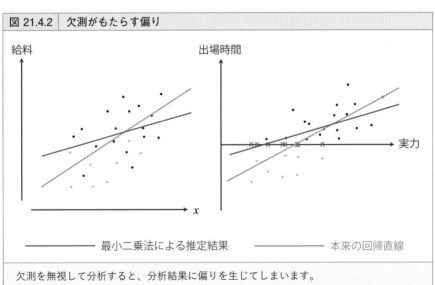

図 21.4.2　欠測がもたらす偏り

―――――　最小二乗法による推定結果　　　―――――　本来の回帰直線

欠測を無視して分析すると、分析結果に偏りを生じてしまいます。

た結果（青）を記しました。これら2つは大きく乖離しており、正しい推定ができていないことがわかります。このように、欠測を雑に扱うと、定量的判断を誤ることがあります。本節では、サッカーの欠測に対処するトービットモデル、給料の欠測に対処するヘーキットモデルを紹介します[8]。

---

8)　本書では、モデルの概要説明にとどめます。その推定については、書籍『実証分析のための計量経済学』（山本 勲、中央経済社）に詳しい解説があります。

■ トービットモデル

まず、サッカーの出場時間の欠測に対処しましょう。サッカーの出場時間をyとし、サッカーの実力をxとします。通常の回帰分析では、出場時間yが$y = ax + b + \varepsilon$に従うと仮定しますが、これには無理があります。実際のところは、「出場時間yは、基本的には$ax + b + \varepsilon$の形で表されるが、一定水準以下の実力であれば出場時間はほぼ0になる」でしょう。であれば、その現実に即した分析モデルを用いて分析するべきです。**トービットモデル (Tobit model)** では[9]、サッカーの出場時間yは、次の2段階で決定されていると考えます。

$$y^* = ax + b + \varepsilon$$

$$y = \begin{cases} y^* \ (y^* > 0 \text{の場合}) \\ 0 \ (y^* \leq 0 \text{の場合}) \end{cases}$$

まず、潜在的な出場時間y^*が、実力xによって決定されます。もし、このy^*が0より大きければ、実際にその時間出場でき ($y = y^*$)、y^*が0以下なら出場できない ($y = 0$) と考えます。一定以上の実力があり、$ax + b \gg 0$の場合は、実力に応じて試合出場時間yが伸びますが、実力の水準が小さく、$ax + b \ll 0$の場合は、出場時間yがほとんど0となります。かなり現実に即したモデルと言えるのではないでしょうか[10]。

■ トービットモデルの解釈

トービットモデルでは、パラメーターaは2つの意味で解釈ができます。$ax + b \gg 0$の領域では、xが1増えるとyの期待値がおよそa増加します（図21.4.3）。そのため、回帰係数aは、高実力領域での実力xと出場時間yの関係を表す数値と言えます。

次に、各選手が試合に出場できるか否かを考えます。試合に出場できるのはy^*

---

9) ちなみに、トービット (tobit) モデルの開発者はトービッド (Tobid) と言います。プロビット回帰分析のように "-it" という接尾語が「基本単位」という意味を持つので、tobitという名称が利用されたという説があります。Heckman氏によるヘーキット (Heckit) モデルも同様です。

10) 実力不足のため$ax + b < 0$でも、$\varepsilon > -(ax + b)$ならば試合に出場できます。εは正規分布に従うと仮定したので、$ax + b$の値が小さくなると急激に出場確率が低くなる一方、$ax + b$が0付近なら、一定の確率で試合に出場できます。これは、ある程度実力がついた選手を実戦で試すことが表現できているでしょう。シンプルながら、非常に現実に即したモデルであると思います。

> 0の時なので、これは$\varepsilon > -(ax + b)$の時であると言えます。この誤差項εの分散をσ^2とし、正規分布の累積密度関数（3.3節）をΦと書くと、

$$P(y > 0) = \Phi\left(\frac{ax + b}{\sigma}\right)$$

と計算できます。これは、試合に出場できるか否かについてのプロビット回帰分析（3.3節）に他なりません。そして、$\frac{a}{\sigma}$がプロビット回帰分析の回帰係数となります。ですので、回帰係数aは実力xと試合に出られるか否かを結びつけるパラメーターとも解釈できます。

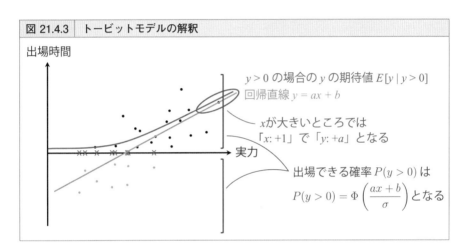

図 21.4.3　トービットモデルの解釈

出場時間

$y > 0$ の場合の y の期待値 $E[y \,|\, y > 0]$
回帰直線 $y = ax + b$

xが大きいところでは
「x: $+1$」で「y: $+a$」となる

実力

出場できる確率 $P(y > 0)$ は

$$P(y > 0) = \Phi\left(\frac{ax + b}{\sigma}\right) \text{となる}$$

■ ヘーキットモデル

ヘーキットモデル (Heckit model / Heckman correction) が初めて利用されたのは、既婚女性の給料の推定の問題でした。給料のデータは働いている方からしか集めることができず、働いていない人のデータは欠測します。また、収入を左右する変数は仕事の実力などでしょうが、働くかどうかは子どもの数など、別の変数によって決まります。このように、欠測か否かを決める変数と被説明変数の値を決める変数が異なる時に、ヘーキットモデルが活躍します。

　ヘーキットモデルでも、次の2段階でデータが生じると考えます。まずは、

$$y_1^* = ax + b + \varepsilon_1$$

$$y_2^* = cz + d + \varepsilon_2$$

によって潜在変数が決まり、

$$y = \begin{cases} y_1^* & (y_2^* \geq 0 \text{の場合}) \\ \text{欠測}\ (y_2^* < 0 \text{の場合}) \end{cases}$$

によって観測結果が決まると考えるのです。ここでは1変数で説明しましたが、x や z の部分は複数の変数でもよく、両者に共通する変数がある場合も考えることができます。

　ヘーキットモデルでは、潜在的な給料の値 y_1^* が変数 x によって決まり、データが欠測するか否かを司る変数 y_2^* が変数 z によって決まります。そして、もし $y_2^* \geq 0$ ならば y が観測され、その値は $y = y_1^*$ になり、$y_2^* < 0$ の場合は観測されず、y のデータは欠測します。ヘーキットモデルでは、データがこの過程で生じることを仮定して分析します。

　ヘーキットモデルでは、2つの誤差項 ε_1 と ε_2 は、0でない相関 ρ を持っても良いとします。こうすることで、説明変数に入っていない要素が、被説明変数の値 $\left(y_1^*\right)$ と欠測するか否か $\left(y_2^*\right)$ の両方に影響を与える場合も考慮して分析を行うことができます。[11]。

---

11) これには「誤差項は説明変数以外の全ての変数の影響をまとめた項である」という考えがベースにあります（21.2 節）。ε_1 と ε_2 に共通の変数がある時、これらが相関を持つと考えるのです。

21.5 時系列分析

■ 時系列分析とは

時間に従って変化する事象のデータを**時系列データ (time series data)** と言い、その分析を**時系列分析 (time series analysis)** と言います。例えば、気温、株価、体重、入店人数の時間変化の記録などは、全て時系列データです。時系列分析の目的は、変数間の関係性の理解や将来の予測などがあります。また、時系列分析を通して因果関係の究明を試みることもあります。

■ 時系列分析で活躍する回帰分析

時刻 t に応じて刻々と変化する時系列データを、$x(0), x(1), ..., x(t), ...$ と書くことにしましょう。よく用いられる分析モデルである**AR モデル (AutoRegressive model)** では、次の回帰式を用います。

$$x(t) = a_1 x(t-1) + a_2 x(t-2) + ... + a_p x(t-p) + \varepsilon_t$$

このように、p 時点前までのデータを用いるモデルを **AR (p) モデル**と言います。多変数の場合は、a_i を行列 A_i に、x と ε_i をベクトルに変えた **VAR (p) モデル (Vector AR model)** が利用されます。

時系列分析の場合、誤差項が互いに相関することが多いです。例えば体重の分析中に、とある夜に暴食すると、そこから数日の体重が予測値より重くなるでしょう。結果として、隣り合う誤差項に正の相関が生まれます。これを加味した分析モデルに、**ARMA モデル (AutoRegressive Moving-Average model)** があります。ARMA モデルでは、

$$x(t) = a_1 x(t-1) + a_2 x(t-2) + ... + a_p (t-p) + \varepsilon_t + b_1 \varepsilon_{t-1} + ... + b_q \varepsilon_{t-q}$$

という回帰式を用います。暴食すると、ある t について ε_t が大きくなります。これが、$x(t)$ の値のみならず、$x(t+1)$ から $x(t+q)$ の値までに影響を与える事がわかり

449

ます。この効果を用いて、誤差項の経時相関に対処するのです。

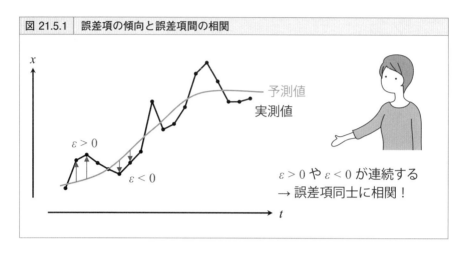

図 21.5.1 | 誤差項の傾向と誤差項間の相関

これらの分析モデルに加えて、不均一分散性への対処も盛り込んだ**GARCHモデル (Generalized Auto-Regressive Conditional Heteroskedasticity model)** など、様々な分析モデルが活躍しています。

■ 時系列分析と因果関係

　時系列分析で、変数間の因果関係を明らかにする試みがあります。これについて簡単に紹介します。一般に、因果関係とは、時間的に先行する原因による、時間的に後続する結果に対する作用の関係です。分析でよく用いられる**Granger 因果 (Granger causality)** では、VARモデルにおいて、「$y(t)$ を予測する際に、変数 x_i の過去の数値 $x_i(t-1)$ を使わないより使った方が精度が良いならば、x_i から y に Granger タイプの因果がある」という考え方で分析を行います[12]。因果関係にも種類があり、Granger 因果は医療における治験やビジネスでの効果測定で用いられる因果とは別種であるため、取り扱いには注意が必要ですが[13]、既に蓄積されたデータから因果を判定する簡易的な方法としてよく用いられています。

---

12) こちらの動画で詳しく解説しています。
　【時系列分析④】VAR過程と因果について【Granger 因果検定】#VRアカデミア #036 - YouTube https://www.youtube.com/watch?v=fTql4nO8Dnw
13) 因果関係の種類については、書籍『現代哲学のキーコンセプト　因果性』（ダグラス・クタッチ、岩波書店）などにあります。

21.6 カーネル法

■ 回帰分析と内積

カーネル法に入る前に、回帰分析の計算を研究しましょう。実は、回帰分析は内積だけで全ての計算を実行できます。まずはこれを見ていきます。

回帰分析は、$y = a_1 x_1 + a_2 x_2 + ... + a_m x_m + b + \varepsilon$ という数式を用いる分析でした。i番目のデータを $\boldsymbol{x}_i = {}^t(x_{i1}\ x_{i2}\ ...\ x_{im})$ と書くことにすると、yのi番目の推定値$\hat{y}_i$は $\hat{y}_i = \boldsymbol{a} \cdot \boldsymbol{x}_i + b$ と書くことができます（本節では、太字$\boldsymbol{x}_i$はi番目のデータを表すベクトルであり、通常の文字x_jはj番目の変数を表す記号です。紛らわしいですが、注意してお読みください）。

ここで、$\boldsymbol{\eta}$を全ての$\boldsymbol{x}_i$と直交するベクトルとすると、任意のデータ$\boldsymbol{x}_i$に対して、$(\boldsymbol{a}+\boldsymbol{\eta}) \cdot \boldsymbol{x}_i = \boldsymbol{a} \cdot \boldsymbol{x}_i$が成立します。なので、全ての$\boldsymbol{x}_i$と直交するベクトル$\boldsymbol{\eta}$を回帰係数のベクトル$\boldsymbol{a}$に加えても、これらのデータに対する推定値は変わらないことがわかります。

この時、うまい$\boldsymbol{\eta}$を見つけると、

$$\boldsymbol{a} + \boldsymbol{\eta} = w_1 \boldsymbol{x}_1 + w_2 \boldsymbol{x}_2 + ... + w_n \boldsymbol{x}_n$$

と、$\boldsymbol{a}+\boldsymbol{\eta}$を$\boldsymbol{x}_i$たちの線形結合で表すことができます[14]。以降、回帰係数として$\boldsymbol{a}$の代わりに$\boldsymbol{a}+\boldsymbol{\eta}$を用いることにすると、新しいデータ $\boldsymbol{x}_{(new)} = {}^t(x_{(new)1}, x_{(new)2}, ..., x_{(new)m})$ に対するyの予測値$\hat{y}_{(new)}$は、

$$\begin{aligned}
\hat{y}_{(new)} &= (\boldsymbol{a} + \boldsymbol{\eta}) \cdot \boldsymbol{x}_{new} + b \\
&= (w_1 \boldsymbol{x}_1 + w_2 \boldsymbol{x}_2 + \cdots + w_n \boldsymbol{x}_n) \cdot \boldsymbol{x}_{(new)} + b \\
&= \sum_{1 \le j \le n} w_j \boldsymbol{x}_j \cdot \boldsymbol{x}_{(new)} + b
\end{aligned} \tag{21.6.1}$$

となります。このように、新しいデータに対する予測値$\hat{y}_{(new)}$も内積の値のみで計算できることがわかります。

---

[14] 実際、$\boldsymbol{a}+\boldsymbol{\eta}$の長さが最小になるように$\boldsymbol{\eta}$を選べば、この性質が成立します。これは、$\boldsymbol{x}_i$たちの張る部分線形空間への直交射影を考えていることに対応します（1.3節、1.4節の理論解析と同様の発想です）。

また、この係数w_iの推定では、例えば最小二乗法なら

$$E = \frac{1}{2} \sum_{1 \leq i \leq n} \left(y_i - \hat{y}_i \right)^2 = \frac{1}{2} \sum_{1 \leq i \leq n} \left(y_i - \left(\sum_{1 \leq j \leq n} w_j \boldsymbol{x}_j \cdot \boldsymbol{x}_i + b \right) \right)^2 \tag{21.6.2}$$

を最小化すればいいでしょう。このように、回帰分析にまつわる計算は全て、データベクトルの内積の値のみで計算できるのです。

■ 内積の値を勝手に変更して分析するカーネル法

ここで、とんでもなく大胆に発想を転換してしまいましょう。今まで、「内積とは類似度である」という発想でたくさんの分析を見てきました。では、この内積の部分を本当に類似度に変更してしまったらどうなるのでしょうか？

例えば、2つのデータ$\boldsymbol{x}_i$, $\boldsymbol{x}_j$の類似度$k(\boldsymbol{x}_i, \boldsymbol{x}_j)$を

$$k(\boldsymbol{x}_i, \boldsymbol{x}_j) = e^{-\|\boldsymbol{x}_i - \boldsymbol{x}_j\|^2}$$

と定義してみます[15]。そして、回帰分析における内積を全て、この類似度関数kに置き換えます。つまり、新規データに対するyの値の予測は、式(21.6.1)の変形である

$$\hat{y}_{(new)} = \sum_{1 \leq j \leq n} w_j k\left(\boldsymbol{x}_j, \boldsymbol{x}_{(new)} \right) + b \tag{21.6.3}$$

で行い、この係数w_jは式(21.6.2)の変形である

$$E = \frac{1}{2} \sum_{1 \leq i \leq n} \left(y_i - \hat{y}_i \right)^2 = \frac{1}{2} \sum_{1 \leq i \leq n} \left(y_i - \left(\sum_{1 \leq j \leq n} w_j k\left(\boldsymbol{x}_j, \boldsymbol{x}_i \right) + b \right) \right)^2 \tag{21.6.4}$$

の最小化で選択するのです。実は、この関数kとこの分析モデルにはそれぞれ名前がついており、関数kを**ガウスカーネル(Gauss kernel)**、この分析は**ガウスカーネルを用いたカーネル回帰分析(Gaussian kernel regression analysis)**と言います。

---

15) 実際、$\boldsymbol{x}_i$と$\boldsymbol{x}_j$が似ている時は、これらの距離が小さいため、$k(\boldsymbol{x}_i, \boldsymbol{x}_j)$の値が大きくなります。逆に、$\boldsymbol{x}_i$と$\boldsymbol{x}_j$が似ていない時は距離が大きくなり、$k(\boldsymbol{x}_i, \boldsymbol{x}_j)$の値が小さくなります。

■ 内積の変更とカーネル法

とんでもない発想を用いる分析モデルを紹介しましたが、そもそも、内積を勝手に変更してもいいのでしょうか？

この謎を解明するため、通常の回帰分析と内積の関係を見てみます。例として、3変数の回帰分析 $y = a_1x_1 + a_2x_2 + a_3x_3 + b + \varepsilon$ を考えます。この時、i番目のデータとj番目のデータの内積の値は、

$$\boldsymbol{x}_i \cdot \boldsymbol{x}_j = x_{i1}x_{j1} + x_{i2}x_{j2} + x_{i3}x_{j3}$$

となります。

さて、詳しい分析の結果、第3の変数x_3はyとの関係が小さいことがわかり、この変数を除外した次の回帰分析 $y = a_1x_1 + a_2x_2 + b + \varepsilon$ を行うことにしたとします。この新しい回帰分析では、もはや第3の変数は利用しないため、データ同士の内積が

$$\boldsymbol{x}_i \cdot \boldsymbol{x}_j = x_{i1}x_{j1} + x_{i2}x_{j2}$$

に変化します。このように、利用する変数を変更すると、内積の値が変化するのです。このような内積の変化は、説明変数を標準化した場合や、交互作用項を持つ回帰分析などで新しい特徴量x_ix_jを追加した場合などにも起こります。

逆に、実は関数kがある一定の条件を満たす時、式(21.6.3)、(21.6.4)による分析は、「変数をもとに特徴量を作り、その特徴量を用いて行う回帰分析」と一致することが知られています。つまり、データを特徴量に変換する関数ϕ_jを用意し、

$$y = \alpha_1\phi_1(\boldsymbol{x}) + \alpha_2\phi_2(\boldsymbol{x}) + \cdots + b + \varepsilon$$

という回帰分析を行うことに相当します。この条件を満たす関数kを**カーネル関数 (kernel function)** と言い、この条件を満たすカーネル関数を用いた回帰分析を、**カーネル回帰分析 (kernel regression analysis)** と言います。

実は、ガウスカーネルを用いたカーネル回帰分析の場合、この特徴量は無限個になることが知られています。データの特徴を無限種類の方向から比較して分析するので、複雑な問題でも非常に精度良く解ける場合があります。

理論解析★：再生核ヒルベルト空間

　変数の数が無限個になると、内積の定義も慎重に行う必要があります。無限次元空間における内積をうまく定義すると、**ヒルベルト空間 (Hilbert space)** という概念にたどり着きます。

　一般に、（m 変数の）カーネル回帰分析では、カーネル関数 k に対し、あるヒルベルト空間 H_k とそのヒルベルト空間への写像 $\phi: \mathbb{R}^m \to H_k$ が存在し、

$$k(x, y) = \left\langle \phi(x), \phi(y) \right\rangle_{H_k}$$

となることが証明できます。ここで、$\left\langle -, - \right\rangle_{H_k}$ はヒルベルト空間 H_k の内積です。このカーネルから構成されたヒルベルト空間 H_k を、**再生核ヒルベルト空間 (Reproduction Kernel Hilbert Space / RKHS)** と言います。

　ここでの肝は、好き勝手にカーネル関数を用意して、内積をカーネル関数に取り替えたとしても、実はそのカーネル関数の値は、とあるヒルベルト空間での内積になっているということです。つまり、カーネル回帰分析は、突飛なことをやっているように見えて、特徴量を用いた回帰分析に過ぎないのです。これが、勝手に内積を変更してしまってもまともな分析が可能な理由です。

第21章のまとめ

- データの誤差と、データ化されていない要因の影響で、推定値は不確かさを持つ。
- 不確かさへの対処に、区間推定と検定がある。これらでは、推定値の確率分布を元に区間やp値が計算される。
- 統計的検定では、背理法のように、示したいことXと反対のことを仮定する。その仮定のもとで、現在の推定値が得られる確率を計算し、その確率が小さい時にXが正しかろうと推論する。
- 分析モデルの誤差項には、データ化されていない要素の影響が詰まっており、誤差の分析は多くの示唆をもたらす。
- 調整変数を用いた回帰分析によって、注目したい変数以外の影響を除外した分析が可能である。
- 交互作用項を持つ回帰分析によって、説明変数と被説明変数の関係性が変化する場合も分析できる。
- トービットモデルやヘーキットモデルを用いると、変数の値に応じて生じる欠測に対処できる。
- 時系列分析においては、時間的に近接する誤差項が小さくない相関を持つことがある。これはARMAモデルなどで対処できる。
- カーネル回帰分析は、内積をカーネル関数によって与える分析モデルであり、多数の特徴量を用いた重回帰分析であると解釈できる。

第5部のまとめ

第5部では、回帰分析の深い世界を紹介すると銘打ち、多重共線性への対処、回帰係数の検定、誤差項の解釈、回帰分析の発展モデルを紹介しました。

生産性高く分析を行うためには、アウトプットの質を高めることと、投下するリソースの量を削減することの2つが大切です。そのため、アウトプットが同じであれば、投下するリソースが小さい、すなわち、簡単な分析モデルでサクッと分析を終えてしまうことが重要です。この観点に立てば、回帰分析やその派生形で必要なアウトプットが得られそうな課題であれば、回帰分析で分析してしまうのがベストでしょう。最先端でかっこいい難しそうな分析モデルをワクワクしながら学ぶとともに、いぶし銀の魅力を放つ回帰分析の深い世界も体得しておくと、バランスが取れた一流の分析者に近づくのではないでしょうか。

ポイントは？

- 回帰分析は、深い解釈が可能でありながら、世の中の複雑な現象を理解する事が可能な分析モデルである。
- 多重共線性は、回帰分析の予測や解釈の全てを誤らせる危険な現象なので、確実に発見・対処する必要がある。
- 区間推定や検定を用いることで、より確からしい解釈が可能になる。
- 誤差項の分析は、私たちに深い示唆をもたらす。
- 回帰分析には様々な発展型のモデルがあり、状況に応じて柔軟に分析することができる。

本書では、実務で頻出な分析モデルについて、可能な限り幅広く、可能な限り深く解説してきました。本書を読み終えた今、皆さんが分析に立ち向かう際には、より幅広い知識を元に、より最適な分析モデルを、より早く見つけられるようになっていると願います。また、別の分析モデルを勉強する際にも、ここでの深い知識が役に立つことを期待します。

それでは、良い分析ライフを！

おわりに

　いい仕事というものは、私達が生きる今日と未来を素敵にするものです。そして素敵な未来をつくる上で、「データ」が中心的な役割を担うテクノロジーの1つであることは誰もが同意するところでしょう。本書を手にとってくれたあなたも、そんな夢を見る1人なのではないでしょうか。

　私のYouTubeへの感想では、ときより「わかったような気にはなったが、本当にわかったかどうかはわからない」というものを見かけます。確かに、いかにして説明されたところで、食べたことのないものの味はわかりません。結局、伝える側にできることは、どんなに頑張ってもここまでなのでしょう。

　今みなさんは、圧倒的に広くて深い、分析モデルの地図を手にしました。全ての学びは時間とともに消化吸収され、輪郭がぼやけるとともにあなたの中に沁みていきます。そして、実践を通して試行錯誤することで、より強固に血肉となるものです。困った時に立ち返ってまた本書を読んでみれば、新たな発見があることでしょう。みなさんの実践での挑戦の先にある、素敵な未来に期待します。

　私がこの本を書き、YouTubeにデータ分析の解説動画を投稿していることには理由があります。みんなで素敵な未来をつくることを通して、沈みきった日本を再び上昇させたいのです。私が生まれた時にバブルが崩壊し、生まれてこの方30年、まるごと失われた時代となってしまいました。たしかに過去の30年を変えることはできませんが、次の30年を作り上げていくことを考えると、私たちにはそれぞれ果たせる役割があるはずです。もともと私達は、世界に対して圧倒的に遅れている状態から、世界中の才能に学び、創意工夫を凝らすことで成長し、世界に対して大きな価値を提供してきた歴史があります。同じことをもう一度やれるタイミングが来たということです。やりましょう。

　さて、本の価値というものは、次の公式で計算できるかと思います。

（本の価値）＝（内容）×（伝わった量）

　私は、内容に徹底的にこだわり良いものを作ったつもりですが、伝わる量に対してできることは多くありません。この時代、量に最も大きな影響を与えられるのは、実は読者のあなたなのです。もし私の本を気に入っていただけたのであれば、この本やYouTubeチャンネルを必要な人に広めていただくことで、素敵な未来をつくっていくこの壮大な野望への共犯者となっていただければ望外の喜びです。

　本書の執筆にあたっては、多くの専門家のご協力をいただきました。特に、PKSHA創業者の山田尚史氏には画像処理分野の全体観を、MNTSQ, Ltdの安野貴博氏、稲村和樹氏には自然言語処理の全体観を、早稲田大学／オムロンサイニックエックス株式会社の千葉直也氏には3Dデータの最近の潮流を、株式会社DeepXの那須野薫氏には強化学習の最近の潮流と応用事情を、やねうら王開発者のやねうらおさんにはコンピューター将棋の基礎から最新動向まで、多くの議論を通して様々なことをお教えいただきました。

　また、本原稿に存在した数多の不備を、以下の方々にご指摘いただき、この書籍の価値を更に高めていただきました。株式会社アトラエの土屋潤一郎氏、小池優希氏には、序章から第2部までの、株式会社センスタイムジャパン阿部理也氏には画像処理の、株式会社ELYZAの曽根岡侑也氏と中村藤紀氏には自然言語処理の、横浜市立大学の藤田慎也氏にはグラフ分析の、東京医科歯科大学の高橋邦彦氏には地理空間データ分析の、東京大学松尾研究室の今井翔太氏、アマゾンウェブサービスジャパンの渡辺俊樹氏、株式会社pluszeroの萩原誠氏、アルバータ大学の小津野将氏、やねうら王開発者のやねうらお氏、水匠開発者のたややん氏、dlshogi開発者の山岡忠夫氏、Fluke/Windfall開発者の井本康宏氏には第3部強化学習やコンピューター将棋の、東京医科大学の田栗正隆氏には第5部の回帰分析の執筆にご協力いただきました。

　また、データサイエンティスト協会スキル定義委員である菅由紀子氏、森谷和弘氏、參木裕之氏、北野道春氏には第3部から5部を全体的に磨いていただきました。

　最後に東京大学大学院数理科学研究科の博士課程の学生である佐藤翔一氏には、原稿全体に渡って価値ある指摘を大量にいただきました。

　また、私の所属する株式会社アトラエの組織力向上プラットフォームWevoxからは、分析事例の結果やデータ利用許可を快諾いただきました。

　私の圧倒的な遅筆と、増え続ける原稿量にもかかわらず、忍耐強く、はじめから最後まで私を勇気づけ、執筆のいろはをお教えいただいたソシム株式会社の志水宣晴氏のおかげでこの書籍が完成しました。

　最後に、ここまで私に無償の支援を続けてくれた両親と、仕事ばかりに没頭する私を理解し、一番近くで支え続けてくれた妻の佳奈に最大の感謝を捧げます。

索　引

◎著者紹介

杉山聡（すぎやま さとし）

東京大学大学院にて博士（数理科学）を取得し、株式会社アトラエに入社し現職。同社の1人目の Data Scientist として Data Science Team を立ち上げる。

本業のデータ分析を通して社会に価値を提供する傍ら、慶應義塾大学総合政策学部島津明人研究室上席所員として仕事文脈の幸福度であるワーク・エンゲイジメントについての研究支援を行うとともに、データサイエンティスト協会スキル定義委員、データサイエンス VTuber のアイシア＝ソリッドを運営する活動を通して、広くデータ分析の啓蒙や人材育成活動に従事。YouTube (VTuber) 活動では、硬派な技術的内容が中心ながら 3.3 万人のチャンネル登録者数を誇る。

学歴

2008.4	東京大学教養学部理科 I 類 入学
2012.3	東京大学理学部数学科 卒業
2012.4	東京大学大学院数理科学研究科数理科学専攻 入学
2014.3	同 修士課程 修了
2017.3	同 博士課程 修了（博士（数理科学）取得）

職歴

2016.10-	株式会社アトラエ入社
2018.04-	北里大学 島津明人研究室 特別研究員
2018.05-	データサイエンス VTuber、Alcia Solid Project 開始
2018.10-	アトラエ初のデータサイエンティストへ転向、Data Science Team 立ち上げ
2019.04-	慶應義塾大学 総合政策学部 島津明人研究室 上席所員
2019.10-	データサイエンティスト協会、スキル定義委員に参画

カバーデザイン：植竹裕 (UeDESIGN)

本文デザイン・DTP：有限会社 中央制作社

本文イラスト：yasu

■注意

(1) 本書は著者が独自に調査した結果を出版したものです。

(2) 本書の一部または全部について、個人で使用する他は、著作権上、著者およびソシム株式会社の承諾を得ずに無断で複写／複製することは禁じられております。

(3) 本書の内容の運用によって、いかなる障害が生じても、ソシム株式会社、著者のいずれも責任を負いかねますのであらかじめご了承ください。

(4) 本書に掲載されている画面イメージ等は、特定の設定に基づいた環境にて再現される一例です。また、サービスのリニューアル等により、操作方法や画面が記載内容と異なる場合があります。

(5) 商標
本書に記載されている会社名、商品名などは一般に各社の商標または登録商標です。

本質を捉えたデータ分析のための 分析モデル入門
統計モデル、深層学習、強化学習等 用途・特徴から原理まで一気通貫！

2022 年 8 月 10 日　初版第 1 刷発行
2024 年 5 月 21 日　初版第 6 刷発行

著者　　杉山 聡

発行人　片柳 秀夫

編集人　志水 宣晴

発行　　ソシム株式会社
　　　　https://www.socym.co.jp/
　　　　〒 101-0064　東京都千代田区神田猿楽町 1-5-15 猿楽町 SS ビル
　　　　TEL：(03)5217-2400（代表）
　　　　FAX：(03)5217-2420

印刷・製本　　中央精版印刷株式会社

定価はカバーに表示してあります。
落丁・乱丁本は弊社編集部までお送りください。送料弊社負担にてお取替えいたします。
ISBN 978-4-8026-1377-4　©2022 Satoshi Sugiyama　Printed in Japan